攀西地区芸豆研究及可持续生产

华劲松　戴红燕　著

中国农业出版社

北京

图书在版编目（CIP）数据

攀西地区芸豆研究及可持续生产 / 华劲松，戴红燕著. -- 北京：中国农业出版社，2024. 10. -- ISBN 978 - 7 - 109 - 32528 - 9

Ⅰ. S643.1

中国国家版本馆 CIP 数据核字第 2024A49B91 号

攀西地区芸豆研究及可持续生产
PANXI DIQU YUNDOU YANJIU JI KECHIXU SHENGCHAN

中国农业出版社出版

地址：北京市朝阳区麦子店街 18 号楼

邮编：100125

责任编辑：郭银巧

责任校对：吴丽婷

印刷：北京印刷集团有限责任公司

版次：2024 年 10 月第 1 版

印次：2024 年 10 月北京第 1 次印刷

发行：新华书店北京发行所

开本：700mm×1000mm 1/16

印张：13.5

字数：260 千字

定价：80.00 元

前　言

　　芸豆是普通菜豆和多花菜豆的总称，起源于美洲，是世界上种植面积仅次于大豆的食用豆类作物。从 20 世纪末，世界芸豆生产、消费持续增长，产业规模不断发展壮大，现已成为许多国家农业生产和居民食物结构的重要组成部分。我国芸豆栽培历史有五六百年，已广泛分布于全国各地，其中黑龙江、内蒙古、吉林、辽宁、河北、山西、甘肃、新疆、四川、云南、贵州等地为主产省区。

　　攀西地区位于四川省西南部，包括凉山彝族自治州 17 个县市和攀枝花市下辖 3 区 2 县，面积 6.754 万 km²，地势西北高东南低，海拔高度相对高差大，境内气候、地理环境复杂，境内有汉、彝、藏、蒙古、纳西等 10 多个世居民族，是全国最大的彝族聚居区。作为一个特殊的生态区，攀西地区芸豆种植历史久远，种植广泛，为四川省芸豆的重要生产区，种植的粮用型芸豆因其独特的品种和品质，在国际市场上具有较强竞争力；种植的软荚型芸豆作为早春蔬菜远销北京、西安、郑州、安徽、成都等地，是我国重要的"南菜北调"基地。

　　近年来，国家高度重视农村产业开发和特色优势产业发展，芸豆作为一种特色农产品，是一些经济欠发达和偏远地区农民的重要收入来源，同时芸豆是耕作制度改革和种植业调整中极好的茬口作物，起到很好养护耕地、改善农业结构的作用，非常符合国家对农业可持续发展和保护农业生态的需要。为充分发挥攀西地区特色资源禀赋优势，做强特色优势产业，推进现代农业高质量发展，本书对攀西地区的芸豆研究进行了归纳总结，同时介绍了一些国内外芸豆研究成果，旨在为攀西地区芸豆进一步研究和可持续生产提供参考。

本书共分八章，第一、二章由戴红燕撰写，第三、四、五、六、七、八章由华劲松撰写。本书在介绍芸豆起源、生产概况和攀西地区农业生态的基础上，重点探讨了攀西地区芸豆的品种资源、育种和栽培技术，以及逆境生理和病虫害管理；同时介绍了芸豆基因组研究、蛋白质组学在芸豆上的应用以及普通菜豆多样性分析的研究成果，并对攀西地区芸豆种质资源遗传多样性进行了分析；最后针对攀西地区芸豆生产状况及农业生产制约因素，分析了攀西地区芸豆生产存在的问题及面临的挑战和机遇，提出了实现攀西地区芸豆可持续生产对策。本书首次对攀西地区芸豆研究和生产作了较为全面的阐述，既有对芸豆经典论著的总结，又有对最新研究成果的论述，适合科研机构、农业院校和行业协会的学者和研究人员，农业、食品加工行业的管理人员，以及对芸豆关注者阅读。

由于学识水平有限，书中疏漏和错误之处在所难免，敬请同行和读者批评指正，在此也对书中所引用文献资料的作者表示诚挚谢意。

著　者

2024 年 4 月 15 日

目　　录

第一章 绪 论

　　芸豆是普通菜豆和多花菜豆的总称，属豆科（Leguminosae），蝶形花亚科（Papilionoideae），菜豆族（Phaseolinae Benth.），菜豆属（*Phaseolus* L.），为一年生或多年生草本植物。普通菜豆（*Phaseolus vulgaris* L.），又名四季豆、芸豆、唐豆、饭豆、梅豆、肉豆、二季豆、豆角、绵豆、玉豆等，英文名 Common bean 或 Haricot bean。普通菜豆植株形态多样，可分为直立型、蔓生型和半蔓生型。夏季开花，花有白、红、紫色等，种皮的颜色及深浅也因品种不同而异，常见的有红、黄、白、褐、黑、蓝、紫色及各种花纹和花斑。多花菜豆（*Phaseolus coccineus* L.），又名红花菜豆、大白芸豆、大花芸豆、大黑芸豆、看花豆等，英文名 Scarlet runner bean 或 Multi flora bean。茎多蔓生，因其花期长，花多而鲜艳，故称多花菜豆。目前，芸豆在全世界 90 多个国家和地区均有种植，是世界上种植面积仅次于大豆的食用豆类作物。

第一节 芸豆的起源和进化

一、芸豆的起源

　　人们很早就开始了对农作物起源的研究，20 世纪初，苏联的瓦维洛夫首先提出了"作物起源中心学说"，并随后修正成为"多样性中心"的概念（Valilov，1926；1951），后人根据世界上主要作物的分布，并通过形态学、遗传学、细胞学以及物候学等方面的研究，确定了植物品种和类型的主要集中地区，据此得出了全球有八大作物起源中心的结论。根据这个理论，芸豆起源于第七个起源中心，即南美和中美（包括安的列斯群岛），而第八个起源中心南美（含秘鲁-厄瓜多尔-玻利维亚）则是芸豆的次生中心。

　　近年来，关于芸豆起源的研究有了新的进展。通过系统地理学、考古学、植物学、生物化学等现代科技方法研究，人们认为芸豆有两个独立的起源中心，即"南墨西哥及中美中心"和"南美洲中心"（其中南安第斯山脉一带为原始中心，北安第斯山脉一带为次级中心）。支持该观点最直接的证据来源于对野生种及现代栽培品种的芸豆朊电泳变异分析（Gepts et al.，1988），结果表明，南墨西哥及中美中心的纯野生种及栽培品种的芸豆朊均为"S 型"（相应的表型为小粒种子，较大的花苞片），而南美洲中心的纯野生种及栽培品种的芸豆朊均为"T型"（相应的表型为大粒种子，较小的花苞片）。以上内容表明，野生芸豆在这两个中心分别被驯化成栽培植物，然后才逐渐被引入世界各地，包括北美洲、南美洲、非洲、欧洲和亚洲的一些地区（Gepts et al.，1988b）。

农业考古学研究成果为古印第安人在公元前 4000 年开始人工种植芸豆提供了实物佐证。美索美洲（今墨西哥、危地马拉、萨尔瓦多、洪都拉斯、伯利兹等国）大部分地区气候炎热、潮湿，虽然芸豆考古发现的实物证据很少，但在中央秘鲁安第斯山麓北部"圭塔雷诺"洞穴发现的栽培芸豆残粒，用加速器质谱仪测年为距今 4 400 年左右，这也是目前已知的最古老栽培芸豆残粒；而出自于特瓦坎地区的"考克斯卡特兰"洞穴的栽培芸豆残粒，测年为距今 2 300 年左右，为墨西哥地区发现的最古老栽培芸豆残粒；另外，在美国西南部"蝙蝠"洞穴和"土拉罗萨"洞穴发现的栽培芸豆残粒，测年也已距今 2 200 年左右。

美洲印第安人先民很早就认识、驯化、栽培芸豆，这在语言演变发展史方面有较多的实例，也得到了语言学研究成果的支持。德国学者考夫曼在对玛雅语词源学的研究中，重构出原始玛雅语称谓"芸豆"的一个名词术语，即"肯纳克（kenaq'）"，考夫曼通过对原始玛雅语的考证，测算出"肯纳克（kenaq'）"一词至少出现形成于距今 4 200 多年前。不过玛雅语不是一个单一的语种，而是一个语支或语族，目前已知出现形成"芸豆"一词最早的是其中的奥托-曼古安语（Oto‐Manguean），考夫曼测定的年代为距今 5 200 多年，并重构出该语称谓"芸豆"为"恩提阿"（ntea）。墨西哥-左克语支/语族（Mixe‐Zoque）各语种出现形成"芸豆"一词一般为距今 2 000～3 000 年，如南欧托-阿兹特克语（Southern Uto‐Aztecan）出现形成"芸豆"一词经同源语言演变年代学（glotto chronology）断年距今约 3100 年；尤马（Yuman）语支/语族各语种出现形成该词则在距今 1 000～2 000 年，如塔努安语（Tanoan）或凯欧瓦-塔努安语（Kiowa‐Tanoan）出现形成"芸豆"一词约为距今 2 300 年。由此，仅据语言年代学的研究就可以确认至少在 2 000 多年前芸豆就已被美索美洲居民群体所知晓，在他们的语言中已形成了专指"芸豆"一物的名词术语，芸豆已经融入到他们的生产和生活中。

二、芸豆的进化

一般来说，栽培作物都是由野生植物经人类栽培、驯化演变而来的，每种作物都有它自己的祖先（卢永根，1975）。芸豆的祖先可能是菜豆属的一些野生种，其中野生菜豆（*P. aborigineus*）是目前仍存在的一种野生类型（Evans，1976）。从野生菜豆演变到今天的栽培芸豆至少经历了 7 000～8 000

年（Gepts et al.，1991）。

现代人证实芸豆具有两个独立的起源中心，其驯化过程也可能分别在这两个中心内进行，这两个中心在地理位置、生态环境等方面均有较大的差异，从而使不同起源中心之间的芸豆类型和品种产生了地理隔离和生态隔离，进而过渡到部分生殖隔离。长期隔离的结果导致了两个独立基因库的形成，即中美基因库和安第斯基因库。在长期的驯化和栽培过程中，进化力（突变、重组、选择、遗传漂移和迁移）促使每个基因库内的芸豆类型和品种在形态、生理和遗传特性等方面均发生了较大的演变。

（一）表型演变

在表型方面的演变较为明显，生长习性的进化是一个很好的例子。芸豆的野生祖先均为无限花序蔓生型（Debouck，1991），这是为了适应起源地所处的生态环境；蔓生的生长习性使野生芸豆能攀延丛林中的树木以获得支持并截获阳光，在被利用、驯化为栽培植物之后，人工选择压力（如生长期缩短以及方便收获）促成了丛生型生长习性的产生。事实上，芸豆中目前还保留着生长习性的 4 种过渡类型：无限花序蔓生型、无限花序半蔓生型、无限花序丛生型和有限花序丛生型。有趣的是，在两个不同的起源中心均有从蔓生到丛生的相同演变历史，这或许是瓦维洛夫的"同源变异定律"的又一例证。

另一表型演变的例子是繁殖器官的改变。野生芸豆的豆荚硬而小，且容易在成熟期自然爆裂，这显然是自然传播种子的需要，在栽培之后人类对其性状选择压力下，豆荚的这种功能逐渐退化甚至丧失，例如，现在的一些食荚型芸豆品种的豆荚既软（纤维少）又大，也不易自行爆裂。此外，种子的大小也经历了从小变大的演变过程，符合野生植物演变为栽培植物过程中"巨型性"的普遍规律。值得指出的是，虽然在两个不同起源中心的野生芸豆种子大小差异不大，但栽培品种却很不相同，安第斯基因库中栽培品种的种子明显大于中美基因库中栽培品种的种子。造成这种差异的原因，可能与两地的栽培方式不同有关，安第斯地区多零星种植，而中美地区习惯采用成片混播。对于前者，粒大的种子容易操作，所以人们对大粒种子选择更多。另一种可能是自然选择，两地种子大小差异是由气温的差异造成的，安第斯地区海拔高，气候偏凉，在这种条件下种子发芽较慢，发芽时间长，消耗的养分相对较多，由于大粒种子储存物质较多，因而在这样的气候条件下容易生存。

（二）生理演变

关于芸豆在进化过程中的生理（或生化）演变的研究不多，不过一些生理性状的进化，也像许多其他作物一样有一定的规律性。例如，随着驯化程度的提高，种子休眠期长的特性不断减弱。光周期敏感性的变化也是一个很好的例子，起源于低纬度热带的芸豆品种原本具有光周期敏感的特性，需要短日照才能开花，属短日照植物，但随着品种的北移，光周期敏感性逐渐减弱，现在种植于高纬度温带地区（如北美）的一些芸豆品种经过长时间的自然选择和人工选择之后，已基本丧失了光周期反应敏感的特性（Gepts et al.，1991）。

（三）遗传演变

菜豆属中大部分种的染色体数均为 $2n＝22$，在从野生芸豆进化到栽培芸豆的过程中，染色体的数目没有发生变化（Evans，1976）。野生芸豆与栽培芸豆在表型上有很大的不同，从表面上看，栽培芸豆的遗传变异性增大，然而，这些改变所涉及的基因位点仅占全套基因组的极少部分。例如，一对基因就可以分别决定花序类型、节间长度或蔓生习性等重要的表型性状，即使一些多基因控制的性状（如种子颜色、种子大小等），有关的基因位点与整个基因组比起来还是微不足道的（Leakey，1988；Motto et al.，1978）。况且，在进化过程中发生改变的性状多数是可见的、经过了人工选择的农艺性状，而不可见的分子性状（如芸豆朊类型）因未受到人工选择而不一定发生明显的改变。因此，从野生种到栽培品种的进化过程未必会增加遗传变异性。相反，有证据指出栽培品种的遗传变异性已大幅度减少。例如，中美洲地区的野生芸豆的芸豆朊有多种类型，而现在所有的中美洲栽培品种仅存其中的一种芸豆朊类型——"S"型（Gepts et al.，1988b），这表明中美基因库的形成主要依赖于某一个小地方的野生种，而其他地方的野生种作出的贡献极少，甚至没有贡献。这样的例子说明芸豆在被栽培驯化之后遗传变异性有所减弱，换而言之，很多野生类型及其所含的性状未在现有品种中得到体现。

第二节　芸豆的分类

一、菜豆属植物分类

菜豆属（*Phaseolus* L.）是世界上最重要的食用豆类植物。菜豆属为同源二倍体作物，染色体数多为 $2n＝22$，极少数为 $2n＝20$，该属种质资源丰富，目前已发现约80多个物种，30多个亚种，它们大多数属于野生资源，只有5个野生种得到驯化，分别为普通菜豆（*Phaseolus vulgaris* L.）、利马豆（*P. lunatus* L.）、多花菜豆（*P. coccineus* L.）、宽叶菜豆（*P. acutifolius* A. Gray）和丛林菜豆（*P. dumosus* Macfad.），其野生种和栽培种属同一物种。菜豆属被认为是单系群，由同一祖先种进化而来。系统进化分析表明，菜豆属物种划分为2个进化分支和8个类群。进化分支 A 包括 Pauciflorus、Pedicellatus、Tuerckheimii 3个类群和4个未明确分群的物种；进化分支 B 包括 Vulgaris、Filiformis、Lunatus、Polystachios 和 Leptostachyus 5 个类群，5 个驯化物种都属于进化分支 B，分布在 Vulgaris 和 Lunatus 群中。随着新发现的芸豆物种增多，8 个类群中成员也随之增加，物种分类情况可能也会相应变化。最近，Rendón-Anaya 等根据全基因组单核苷酸多态性（SNP，single nucleotide polymorphisms）分析发现了 1 个野生种，它源于厄瓜多尔中南部和秘鲁西北部，属于 Vulgaris 群，是普通菜豆的姐妹分支，大约 100 万年之前即与普通菜豆分离进化，被命名为 *Phaseolus debouckii* A. Delgado。依据系统进化分析结果，推测菜豆属物种可能多达 100 多个，在未充分研究的地区开展菜豆属资源的系统调查，可能会发现新物种。

菜豆属物种因地质活动和环境影响而分化，属内多样性得到不断丰富。研究表明，菜豆属在 400 万～600 万年前分化形成，而 8 个类群形成相对较晚，平均分化时间约为 200 万年前，其中 Vulgaris 群最为古老，约 400 万年前即出现。

二、菜豆属野生资源地理分布和形态特征

菜豆属野生资源分布广泛，从阿根廷到美洲北部都有大量野生种存在，其中中美洲的野生资源多样性更为丰富。不同进化分支不同群的野生资源各具特点，表现出不同的形态、生态和地理特征，一些野生资源仅通过观察形态特征即可明确其分群。

进化分支 A 中野生资源较稀少，包括 3 个类群和 4 个未明确分群的物种，其中亚种分类少，没有驯化物种产生，它们主要分布在墨西哥地区，少数物种分布在亚利桑那州西南部、新墨西哥州南部和得克萨斯州（如 *Phaseolus grayanus* Wooton & Standl. 和 *P. parvulus* Greene），以及巴拿马北部（如 *P. tuerckheimii* Donn. Sm.）。进化分支 A 中物种受地理和生态上限制比进化分支 B 中物种多，仅生长在海拔 1 200 m 以上的橡树林、松树林和云雾林中，生长地区范围狭窄。该分支物种对环境影响敏感，只在雨季开花，而且不耐霜冻。

进化分支 B 包含 5 个类群，其中 Vulgaris 和 Lunatus 群中的 5 个物种得到驯化，大多数物种都有亚种，该分支物种分布比进化分支 A 广泛，在加拿大东南部、美国南部、加利福尼亚州东南部、墨西哥和中美洲以及南美的安第斯地区均有生长。它们受生态环境限制较小，从低海拔的干湿森林到高海拔的橡树林和松树林都有分布，还存在多个可在岛屿上生长的物种，如 *Phaseolus lignosus* Britton 是百慕大群岛的地方性物种，*P. mollis* Hook. f. 生长在加拉帕戈斯群岛，*P. lunatus* L. 生长在西印度群岛，*P. lunatus* L.、*P. filiformis* Benth. 和 *P. acutifolius* A. Gray 分布在墨西哥几个太平洋岛屿上。进化分支

B 的大多数物种对环境影响不敏感，在干旱或雨季都可以开花，有些还可忍耐长时间的霜冻。此外，除了 5 个驯化物种，其他物种也表现出初期驯化的一些特征，如 *P. maculatus* Scheele、*P. polystachios*（L.）Britton and Sterns & Poggenb. 的豆荚大且开裂缓慢。Vulgaris 群形态特征不明显，无法通过形态学直观分辨。其中普通菜豆、多花菜豆、宽叶菜豆和丛林菜豆都得到驯化。进化树显示普通菜豆与多花菜豆和丛林菜豆的亲缘关系更近，而宽叶菜豆分属不同分支，该群物种广泛分布在墨西哥、中美洲和南美洲安第斯地区。

三、菜豆属的驯化

菜豆属有 5 个物种被驯化为栽培种，分别为普通菜豆、利马豆、多花菜豆、宽叶菜豆和丛林菜豆，这 5 个物种大约在 200 万年前开始分化，之后各自独立驯化。菜豆属总共包含 7 个独立驯化事件，普通菜豆和利马豆分别有 2 个独立驯化事件，多花菜豆、宽叶菜豆和丛林菜豆各有 1 个独立驯化事件。普通菜豆和利马豆的野生资源主要分布在中美和南美地区，驯化中心被认为是中美地区和安第斯地区；而多花菜豆、宽叶菜豆和丛林菜豆的野生资源主要分布在中美地区，驯化中心也与其分布区域相吻合。

普通菜豆食用人群最多，且经济价值较大，因此起源进化研究相比其他物种较深入。目前，普遍认为普通菜豆野生资源可分为 3 个基因库，即中美基因库（Mesoamerican）、安第斯基因库（Andean）和秘鲁-厄瓜多尔基因库（northern Peru - Ecuador）。中美基因库主要分布在墨西哥等中美地区，群体多样性丰富。Bitocchi 等通过 5 个基因位点对 102 份野生种质进行分析，将中美基因库分为 4 个群；Blair 等利用 SSR 标记对 104 份野生种质进化分析，将秘鲁-厄瓜多尔基因库并入中美基因库中，中美基因库也分为 4 个群；Ariani 等利用 SNP 分析了 246 份野生种质的群体结构，将中美基因库划分为 3 个群。由于他们的研究材料、标记类型及其在基因组上的分布等差异，造成野生资源的分类结果有所差异。安第斯基因库主要分布在秘鲁、阿根廷和玻利维亚地区，遗传多样性较中美基因库低。中美和安第斯基因库的物种通过长时间驯化逐渐形成各自基因库的栽培种，而秘鲁-厄瓜多尔基因库物种没有栽培种形成，秘鲁-厄瓜多尔基因库物种仅分布于秘鲁和厄瓜多尔北部的高山斜坡处，海拔范围狭窄且环境条件复杂，种质形态和生长习性等都有别于邻近地区的安第斯基因库种质。此外，秘鲁-厄瓜多尔基因库的群体具有特殊且古老的朊蛋白类型"Inca"（I），这在中美和安第斯基因库均未发现。

人们对普通菜豆各基因库的分化时间的观点不同。Chacón 等推测秘鲁-厄瓜多尔基因库分化时间至少在约 60 万年前，安第斯基因库与中美基因库的分化时间存在分歧，有的研究者认为中美和安第斯基因库分化时间在约 50 万年前，Mamidi 等认为分化时间在约 11 万年前，Schmutz 等通过全基因组测序分析，推测安第斯基因库野生资源大约在 16.5 万年前从中美基因库祖先群体中分化。

其他菜豆属物种起源进化研究极少。利马豆野生资源广泛分布于墨西哥中部到阿根廷北部，Serrano-Serrano 等推测利马豆起源于安第斯地区，大约发生在更新世和安地斯造山运动之后，距今 200 万～500 万年前。宽叶菜豆起源中心可能是墨西哥中部到美国西南部。多花菜豆野生资源主要分布在墨西哥奇瓦瓦州到巴拿马，因此该地区被认为是多花菜豆的起源中心。丛林菜豆野生资源地理分布集中在危地马拉的一个非常狭小的地区，该地区被认为是其起源地。

第三节　芸豆生产概况及综合利用

一、芸豆生产概况

目前，全世界已有 90 多个国家和地区种植芸豆，主要分布在亚洲、美洲、非洲、欧洲及大洋洲，主产国为印度、巴西、美国、中国、墨西哥、阿根廷、罗马尼亚等国。芸豆是世界上种植面积仅次于大豆的食用豆类作物，据联合国粮农组织 2012 年生产年鉴（表 1-1），全世界芸豆种植总面积为 2 878.04 万 hm^2，占全部食用豆类作物播种面积的 40%，总产量达 2 314.0 万 t，占全部食用豆类作物总产量的 30%。芸豆单产水平较低，平均仅为 804 kg/hm^2。其中，亚洲为芸豆最大产区，2012 年播种面积约为 1 449.9 万 hm^2，总产量高达 1 067.0 万 t，分别占世界总量的 50.4% 和 45.8%。其次为非洲、南美洲和中、北美洲，种植面积分别为 719.8 万 hm^2、341.9 万 hm^2 和 308.3 万 hm^2，总产量分别为 474.0 万 t、358.4 万 t 和 337.0 万 t。印度是世界上最大的芸豆生产国，播种面积占世界总播种面积的 31.6%，但总产量仅占世界总产量的 22.5%，其次是巴西、墨西哥、乌干达、中国、坦桑尼亚和美国。全世界种植多花菜豆的国家较多，但面积小、分布零散，目前种植面积较大的国家有阿根廷、墨西哥、英国、危地马拉、哥伦比亚、埃塞俄比亚等，另外，美国、毛里求斯、日本等国也有种植，其中种植面积最大的是阿根廷，播种面积约为 4.5 万 hm^2，总产量约 4.0 万 t。英国是多花菜豆的生产和消费大国，20 世纪 70 年代播种面积和总产量与阿根廷相近，但近年来下降幅度很大，每年需要从别国进口弥补消费。瑞士对白粒多花菜豆的消费量也很大，每年都要从阿根廷等国进口。

表 1 - 1 世界各大洲及部分国家芸豆种植面积及产量

	面积（hm²）	总产量（t）	单产（kg/hm²）	占世界总数（%）	
				面积	总产量
世界	28 780 377	23 140 276	804.0	100.00	100.00
非洲	7 198 019	4 740 016	658.5	25.01	26.47
中、北美洲	3 083 160	3 370 722	2 863.2	10.71	9.59
南美洲	3 419 069	3 583 840	1 048.2	11.88	14.06
亚洲	14 499 325	10 670 688	735.9	50.38	45.80
欧洲	263 487	488 408	1 853.6	0.92	2.90
大洋洲	60 000	50 000	833.3	0.21	0.22
俄罗斯	3 700	6 804	1 838.9	0.01	0.07
中国	971 000	1 462 000	1 505.7	3.37	6.39
坦桑尼亚	800 000	780 000	975.0	2.78	2.96
乌干达	1 060 000	425 400	401.3	3.68	4.36
美国	684 090	1 448 090	2 116.8	2.38	2.71
墨西哥	1 558 992	1 080 857	693.3	5.42	3.71
巴西	2 726 932	2 821 405	1 034.6	9.47	10.51
印度	9 100 000	3 630 000	398.9	31.62	22.45

数据来源：联合国粮农组织 2012 年生产年鉴。

　　我国芸豆栽培历史距今已有几百年，目前芸豆已广泛分布于全国各地。其中，普通菜豆主要分布在东北、华北、西北和西南地区，种植面积 75 万～95 万 hm²，一般单产 1 225～1 500 kg/hm²，栽培条件好的地区可以达到 1 500～1 875 kg/hm²，其中黑龙江、内蒙古、吉林、辽宁、河北、山西、甘肃、新疆、四川、云南、贵州等为主产省区。多花菜豆主要分布在我国云南、贵州、四川、陕西等省区，除少部分地区集中种植外，多在房前屋后、田边地角零星种植，也与高秆作物如玉米、高粱、向日葵等间作，种植面积 3.0 万～4.5 万 hm²，平均单产 750～900 kg/hm²，栽培条件好的地区可达 1 200～1 500 kg/hm²。云南省是我国多花菜豆的主产区，种植面积约有 1.75 万 hm²，其中丽江地区种植约 0.48 万 hm²，产量约有 1 万 t，楚雄州和大理州种植面积约 0.32 万 hm²，产量约有 0.5 万 t；四川省种植面积约 0.55 万 hm²，其中雅安地区种植面积约 0.25 万 hm²，凉山州及攀枝花市种植面积约 0.22 万 hm²。除云南、四川外，贵州、陕西南部等省区也有较大种植面积，山西、陕西、甘肃、内蒙古、辽宁、吉林、黑龙江等省有零星栽培。

二、芸豆的综合利用

(一) 营养价值

芸豆作为一些地方口粮的补充和城乡居民满足食品多样化的重要食物来源，其营养价值丰富，不仅蛋白质含量高，而且还含有丰富的矿物质、维生素及人体所必需的氨基酸。芸豆的嫩荚是很好的蔬菜，维生素 A 和维生素 C 的含量分别比干籽粒高 17.5 倍和 5.0 倍；嫩豆的脂肪含量较高，热量大；叶片是很好的饲料；干籽粒中含有丰富的蛋白质、脂肪、碳水化合物、粗纤维、灰分、钙、磷、铁、胡萝卜素、B 族维生素等多种营养物质（表 1-2，表 1-3）。芸豆籽粒蛋白质为全价蛋白质，含量比水稻、小麦、玉米等禾谷类作物高 1～3 倍，比薯类作物高 8～15 倍，而且人体所必需的 8 种氨基酸含量齐全，特别是赖氨酸和色氨酸的含量较高（表 1-4）。

表 1-2 100 g 芸豆嫩荚的营养成分含量

种类	含量	种类	含量	种类	含量	种类	含量
热量	490（kJ）	视黄素	35（μg）	钙	42（mg）	赖氨酸	85（mg）
水分	91.3（%）	硫胺素	0.04（mg）	镁	27（mg）	亮氨酸	93（mg）
蛋白质	2.0（g）	核黄素	0.07（mg）	铁	1.50（mg）	异亮氨酸	51（mg）
脂肪	0.4（g）	烟酸	0.40（mg）	锰	0.18（mg）	缬氨酸	68（mg）
碳水化合物	4.2（g）	抗坏血酸	6.00（mg）	锌	0.23（mg）	苯丙氨酸	47（mg）
膳食纤维	1.5（g）	维生素 E	1.24（mg）	铜	0.11（mg）	色氨酸	18（mg）
灰分	0.6（g）	钾	123（mg）	磷	51（mg）	精氨酸	62（mg）
胡萝卜素	210（μg）	钠	8.60（mg）	硒	0.43（mg）	组氨酸	27（mg）

注：资料引自龙静宜主编的《豆类蔬菜栽培技术》，金盾出版社，1999。

表 1-3 100 g 芸豆籽粒的营养成分含量

种类	含量	种类	含量	种类	含量
热量	1 390～1 415（kJ）	灰分	3.3～4.0（g）	硫胺素	0.17～0.5（mg）
水分	11.2～12.3（%）	钙	163～200（mg）	核黄素	0.08～0.25（mg）
蛋白质	17.3～23.1（g）	磷	320～437（mg）	烟酸	1.7～1.8（mg）
碳水化合物	56.1～61.3（g）	铁	6.7～10.0（mg）	抗坏血酸	0.0（mg）
粗纤维	3.2～4.1（g）	胡萝卜素	0.04（mg）		

注：资料引自龙静宜主编的《食用豆类作物》，科学出版社，1989。

表 1 - 4　芸豆籽粒氨基酸组成含量（mg/gN）

氨基酸	含量	氨基酸	含量	氨基酸	含量
异亮氨酸	262	酪氨酸	158	丙氨酸	262
亮氨酸	476	苏氨酸	248	天门冬氨酸	784
赖氨酸	450	色氨酸	69	谷氨酸	924
蛋氨酸	66	缬氨酸	287	甘氨酸	237
胱氨酸	53	精氨酸	355	脯氨酸	223
苯丙氨酸	326	组氨酸	177	丝氨酸氨酸	347

注：资料引自郑卓杰主编的《中国食用豆类学》，中国农业出版社，1997。

（二）保健功能

芸豆的籽粒除供食用外，还有重要的药用和保健价值，芸豆性温，味甘，有滋补解热，利尿消肿的作用，可治虚寒呃逆、呕吐、腹胀、肾虚腰痛，对治疗水肿和脚气病有特殊疗效。普通菜豆作为一种难得的高钾、高镁、低钠食品，尤其适合心脏病、动脉硬化、高血脂人群食用（Reyes‐Bastidas et al.，2010）。芸豆还含有脲酶，长期食用可缓解慢性疾病，促使机体排毒，对于肝病患者的康复有很好的辅助效果。此外，种子中含植物血细胞凝集素（PHA），现已能提取和利用，它有凝集人体细胞，刺激淋巴细胞转化，促进有丝分裂，促进核糖核酸和脱氧核酸的合成，抑制白细胞、淋巴细胞的移动等作用。据报道，PHA 在治疗肿瘤中可以提高化学疗法和放射疗法的疗效。多花菜豆也是有较好药用价值的药用作物，经常食用有健脾壮肾的作用，是脾弱、肾虚者的一剂补品。

（三）加工利用

芸豆的加工利用通常是以收获的产品划分，主要包括两大类，一是以收获嫩荚蔬菜用的软荚类；二是以收获籽粒为目的的硬荚类。后者又被称为粮用芸豆，是食用豆类的主要类型。同时，在两大类之中还有一部分粮菜兼用品种。

硬荚类即粮用芸豆主要有 4 种类型：①海军豆（navy beans），又叫小粒型芸豆。粒长 0.8 cm 以下，卵圆形或椭圆形，广泛栽培，主要用于制作罐头。②中粒型芸豆（medium haricot beans），粒长 1～1.2 cm，厚度不及长度的一半，有浅黄色带粉红色斑点。③玉豆（marrow beans），粒长中等或稍大，粒长 1～1.5 cm，厚度超过长度的一半。④肾形豆（kidney beans），粒长 1.5 cm 以上，肾形，白色或深浅不同的红色或紫红色，有的有斑点。以食用嫩荚为主的软荚类，其种质类型比硬荚类型更加丰富，但是这种类型的种子很少作为粮食或用做商品出口，根据嫩荚的形状和颜色，分为 6 种类型：①扁荚类型，豆荚扁条形，荚色为黄色、绿色或绿白色，有的荚带有条斑，这种类型在我国广泛种植。②圆棍荚类型，豆荚短圆棍形，淡绿色或绿色，荚长超过 10 cm，宽厚各超过 1 cm，这种类型除鲜销外，还可做罐头或速冻蔬菜。③厚肉荚类型，荚色浅绿或绿白，豆荚内果皮发达，荚肉厚，鲜荚品质好，丰产性能好，主要用作鲜荚销售。④花荚类型，豆荚多为扁条形，嫩荚绿色，老熟时荚上带有红色或紫色条斑，是粮菜兼用的优良品种类型。⑤紫荚类型，荚皮内含有花青素，故呈紫红色或鲜紫色，豆荚多为窄扁条形，纤维较少，品质较好。⑥黄荚品种类型，豆荚绿白色，老熟后黄白色，纤维少，品质佳，属半蔓生类型，栽培时不用搭架。

芸豆在人们的膳食结构中起着非常重要的作用，在非洲和拉丁美洲，芸豆作为主要的蛋白质来源之一，可与小麦、稻米、玉米等配合作为主食，既可以满足对粮食作物的需求量，又能使蛋白质利用效率提高 20%～50%，既健康又营养。配合比例分别为小麦 85%＋芸豆 15%，或大米 90%＋芸豆 10%，或玉米 60%＋芸豆 40%。

芸豆的籽粒在我国的食用方法主要是制作豆沙馅，与面粉一起做成豆沙馒头、豆沙饼、中国式豆沙糕点等，还可做什锦菜豆粽子、八宝粥，与大米、玉米、高粱米做米豆饭、米豆粥等。芸豆的嫩荚、嫩豆、干籽粒可与肉、香肠、马铃薯等食物配做各种佳肴。多花菜豆粒大而质细、皮薄，干豆粒易于贮藏，且便于运输，可作为城市淡季蔬菜，制作烹饪极为简便省时，质佳，味香，口感好，且易于消化和吸收，是节日宴席上的佳肴。云南和四川凉山的彝族、白族等少数民族多将芸豆浸泡后煮熟，加盐等佐料作凉菜，或与火腿、熏肉排骨在一起炖菜来招待客人。除此之外，芸豆还可加工成多种休闲、方便食品。

1. 制作罐头　芸豆与马铃薯、猪肉、香肠等食物，按一定的比例制作罐头食品。一般程序为：①按一定标准将芸豆籽粒进行分级，去除杂粒、破粒和褪色粒；②用水浸泡直至籽粒充分吸水膨胀；③用 82～93 ℃的热水软化 15 min，软化后的籽粒含水量为 50%～60%；④根据所需风味，添加不同的食物和佐料，食物如番茄酱、腊肉、香肠等，一般的佐料有食盐、糖、醋、酱油及香料等；⑤原料配好之后，立即装罐封闭，在 116～121 ℃的温度下加热，小罐加热 35～65 min，大罐加热 55～100 min，然后立即冷却，一般是向罐头瓶上喷洒冷水，使之迅速冷却。

2. 半成品芸豆粉　主要加工过程包括浸泡、预煮、脱水和磨粉。用这种芸豆粉来做汤，只需加热 10～15 min 即可食用。

3. 速冻蔬菜食品　将嫩荚在蒸汽或开水中持续蒸煮 2～3 min，然后立即冷却，滤水，并用纸箱或塑料包装，进行速冻，贮藏于－18 ℃的冷库中。嫩荚也可作为脱水干菜制品的原料，其加工技术有别于过去农村土法生产的干菜食品。

此外，芸豆籽粒的种皮可提取天然色素，也是制作味精、酱油的原料。

（四）国际贸易

在小宗粮豆国际贸易中，芸豆贸易数量最大，占整个小杂豆出口量的20％～25％，每年的贸易数量为 160 万～200 万 t，主要出口国有美国、中国、加拿大、阿根廷、法国、土耳其和智利等，年出口数量占世界出口总量的70％以上。主要进口国有荷兰、英国、瑞士、德国、比利时、意大利、西班牙、日本和古巴等，其进口数量占世界进口总量的 70％～80％。

我国芸豆每年出口量在 21 万～56 万 t，占我国食用豆类出口总量的30.9％～62.1％，主要销往 50 多个国家，其中从我国进口量最大的国家依次为古巴、意大利、土耳其、南非、巴基斯坦、伊拉克、印度、委内瑞拉、日本、也门、埃及、比利时等，价格 350～560 美元/t。我国出口的芸豆主要来自云南、黑龙江、内蒙古、四川、贵州、新疆、山西等地。在出口的芸豆中，以云南丽江大白芸豆、凉山奶花豆、中白芸豆、红花芸豆、白沙克和小白芸豆等在国际市场备受欢迎。

我国芸豆出口标准分手选和统货两类：①手选标准。杂质不超 0.3％，水分低于 15％，不良率低于 3％；②统货标准。杂质不超 1％，水分低于 15％，不良率低于 10％。不良品包括水蚀粒、虫蛀粒、破损粒、病斑粒、霉变粒、冻伤粒和未成熟粒等。

第二章 攀西地区农业生态及芸豆生产概况

第一节 攀西地区农业资源特征

一、攀西地区地形地貌及农业地理条件

（一）攀西地区地势地貌

攀西地区是个地域概念，包括攀枝花市 2 县 3 区和凉山州 17 个县（市）共 22 个县（市、区）。攀西地区位于四川省西南部，地处长江上游，北紧靠青藏高原，南接云贵高原，东邻四川盆地。地理位置介于东经 100°15′～103°53′，北纬 26°13′～29°27′。南北长 370 km，东西宽 360 km，面积 6.75 万 km²，占四川省总面积的 11.90%。

攀西地区地貌以山地为主，占整个面积的 95% 以上。山脉走向以南北向为主，境内山脉纵横，金沙江、雅砻江、大渡河、安宁河及其支流分布其间。地形地貌十分复杂，地势西北高东南低。最低海拔位于东部雷波县渡口乡大岩洞，仅 365 m，最高海拔位于西北部木里县麦日乡大雪山，达 5 999 m，相对高差 5 634 m。

（二）攀西地区资源优势

攀西地区因特殊的地质构造和地理环境，孕育了丰富的自然资源，是我国西南部罕见的地上地下资源富集的"聚宝盆"。一是矿产资源种类多，储量大。现已探明的矿产资源达 72 种，占全国已探明矿种数的 50%，钒钛储量位居全国第一和世界前列；铁矿储量 102 亿 t，仅次于我国东北的鞍本地区；有色金属铅、锌、铜、锡等储量均占四川总量的 70% 以上，总量达 900 万 t。二是水能资源丰富，占全国可开发水能资源的 50.7%，可开发水能 6 100 万 kW，年发电量可达 3 400 亿 kW·h。三是农业资源独特。具有优异的气候资源、广阔的土地资源、丰富的水资源、众多的生物资源，农、林、牧业出产丰富，粮食、水果、蔬菜、甘蔗、蚕桑、烟草等独具地方特色，农产品产量高，品质优，享誉省内外。

（三）攀西地区农业地理条件

攀西地区为四川省西部地区最重要的农业产区，历史上被誉为"西康粮仓"。境内金沙江自西北绕过南缘，雅砻江及其最大支流安宁河贯穿境内，其余较大的河流还有普隆河、黑水河等。这些河流源远流长，穿越高山峻岭，夹带大量泥沙，在中下游冲积或淤积成较为空阔的谷地或盆地。安宁河全长 326 km，南北展布，两侧有 2～3 级阶地，全流域呈串珠河谷盆地地貌。攀西地区的冕宁县、西昌市、德昌县、米易县依次自北向南嵌于河谷平原上。河谷宽窄相间，支流众多，近 10 万 hm² 作物成片分布，为横断山区温光资源最好、面积最大的农业区。加之土肥地平，人口稠密，并有成昆铁路和川滇公路纵贯全境，故安宁河流域农业的发达程度为川西南之最，是攀西地区农业的精华所系。

二、攀西地区农业资源特征

（一）光照资源

攀西地区因海拔较高，纬度较低，大气尘埃少，空气洁净，透明度高。光照资源非常丰富，为作物高产提供了极为有利的条件。年日照时数 1 600～2 700 h，多数地方日照百分率达 45%～60%，攀枝花市高达 63%，远高于成都（28%）、内江（29%）等地。攀西地区部分县（市）光照时数和辐射量见表 2-1，大部分县（市、区）全年日照时数均在 2 000 h 以上，太阳总辐射量在 500 kJ/cm² 以上，其中攀枝花市仁和区高达 649 kJ/cm²。西南部光照时数是湘、赣、浙南、闽北等我国同纬度地区的 1.2～1.5 倍，是四川盆地的 1.6～2.8 倍。

优越的光照资源为本区提高粮食、蔬菜、水果、经济作物的产量和产品质量创造了良好的条件。加之昼夜温差大，更有利于干物质的积累，故作物的千粒重比川西平原高 40%左右，安宁河流域的单产比全省平均高 30%以上。这也在一定程度上弥补了本区热量不足的缺陷。

攀西地区光照资源的另一个特征是日照时数的季节分布，以 3～4 月最多，6 月最少，10 月～翌年 3 月共 6 个月的日照时数一般超过全年的 50%，而同期川西平原的日照时数只占全年的 34.4%。因此，充分利用冬季有利光照条件发展作物生产，是攀西地区提高复种指数、增加全年作物生产力的重要途径。

表 2-1 攀西地区部分县（市、区）光照时数和辐射量

项目		月份				全年
		1～3	4～6	7～9	10～12	
米易	日照时数（h）	719	652	492	559	2 422
	辐射量（kJ/cm²）	149	177	147	117	590
仁和	日照时数（h）	812	740	622	615	2 789
	辐射量（kJ/cm²）	165	191	171	122	649
冕宁	日照时数（h）	639	522	436	449	2 046
	辐射量（kJ/cm²）	132	149	131	95	507
西昌	日照时数（h）	717	611	526	572	2 426
	辐射量（kJ/cm²）	142	164	146	108	560
盐源	日照时数（h）	770	656	494	686	2 606
	辐射量（kJ/cm²）	158	178	142	132	610
宁南	日照时数（h）	661	579	502	526	2 268
	辐射量（kJ/cm²）	133	156	140	105	534
会理	日照时数（h）	721	634	469	561	2 385
	辐射量（kJ/cm²）	147	172	137	113	569

（二）热量资源

气温往往决定着农业的发展方向，攀西地区气温变化存在着十分明显的垂直变化和非地带性变化特征。由于海拔落差很大，达到 5 634 m，气温最高的金沙江河谷，年平均气温可达 22 ℃，≥10 ℃积温可达 8 000 ℃，最冷月平均气温可达 16 ℃，可以种植芒果、香蕉、番木瓜等热带作物，但木里县西部的夏俄多季峰却终年皑皑白雪，各地气温差异很大（表 2-2）。尽管如此，攀西地区大多数地方年平均气温 14～20 ℃，≥10 ℃积温 4 000～7 400 ℃，冬季偏暖，最冷月平均气温 6～12 ℃，早春气温回升快。南部河谷地带平均气温和积温明显高于四川盆地和其他同纬度地区，相当于我国华南地区北部水平，不仅全年日温≥10 ℃时间长，为 300～360 d，而且气温年较差小。以攀枝花市为代表的南部河谷地带，日温≥10 ℃的时间可达 340 d 以上，最冷月与最热月气温差仅 12～14 ℃。同时，本区还具有山地气候特征，即气温日较差大，逆温现象显著，年平均日较差 8～14 ℃，其中河谷区达 10～14 ℃，攀枝花市可达 18.7 ℃，远高于东部同纬度地区。

表 2-2 攀西地区部分县（市、区）平均气温（℃）

县（市、区）	月份												全年
	1	2	3	4	5	6	7	8	9	10	11	12	
甘洛	6.5	8.4	13.8	17.6	20.1	21.8	24.5	24.8	20.7	16.8	12.1	8.3	16.2
越西	3.9	5.9	10.8	14.7	17.1	19.0	21.6	20.9	17.7	13.5	9.3	5.5	13.3
冕宁	5.6	7.4	11.8	15.4	18.0	19.1	21.1	20.5	17.8	14.6	10.3	6.9	14.1
喜德	5.5	7.6	12.4	15.7	18.0	19.1	21.0	20.4	17.4	14.4	9.9	6.6	14.0
西昌	9.5	11.8	16.4	19.5	21.2	21.1	22.6	22.2	19.9	16.6	12.9	10.0	17.0
金阳	5.9	8.1	13.4	17.9	20.4	21.2	23.9	23.1	19.8	15.9	11.5	7.6	15.7
盐源	5.2	7.1	10.9	14.3	17.1	17.7	18.2	17.5	16.0	12.9	8.3	5.3	12.6
德昌	10.2	12.6	17.1	20.3	22.2	22.0	23.1	22.6	20.2	17.4	13.5	10.7	17.6
普格	8.8	11.7	16.6	19.9	21.5	21.5	22.4	21.6	19.5	16.4	12.0	9.3	16.8
宁南	10.8	13.5	19.1	22.7	24.4	23.6	25.2	24.7	22.3	18.8	14.7	11.6	19.3
会理	7.0	9.4	13.3	17.1	19.4	20.7	21.0	20.3	18.6	15.5	10.9	7.5	15.1
会东	8.1	11.0	15.2	18.7	21.3	21.4	21.8	21.2	19.1	16.0	11.4	8.1	16.1
米易	11.4	14.8	19.8	23.2	25.5	25.0	25.0	24.3	22.2	19.3	15.0	11.5	19.7
仁和	12.5	15.7	20.6	23.5	26.9	25.7	25.7	24.9	23.1	19.6	15.4	12.0	20.5

攀西地区最热月一般为 7 月，金沙江干热河谷雨季开始之前的 5 月为最热月份（表 2-3），平均气温最高。但攀西地区大部分区域夏季气温较低，平均气温低于 22 ℃，加之昼夜温差大，大春作物夜间生长近乎停滞，使作物生长发育缓慢，生长期普遍较长，但这有利于植株营养生长的完善，因而产量较高，品质较优。

攀西地区最冷月一般为 1 月，金沙江干热河谷有的地方最冷月也出现在12 月。除高山地区外，大部分地方并非十分寒冷，1 月平均气温多数在 0 ℃以上。金沙江干热河谷 1 月平均气温可达 12~16 ℃，接近海南岛 1 月平均气温水平，比同纬度的湘、赣地区高 4~9 ℃。南部地区春温回升快，日均温度稳定达到 10 ℃的时间多在 1 月中旬至 2 月下旬（表 2-3），这种热量特点有利于南部地区早市蔬菜，包括豆类的生产和多熟间套种植，更有利于春耕早播，大春生产比内地早 10~20 d。

≥10 ℃积温是衡量一个地方热量条件优劣的重要指标，许多喜温作物能否栽培，需要根据该数据及其强度来判断，对农业结构、布局有重要意义。攀西地区≥10 ℃积温>4 000 ℃的区域主要限制在河谷地区（表 2-3）。从总体上讲，大多数地方≥10 ℃积温>4 000 ℃只能满足一年一熟的热量条件。加之夏温不高，下半年雨水集中，阴雨低温灾害出现频率较高，以及其他自然灾害，成为限制攀西地区大部分地方生产水平的主要因素。

表 2 - 3　攀西地区部分县（市、区）最冷月气温、日均温≥10 ℃的积温

县（市、区）	最冷月气温（℃）	日均温≥10 ℃		日均温度稳定达到10 ℃的时间（月/日）
		日数（d）	积温（℃）	
越西	3.9	220.0	3 894.4	3/29
冕宁	5.6	239.7	4 186.1	3/23
西昌	9.5	277.7	5 329.9	2/25
米易	11.4	335.3	6 933.0	1/16
仁和	12.0	338.4	7 028.3	1/12
会理	7.0	265.6	4 746.2	2/28
会东	8.1	274.1	5 100.6	2/21
盐源	5.2	197.0	3 111.1	4/4

（三）水分资源

作物生长需从土壤中吸收大量的水分，而土壤水分主要来自大气降水。攀西地区的大气年降水量一般在 1 000 mm 左右。由于受典型的东亚季风环流影响，冬季风和夏季风分别源自不同特征下垫面地区，各自携带的水汽含量差异很大，所以冬半年的降水量不到全年的 10%，夏半年集中全年降水 90% 以上，形成了本区干、雨季节气候十分明显的特征。同时，由于季风本身的形成、消长受多种复杂因素的影响，因此气候波动性较大，气候上反映出各季节之间、各季节的年际之间降水量差异都比较大，冬半年的某些月份降水变异指数甚至接近 2.0。另外，由于南北向的山脉、河流走向，地形降水的特征也十分明显。例如，冕宁北部，普格县荞窝、拖木沟地区，雷波县西宁，会理、会东的北部山地都是凉山州内几个地形降水明显的区域，其年降水量可多达 1 400～2 000 mm。与此相反，在气流越山下沉的河谷地区，年降水量多在 1 000 mm 以下，形成相对应的少雨区，金沙江河谷年降水量甚至只有 600 mm 左右，形成本区特殊的干热河谷气候。攀西地区的降水量分布情况见表 2 - 4。

1. 干季降水情况　在攀西地区，从天气特征上将 11 月至翌年 4 月划为干季。在干季，本区上空受西风环流及其引导气流的控制，冬半年的雨雪量很少，而且变异指数很大，冬半年多数地区的总降水量小于 100 mm，雅砻江西部、会理会东南部、金沙江河谷地区总降水量甚至小于 50 mm，即使在"华西雨屏"的东北部，降水总量也只有 100～150 mm。冬半年的干旱少雨气候，给季节性很强的种植业带来极为不利的影响。

表 2 - 4　攀西地区部分县（市）平均降水量（mm）

县（市）	月份												全年
	1	2	3	4	5	6	7	8	9	10	11	12	
甘洛	2	6	18	66	118	141	168	127	130	69	23	4	872
越西	5	10	19	53	119	202	203	194	176	94	27	8	1 110
冕宁	3	6	11	41	91	213	226	208	188	90	17	4	1 098
喜德	2	5	12	41	99	207	199	173	171	88	15	4	1 016
昭觉	7	14	18	54	117	196	197	149	152	88	21	9	1 022
布拖	10	12	22	50	132	230	178	164	170	99	33	10	1 110
盐源	3	3	5	20	58	140	208	166	117	45	10	3	778
德昌	5	4	6	20	89	212	219	165	197	104	20	6	1 047
宁南	10	11	9	24	89	221	169	137	170	93	25	9	967
会理	7	6	9	16	66	232	266	220	185	97	22	8	1 134
会东	7	6	11	19	80	226	227	182	168	107	23	7	1 034
西昌	5	5	9	26	89	203	216	178	170	85	20	7	1 013
米易	4	4	5	9	71	228	235	180	213	81	30	9	1 076
盐边	3	2	5	8	42	169	240	261	219	109	16	9	1 083

2. 雨季降水情况　攀西地区的雨季一般开始于 5 月最末一个星期至 6 月第一个星期，10 月中旬结束。东北部雨季开始期略早于西南部，结束期略晚于西南部，南部金沙江河谷地区雨季开始期较大多数地区晚，结束早。

由于受南亚大陆热低压引导的孟加拉湾西南暖湿气流和西太平洋副热带暖高压引导的东南季风气流影响，攀西地区夏半年集中了全年 90% 以上的降水量，大多数地区降水量都在 800～1 100 mm，雅砻江西部、金沙江河谷降水量在 700～800 mm。

3. 降水变异指数　由于攀西地区受季风的影响，降水具有季节分配不均，年际之间差异甚大的特点。从总体上讲，攀西地区东北部地区降水变异指数（RV）比西南部小，即东北部的降水比西南部相对较均匀，降水的利用价值较大。西南部的降水季节分配不均，常导致旱涝相间出现，对于这种不稳定的降水，合理利用的效益较低。因此，降水对西南部的农业影响比较大。

从时间上看，冬半年各月的 RV 均比夏半年各月的大，冬半年各月的 RV 除大凉山及北部、东北部各县以外，西南部地区各月 RV 多数都大于 1。降水变异大的气候特点，对于山区"雨养农业"的自然经济是极为不利的。在某些无水利灌溉的地区，大气干旱，土壤干燥，甚至连人畜用水都无法保证，丰富的光、热资源对于农业生产也只是徒劳的。

雨季降水较多，但阴雨低温、洪涝、夏旱、伏旱、风、雹自然灾害较频繁。海拔较高的地区常常云雾缭绕，"日出暖烘烘，下雨变成冬"，天气转晴，强烈的太阳辐射可以杀死幼弱的嫩苗，只适合高山栎、暗针叶林、杜鹃一类植物生存。以位于安宁河谷的西昌为例，据凉山州气象局黄建清等（1985）计算（表 2-5），西昌的干旱指数（I）大致情况是：正常月份（$-1 \leqslant I \leqslant 1$）占统计年代的 46%，偏旱（$1 < I < 2$）的月份占统计年代的 19%，旱（$I \geqslant 2$）的月份占统计年代的 10%；偏涝（$-2 < I < -1$）的月份占统计年代的 11%，涝的月份（$I \leqslant -2$）占统计年代的 14%。由此看来，西昌地区，虽然旱、涝的频率只占 24%，但正常情况只有 46%，时间序列的 54% 处于非旱即涝的不正常状态。可见兴修水利是攀西地区农业发展重要的措施之一。

表 2-5　西昌市干旱指数各级频数

干旱指数等级	1	2	3	4	5	6	7	8	9	10	11	12	%
正常（$-1 \leqslant I \leqslant 1$）	13	10	18	12	14	12	13	11	16	15	11	21	46
偏旱（$1 < I < 2$）	9	11	4	7	5	6	4	5	2	2	7	4	19
旱（$I \geqslant 2$）	1	1	3	2	3	4	5	4	4	6	3	2	10
偏涝（$-2 < I < -1$）	3	2	1	3	3	4	5	5	3	3	6	1	11
涝（$I \leqslant -2$）	4	6	4	6	5	4	5	1	4	3	2	1	14

从表 2-5 的数据可见，干季各月出现偏旱的频率大于干旱的频率。因此，攀西地区干季主要的自然灾害是干旱，雨季主要自然灾害是涝、阴雨低温。气温不高是农业发展中尤其突出的障碍因素。单一从气象条件考虑，大多数地区农业发展的气候生态条件并不很理想，必须改变农业结构来适应这种条件。

4. 气候干燥度指数　干燥度指数，即最大可能蒸散量与降水量和通流量差的比值：$K = ET/(R-D)$，ET 是依据联合国粮农组织计划最大可能蒸散量的彭曼修正公式，根据本区各地的平均气温、日照百分率、平均水气压、平均风速四个气象要素计算出来的湿润农田的最大蒸发量。在计算干燥度指数（K）的时候，考虑到攀西地区雨季降水集中，地表径流量较大的特点，降水量（R）应减去径流量（D）。根据上式计算攀西地区凉山州县市干燥度指数如表 2-6。参照中国气候区划干燥度分级指标，雅砻江东部、金沙江北部属湿润气候，小相岭、乌科梁子一线以西，全年农田蒸发量在 700 mm 以上；安宁河下游、宁南金沙江河谷、会理会东以南蒸发量在 900 mm 以上，盐源地区蒸发量在 1 000 mm 以上。参考郑宇享等（1984）方法计算米易县干燥度（K）、水分盈亏（D）情况，河谷区旱地 D 值为 -175 mm，即年亏缺量为 1 755 m^3/hm^2，

而半山区旱地 D 值为 223.6 mm，即年盈余量为 2 233 m^3/hm^2。一年各时期水分供应不平衡，故 D 值不等。其中 3 月中旬至 5 月上旬水分亏缺最严重，河谷区亏缺量为 455～528 m^3/hm^2，半山区亏缺量 345～458 m^3/hm^2。而 6 月中旬至 7 月下旬以及 9 月中下旬，水分盈余较多，河谷区盈余 305～563 m^3/hm^2，半山区盈余达 450～1 075 m^3/hm^2。

表 2-6　凉山州全年最大可能蒸散量与干燥度指数

地名	最大可能蒸散量（mm）	径流量（mm）	干燥度指数
甘洛	764.3	450	1.80
越西	647.2	450	0.97
冕宁	843.2	400	1.21
美姑	685.7	400	1.64
喜德	840.3	400	1.39
雷波	515.2	450	1.28
木里	834.2	350	1.76
昭觉	664.1	350	0.99
西昌	916.6	350	1.38
布拖	698.6	350	0.92
金阳	717.6	450	2.10
盐源	1 006.7	350	2.40
德昌	958.1	350	1.37
普格	871.4	450	1.14
宁南	940.7	350	1.54
会理	869.7	350	1.12
会东	924.4	350	1.30

5. 昼晴夜雨特点　从上述分析可见，攀西地区多数地方常年降水量在 1 000 mm 左右，且 90% 集中于 5～10 月，加之海拔多在 2 000 m 以上，气温不高，对农业生产不利。但是攀西地区盛夏气候具有十分突出的昼晴夜雨特点，多数地区夜间降雨达 70%～80%，白天降水量只有 20%～30%。西昌市 20 年气象资料表明，夜间降水量占 75%，白天降水量只有 25%；甘洛县二者分别为 80% 和 20%；宁南县二者分别为 76% 和 24%。但雅砻江西部（盐源、木里）、会理南部的夜间降水量稍小，盐源县夜间降水量和白天降水量分别占全年总降水量的 63% 和 37%，会东县分别占 66% 和 34%。然而即使是这些地区，雨季的日照时数仍在 800 h 以上，如盐源县达 1 100 h 以上，相当于盆地

西部全年日照的 85%～95%。

（四）气候资源综合情况

农业生产受全部气候要素的支配，光温水配合条件，对作物生长发育及产量影响极大。根据一年中攀西地区各时期光热水配置的不同特点，可将全年大致划分为四个时期（以米易县为例）（图2-1）。

1. 强光极干升温期 时间从 2 月中旬至 5 月下旬。光热条件优越而水分供应不足，该期日照时数 70～90 h/旬，各旬太阳辐射平均日总量 1.68～2.23 kJ/（cm² · d）。前期气温回升快，后期达全年最高水平。河谷区水分亏缺 21～53 mm/旬，折合灌溉量 195～525 m³/（hm² · 旬）。该期水分不足限制了光热资源优势的发挥，因光强、温高、蒸发量大引起严重春旱。

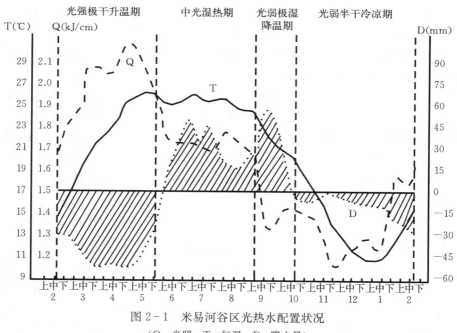

图 2-1 米易河谷区光热水配置状况

（Q：光照；T：气温；D：降水量）

2. 中光湿热期 时间从 5 月下旬至 9 月上旬。光照条件居中，但热量为全年最优裕时期，水分有盈余。该期日照 50～60 h/旬，各旬平均辐射日总量为 1.68 kJ/（cm² · d）左右；河谷区气温基本稳定在 25℃左右。此期除 6 月中旬至 7 月下旬水分盈余，应注意农田排水外，光热水配合良好，为农业生产提供了较有利的气候条件。

3. 弱光极湿降温期 时间从 9 月上旬至 10 月中旬。阴雨多，光照少，气候由炎热转为冷凉。该期日照 40～58 h/旬，太阳辐射平均日总量为 1.26～ 1.38 kJ/(cm² · d)。河谷区水分盈余量达 50 mm/旬，半山区达 73～110 mm/旬。该区阴雨寡照，对大春作物后期生长不利。

4. 弱光半干冷凉期 时间从 10 中旬至翌年 2 月中旬。光能资源差，气候冷凉，水分供应略有亏缺。虽日照达 50～90 h/旬，但因太阳斜射严重，各旬太阳总辐射平均日总量只有 1.09～1.68 kJ/(cm² · d)；此期大部分时间气温低于 13 ℃。水分除后 3 旬稍多外，其余时间均在 15 mm/旬以下。由于雨季结束不久，土壤墒情较好，同时因小春作物尚未处于水分临界期，故灾情不甚突出。

（五）土地资源

攀西地区总土地面积 675 万 hm²，按 2021 年总人口计算，人均占有土地 1.05 hm²，为同期四川省平均水平的 1.94 倍，是同期全国平均水平的 1.19 倍。现有耕地 34.45 万 hm²，人均 0.054 hm²。林地和牧地分别为 171.5 万 hm² 和 288.8 万 hm²，人均占有量高于四川省和全国平均水平。全区现有荒地资源 90.9 万 hm²，在干热河谷地带和宽谷盆地，宜农荒地 29.1 万 hm²，其中可开垦的有 8.14 万 hm²，合理开发利用后，可以一年两熟或三熟，是攀西地区农业跃上新台阶的潜力区域之一。尽管本区作物单产记录水平大大超过内地水平，但总体产量并不高。在现有耕地中，有中低产田 19.47 万 hm²，占耕地面积的 56.5%。由于缺乏灌溉条件，常年性冬闲田 11.3 万 hm²。攀西地区广阔的土地资源及大量的中低产田，为攀西农业开发提供了条件，增产潜力极大。

（六）农业生物资源

攀西地区复杂的地理条件和立体气候优势，为各种植物生长和繁衍创造了极为有利的条件，形成了丰富多彩的生物群落。据调查，本区有高等植物 200 余科，5 000 多种，占四川省高等植物总数的 50%。植物生长量大，生长速度快，产量高，水稻、玉米、小麦、马铃薯、荞麦等的产量水平居全省首位，而且相当一部分农产品独具地方特色，以早、稀、高、优的竞争优势，在国内外享有盛誉。德昌的香米素有"贡米"之称，西昌的大白蚕豆远销日本、东南亚、欧洲等地，凉山苦荞因其无污染、保健功效好，高山芸豆因其籽粒饱满、皮色光亮成为攀西地区重要的出口贸易物资。经济作物中的水果、甘蔗、蚕桑、烤烟、早春蔬菜生产优势十分突出。由于冬春温度高，有利甘蔗早生快发，加之生长季节日照足，昼夜温差大，降水多，有利提高糖分转化积累，为全国甘蔗最适种植区之一，单产高达 270 t/hm²，含糖量平均达 13.51%，居全国蔗区之首。烤烟种植区气候相似于滇中、滇东烟区，略优于玉溪烟区，以"色泽好、纯度高、阴燃保火力强、干性好"的优势特点位列四川榜首。独特的气候特点，使蚕桑生产集南方蚕区桑树生长快、桑叶肥大和北方蚕区家蚕发育快、病虫害少的优势于一体，既宜蚕又宜桑。南部河谷区"天然温室"生产的四季豆、蒜薹、青椒等蔬菜不仅上市比内地早，而且生产成本低，高产优质，远销东北、华北、西北地区许多大中城市。攀西地区的其他农产品，如盐源苹果、雷波脐橙、米易芒果、会理石榴、西昌洋葱、晚熟葡萄、木里核桃、金阳青椒、会东块菌等都是国家地理标志产品，因其品质优良而受到市场消费者青睐。

第二节　攀西地区作物生产环境

"环境"是作用于人、动植物生长发育的外在条件和影响的总和。每种作物都具有其生长最有效的、特定的一整套环境条件，而且在一般情况下，任何地区的作物都只有在很好地适应了周围环境条件时才能获得最大收益。适应性的最好证明就是生长正常和持续高产。因此，人们一般只选择能适应本地区现有条件的作物。环境条件在很大程度上决定了世界上作物的地理分布，并且可能把某些生产限制在某些中心地区，这一点在攀西地区尤为突出。德昌香米限制在王所等狭小范围；甘蔗生产分布在金沙江、雅砻江和安宁河流域的干热河谷区；烤烟适宜于海拔 1 300～1 700 m 的耕地，分布于会理、会东、普格、西昌和宁南；芸豆适宜海拔较高的冷凉山区生长。上述作物生产如果超出其最适宜的范围，则生长发育不良，或产量不高，或品质下降等等。

影响作物生长和产量的环境因素有很多，主要包括温度、光照、水分、大气和空气运动状况、土壤及自然地理、生物、经济及社会因素。为了更好地理解作物与环境间的关系，必须对每个因素分别进行研究。但是，这些因素并不是单独发挥作用的，任何地区的作物群体都受到不同因素的共同影响，且这些因素经常是以复杂的方式相互制约，相互补偿和综合地对作物发生作用。

一、温度与农业生产

温度对农作物生长的影响在很大程度上可归因于它对酶系统活性的影响。当温度升高时，基质和酶分子的动能加大，从而发生较多的碰撞，反应速度加快；温度升高还使足以发生反应的高功能分子增多。然而，如果温度超过了一定限度，酶就会急剧变性。一般地，作物生命活动的范围为 −10～50 ℃，在这个范围内，温度每升高 10 ℃，作物生理生化反应速度增加 1～2 倍，基本上符合 van't Hoff 定律。作物生命活动过程的最适温度、最高温度和最低温度统称为温度三基点。在最适温度条件下，作物生长发育迅速；在最高和最低温度的条件下，作物生长发育基本上停止，但仍能维持生命，如果温度继续升高或降低，作物将受害直至死亡。

温度对作物的影响除了温度高低（即强度）外，还有其持续时间。适宜温度的持续时间长，对作物的生长发育有利；对作物具有危害的高、低温出现后，持续时间是危害程度的决定因素。作物生育速度既与温度高低有关，又与其持续时间有关。因此，农业气象中广泛应用作物积温指标表示它们对作物的综合影响。

作物适应各地区温度年变化的结果是形成各自的感温特性和生育规律，显现出作物气候特征。栽培作物种类、耕作制度和农业技术措施等都必须与温度的年变化相适应。气温的日变化对作物干物质积累有明显的作用，在一定范围内，日较差大，白天光合作用制造的有机物质多，夜晚呼吸作用减弱，消耗的有机物质少，作物体积累的物质就多。

温度对作物生长还有间接影响。温度变化能引起作物生存环境中的其他因子，如湿度、土壤肥力等方面的变化，而环境中的这些因子的综合作用又能影响作物的生长、发育、产量形成、农产品质量，其中，影响作物产量的病虫害，其侵染、繁殖、消长和迁飞等都与温度高低有密切关系。

二、水分与农业生产

作物生产不可无水，而且必须合理地加以利用才能使作物有效地生长，从而获得较高的产量。

在农业环境诸多因子中，自然降水的多寡直接影响各地自然地理景观，决定农业生产类型，年降水量少于 250 mm 的地区为荒漠、干旱草原。这一类地区只有在利用外来水源发展灌溉的地方才有局部绿洲。年降水量 250～400 mm 之间的地区为草原或稀树草原，农业类型以畜牧业为主，水分条件较好的局部地区，存在半农半牧的过渡形式。年降水量 400 mm 以上的地区生长针叶林、阔叶林、混交林、热带雨林和湿生植物群落等，是世界上主要的农业区，农业类型包括旱地农业和雨养农业。攀西地区年降水量 1 000 mm 左右，属于雨养农业类型。

土壤水分状况决定于土壤水分平衡。在土壤水分平衡关系中，降水量是主要的收入项，蒸发量（在作物覆盖条件下为蒸散量）则是主要的支出项。降水量与蒸发量的比例，决定了土壤水分状况及其变化规律，是影响种植制度以及耕作措施的重要因子。

水分供应的年际变化，对作物收成有很大影响。降水量显著偏离常年平均值会造成旱涝灾害。攀西地区年际间降水差异较大。即使在年内，各季节分配极不均衡，这是造成本区冬干春旱的根本原因。水分胁迫是因水分不足或过多而使作物生长发育受阻，光热资源不能充分利用，生产潜力不能充分发挥。据研究，攀西地区安宁河流域全年作物光温潜力达 29 261～46 578 kg/hm²，为四川省光合潜力之最，但水分影响系数高达 27.7%～37.5%，严重制约了光温生产潜力的发挥（表 2-7）。

表 2-7 安宁河流域作物生产潜力

| 县（市） | 产量潜力（kg/hm²） | | | | 现实粮食产量 |
	光合潜力	光温潜力	气候潜力	自然潜力	（kg/hm²）
米易县	53 050	46 578	33 675	20 542	4 475
西昌市	50 631	39 542	25 385	16 348	4 800
德昌县	46 972	37 812	23 481	15 873	3 765
冕宁县	45 367	29 261	18 288	12 874	3 675

三、太阳辐射与农业生产

太阳辐射是农业自然环境诸要素发展变化的主要动力。太阳辐射是形成农田小气候的能量基础，它与热量、水分条件的不同组合，形成了不同类型的农业气候区，影响作物的地域分布、种植制度以及农业结构、布局和发展方向。

太阳辐射能是农业生态系统的能量源泉，它被植物的光合作用所摄取固定，其收入多寡和群体转换效率的高低决定了农作物的群体生产力。在适宜的水肥条件下，作物对总辐射的利用效率在生长盛期可达 5%～6%。

在群体光合生产中，太阳辐射强度对有机物质积累和品质优劣有重要意义。当光强处于光补偿点和光饱和点之间，光合作用速率随光强增加而增加。喜阳作物只有在直接辐射下才能正常生育。直接辐射是干物质积累的主要能量来源。散射辐射虽然比直接辐射弱，但光合有效辐射含量多，对作物的有效性更高。

太阳辐射光效应的刺激作用，影响作物的生理生态过程。作物群体以茎叶密度的消长适应光强进行自动控制调节。太阳辐射光谱的不同波段对作物生长发育有不同的作用，并引起不同的反应。一年中的某些季节白昼和黑夜的交替及其时间长度变化引起作物的光周期效应，光周期效应影响作物引种、繁殖、生长、开花、结实和整个产量形成过程。

四、土壤及自然地理因素

（一）土壤因素

1. 土壤对作物的重要性 尽管现在作物可以进行无土栽培，但在今后相当长的时间内，土壤栽培仍是其生产的主要形式。作物根系干重一般为种子作物重量的 1/4，但因根部分枝很细，因此，常占据比地上部体积更大的土壤。

由于作物的固着、水分及营养元素大都取自土壤，故这种密切接触也很重要。同时，作物也受到土壤种类与结构的强烈影响。实践证明，不同土壤能从多方面影响作物，包括种子萌发能力、植株大小及直立程度、营养生长量、茎的木质化、根深以及植株对干旱、霜冻的易感性和产量等。

2. 作物生长发育所需要的土壤条件　一是有保证高产的营养物质；二是适当深度内还具有足够的土壤通气条件，以使根系发展伸长；三是储存有满足作物需要的水分；四是对损害性侵蚀有抵抗力；五是无有害化学物质。

(二)自然地理因素

自然地理因素指由地球表面结构及行为所引起的诸多因素，即由淤塞和侵蚀过程引起的地形的升降倾斜等特点。自然地理上的变化包括风沙或风尘。同时，地形特点也会对局部气候产生明显作用，如高山气候不同于斜坡，谷地气候不同于平原。

(三)经济与社会因素

环境中的气候和土壤等因素虽决定了作物生产的范围，但经济与社会因素也会影响作物的生产，如人口、需求、交通、劳动问题等经济因素和作物间的竞争。攀西地区安宁河流域因有铁路、公路，交通方便，劳动成本较低，工业污染少等因素，早春蔬菜、名优特产品市场竞争力强，产业发展潜力极大。

第三节　攀西地区芸豆生产概况

攀西地区特殊的地质构造和地理环境，孕育了独特的气候资源，热量丰富，冬暖夏凉，气温年变化小，日变化大，干湿季节分明，具有立体分布的多层次气候生态系统，从东南向西北，从低海拔到高海拔，呈现南亚热带到山地凉温带的变化趋势，为各种植物生长和繁衍创造了极为有利的条件。作为一个特殊的生态区，攀西地区芸豆种植历史久远，种植范围广泛，从海拔500～3 000 m都有种植，尤以海拔1 300～2 400 m种植面积最大。不同海拔高度均有直立、半蔓生、蔓生三种植株类型，但不同地方因对其利用习惯不同，各类型所占比例不同。直立型品种多为硬荚型，以食用籽粒为主，作为粮食种植，主要种植于海拔1 700～2 400 m的冷凉山区，其代表品种为奶花芸豆、紫皮豆等；蔓生型品种大部分以食嫩荚为主，作为蔬菜种植，主要种植于海拔1 000～1 700 m的城镇郊外及温光条件较好的地区，其代表品种为褐色四季豆、三月豆等。有少数极晚熟品种，如大白芸豆、大紫花豆，在海拔1 700 m以下地区种植常因花期温度过高不结荚，因此，多在海拔1 700 m以上地区种植。半蔓生型品种各地仅零星种植，主要分布于海拔1 300～2 200 m的地区。

近年来，直立型的红腰子豆、白腰子豆，因其产量高，商品性好，易于间、套作等特点，成为该地区半山区和山区大面积种植的出口创汇品种。

芸豆是攀西地区具有较强市场竞争优势的作物之一。硬荚类粮用芸豆常年种植面积 0.67 万 hm^2，总产 5 000 t，出口量近 4 000 t，约占四川全省出口总量的 50%。种植的软荚类菜用芸豆远销北京、西安、郑州、安徽、成都等地，是我国重要的"南菜北调"基地。从种植面积和品种类型上来看，蔓生型品种因具有单株结荚多、嫩荚品质较好等特点，是河谷平坝地区种植的主要品种类型；直立型品种因适应性广，易于间、套作等特点，是半山区和山区主要种植品种。由此形成了两个典型的生产分布区域。

一是以种植硬荚型芸豆为主的小相岭-螺髻山-鲁南山-大凉山脉沿线的冷凉山区、半山区。主要包括甘洛、越西、喜德、昭觉、布拖、美姑、金阳、雷波及盐源、木里县。该区域是四川省粮用型芸豆的重要生产区域，以特有的品种、品质独占优势，该区域生产的大白（花）芸豆、紫花芸豆、奶花芸豆以籽粒大、饱满、色泽鲜亮而享有盛名。生产上栽培的硬荚型品种，通过颜色来划分，主要有白芸豆、紫花芸豆、奶花芸豆三种。形态上它们之间的差异非常明显，白芸豆的幼苗茎与叶子都呈绿色，花白色，籽粒子叶空隙小，种皮薄，不含色素。紫花芸豆幼苗、茎与叶柄、叶脉呈紫红色，叶浓绿，花鲜红色，籽粒子叶间空隙大，比重小，种皮厚，含有色素。奶花芸豆幼苗、茎与叶柄、叶脉绿色略带紫红色，叶绿，花浅紫色，籽粒子叶间空隙小，比重小，种皮厚，含有色素，白底斑、褐花纹。三种类型的营养成分大体相同，干豆均为出口产品，但白芸豆、奶花芸豆价格稳定，紫花芸豆价格不稳定。美姑县从 20 世纪 70 年代起已大规模种植奶花芸豆，最高年份面积达 1 300 hm^2，产量 2 500 t 左右，成为当时凉山芸豆重要的外贸出口产地。2003 年甘洛县建成无公害芸豆生产基地，大田生产规模超过 1 000 hm^2，生产的大白芸豆成为出口德国、日本等国的外销绿色食品，具有较高的商品信誉，是目前芸豆商品售价最高的芸豆产品。

二是以种植食用嫩荚芸豆为主的安宁河谷地区。以攀枝花市的米易、盐边、仁和区和凉山州的德昌、西昌、冕宁县一带为代表的区域主要种植普通菜豆，这类生产区域覆盖较广，在山区、半山区或平坝区的旱地都有栽培，是当地农民增收致富的重要产业。特别是攀枝花市利用"天然温室"自然条件，进行错季节播种、茬口合理调节播种，提早或延后上市时间，实现了全市蔬菜周年供应和大量外销，特别是早春蔬菜具有无公害、品质优的特点，上市时间处于海南蔬菜之后，其他省市设施蔬菜上市之前的空档期（1～4 月），已成为全国著名的早春蔬菜基地。2022 年全市蔬菜面积 1.1 万 hm^2（其中早春蔬菜 0.7 万 hm^2，夏秋蔬菜 0.4 万 hm^2），总产量 53 t，全市农民人均从早春蔬菜中获得收入 1 100 元以上，其中，早春设施蔬菜效益最为明显，每公顷产值普遍超过 15 万元，最高可达 60 万元。但也存在总产量随市场需求量的变化有较大的起伏，产品价格不稳定的现象。该区域约 35％的芸豆种植面积作为蔬菜生产基地进行规模生产，商品率较高；约 65％的面积是以农民个体集市贸易经营为主进行生产，规模小、分散，栽培形式多样，品种类型复杂。

第三章 攀西地区芸豆品种资源及育种

第一节 芸豆的形态特征

一、营养器官

(一) 根系

芸豆根系为圆锥根系，主根由种子内的胚根发育而成（图 3-1）。主根上生有侧根，侧根发达，上生多级细根、毛根和根毛。主根发达、粗壮，入土深度可达 80 cm 以上。侧根长 60～70 cm，入土较浅，集中在 10～30 cm 土层内，较耐旱。毛根少，再生力弱。生产上通常以直播为主，若通过育苗生产，须用营养钵育苗，带土移栽，而且苗龄不宜太大，一般 1 对真叶期移栽。根上生有根瘤，根瘤是豆科作物根系的重要组成部分，芸豆根瘤多集中于主根与侧根交接处。通常情况下，芸豆出苗后 10 d 左右便开始形成球形或不规则形根瘤，根瘤一般单生，有的簇生，直径 2～6 mm，着生在主根和侧根上部的根瘤数量

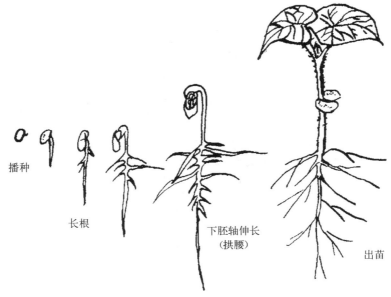

播种

长根

下胚轴伸长
（拱腰）

出苗

图 3-1 芸豆发芽出苗的过程

多，体形大，而着生在主根和侧根下部的根瘤数量少，体形小。肉红色的根瘤固氮能力强，黄色或暗褐色的根瘤固氮能力弱。根瘤内的根瘤菌从皮层细胞吸收碳水化合物、矿物质和水分，进行生长繁殖，同时能固定空气中游离的氮素，供芸豆生长发育利用，每年可固氮 $45 \sim 90 \mathrm{~kg/hm^2}$。当土壤温度大，根系生长不良时，表层土中的上胚轴，即地中茎也能长出新根。

（二）茎

芸豆茎为草质茎蔓，纤细，光滑或被有短绒毛，有棱，横切而近正方形或不规则形状。茎的长短变化很大，一般植株高度在 $20 \sim 400 \mathrm{~cm}$，分直立、半蔓生和蔓生三种类型。直立型品种主茎直立，高仅 $20 \sim 60 \mathrm{~cm}$，节间短，特别是基部的节间长度更短，只有 $2 \sim 3 \mathrm{~cm}$。当其长到 $4 \sim 8$ 节时，顶部着生花序后，不再向上生长，而从各叶腋抽出侧枝。这些侧枝生长几节后，也在顶部着生花序。各侧枝的腋芽也可抽出次生侧枝再形成花芽（图 3-2）。因而植株较矮，又称"矮菜豆""地豆"。直立型品种一般产量较低，品质较差，但早熟，且便于机械化操作。蔓生型品种的主茎生长点一般为叶芽，能不断地分生叶节，使植株继续向上生长，高达 $2 \sim 3 \mathrm{~m}$ 或更长，有 $15 \sim 50$ 节，节间较长，主茎分枝 $1 \sim 8$ 个，具有无限生长习性，栽培时需设支架扶持，才能丰

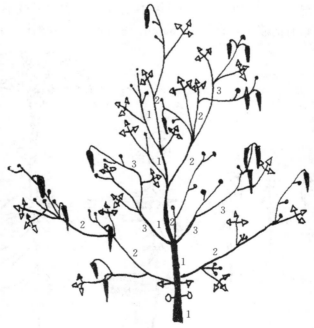

图 3-2　直立型芸豆分枝结果习性

（1、2、3 代表枝级）

产，故常称"架豆""棚豆""蔓生菜豆"。蔓生菜豆的腋芽，尤其是主茎基部的腋芽多为叶芽，容易抽生侧枝。之后，各节中的腋芽，有叶芽和花芽之分，如果条件适宜，在同一节上能抽出侧枝和花序，但一般只抽出一种。花序着生于叶腋，一般品种主蔓从 5～6 片真叶处开始出现第一花序；侧蔓上的花序出现较早，之后随着蔓的伸长，从叶腋处陆续形成花序，开花结果。因此，蔓生型品种一般产量高，品质也好。介于直立型和蔓生型之间的品种为半蔓生类型，有的半蔓型品种随着栽培条件的变化可向蔓生型和直立型转化。

芸豆花序发育的好坏与各侧枝强弱有关。强健的侧枝多着生于主茎基部，因此，直立型品种主要靠侧枝结荚，而蔓生型品种则以主蔓结荚为主，侧蔓结荚为辅。不论直立型品种还是蔓生型品种，主要通过增加花序数提高豆荚和种子产量。由于直立型品种受主茎生长限制，增加单株花序数比较困难，应以增加株数为主；蔓生型品种则可在适当增加分枝数的基础上，提高单株花序数。茎的颜色一般为淡绿色，但亦有紫红色或红紫色。茎的颜色与花、籽实的颜色有关，凡茎带颜色的，花和籽实多数带有颜色。因茎的颜色在苗期即可表现出来，故可据此判断品种纯度。

（三）叶

芸豆的叶可分为 4 类：一是子叶，2 片肥大的子叶左右对称，呈乳白色，内含丰富的营养物质，满足种子萌发、出苗和幼苗期生长需要。普通菜豆种子发芽后，子叶出土，子叶含有叶绿素，出土后转绿能进行光合作用，待长出 1 对初生真叶时子叶逐渐枯萎。多花菜豆子叶发达，容易发芽，子叶不出土。二是先出叶，长 1 mm 左右，鳞片状，三角形，无叶脊、托叶和叶枕，具保护功能。三是初生叶，芸豆的初生叶为 1 对心脏形单叶，有 1 个叶轴，0～2 片矩形或线形小托叶和 2 片叶枕。四是三出复叶，芸豆除第 1 对真叶（初生叶）为单叶之外，随后生长的真叶均为互生三出复叶。叶柄较长，具沟状凹槽，少毛。顶部小叶为卵圆形或菱卵圆形，长 8～15 cm，宽 5～10 cm，有叶枕和

图 3-3　芸豆叶片
1. 初生叶　2. 三出复叶

托叶，两侧两个小叶顶端渐尖或细尖，基部为楔形、圆形或截形，叶片两面沿叶脉处有毛（图 3-3）。

二、繁殖器官

（一）花序

普通菜豆花序着生在叶腋间和茎的顶部，为总状花序。花梗比花柄短，花梗长 5～8 mm，每一花梗上着生花 4～8 朵，有时 2 朵，多者 10 朵以上。每株花数，蔓生型品种为 80～200 个，直立型品种 30～80 个。开花时，蔓生型品种一般从下而上渐次开放，后期基部叶腋或分枝上花序开放，全株持续开花期35～54 d；而直立型品种则相反，是从先端的花序渐次向下部的花序开放，全株开花期 25～30 d。普通菜豆植株上第一花序着生的位置，因品种熟性早晚不同而异，一般早熟品种第一花序的节位在 4～8 节，晚熟种在 8 节以上。直立型品种花期短，但始花期早，蔓生型品种花期长，但始花期晚。菜豆花的花冠由旗瓣、翼瓣和龙骨瓣组成，最外层的为旗瓣，中层两瓣相对生的为翼瓣，最内卷曲成螺旋状的花瓣为龙骨瓣。花冠蝶形，长 10～15 mm。花色有白、乳黄、浅紫（浅红）、紫、红色。龙骨瓣包被着雄蕊和雌蕊，雌蕊花柱卷曲，柱头斜生，上有茸毛，去雄授粉较困难。雌蕊在开花前 3 d 已有受精能力，在开花前 1 d 傍晚开裂，故常自花授粉。对花器操作特别敏感，去雄授粉往往造成大量落花，杂交率仅有 0.2%～1%。雌蕊的花柱螺旋状，很脆，易断，柱头部分有毛，呈刷状。大多在早晨 5～8 时开花，花开后不再闭合，经 2～3 d 后凋萎。一个花序开花日期延续 10～14 d，整个植株开花期延续 20～25 d，部分蔓生品种延续 100 d 以上。

多花芸豆花为腋生总状花序，花枝细长，单生或对生，一般一个花序有10～20 对小花。小花基部有长椭圆形或三角形苞片，小花枝长 0.5～1.5 cm，常扭曲，有绒毛，花萼钟状，由 5 个裂片构成，其中两片连为一体，裂片呈三角形。蝶形花冠，旗瓣较大，有 5 片花瓣，花色一般为红或白色，二体雄蕊（9+1），上位子房，无子房柄、内含多个胚珠。花柱卷曲，柱头顶生，椭圆体状，下部有绒毛。多花菜豆开花由花序下部逐渐向上，一般小花由开花至看见幼荚约需 4 d，一个花枝花期约有 20 d 左右。当植株在 2～3 片叶时便开始花芽分化，营养生长与生殖生长同时进行，因此植株开花期约需 70 d。芸豆在遗传上虽无自交不亲和，但由于花的这种构造，花粉难以落在柱头上，故多为异花授粉作物，花粉由昆虫传播，异花授粉率高。

（二）荚和种子

芸豆果实为荚果，是由子房发育而来的。荚为细而长的圆筒形或扁筒形，呈直棒状或稍弯曲，表面平滑有短毛。嫩荚有浅绿、深绿、绿带紫红晕、绿带花纹、淡黄及白绿等颜色。老熟豆荚多为黄白色或黄褐色，或呈黄花斑条。豆荚两边缘线（背维管束和腹维管束），荚内两缝线处均有维管束。荚内靠近腹线处，还有着生种子的胎座，各种子间有隔膜，豆荚先端有细而尖长的喙，基部有短的果柄。不同品种的豆荚除形状、颜色等不同外，对品质影响最大的是其软硬程度。图3-4是芸豆嫩荚的横切面，芸豆果实的子房部分由外向内依次为外表皮、外果皮、中果皮、内果皮和内表皮。以嫩荚供食的芸豆主要食用部分是内果皮。优良荚用种的内果皮肥厚，荚的横断面呈椭圆形至圆形。鲜嫩幼荚的内果皮充满水分，呈透明的胶状体。豆荚变老时，内果皮水分消失而呈白色海绵状。最后在豆荚干枯收缩时，成为一层絮状物，附着于荚壳内壁。影响嫩荚品质的第一种形状是内果皮的厚度和失水干缩的快慢。优良品种即使豆荚充分长大后仍能

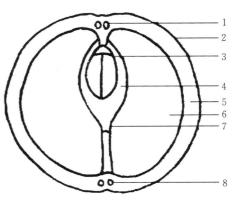

图3-4　芸豆豆荚横切面
1. 腹维管束　2. 外表皮（外果皮）　3. 种子　4. 子腔室
5. 中果皮　6. 内果皮　7. 内表皮　8. 背维管束

保持透明胶体。影响嫩荚品质的第二种性状是中果皮的性质，中果皮的细胞壁增厚硬化，使荚内形成革质膜，豆荚的变硬，主要是中果皮的细胞壁纤维增厚所致，硬化的程度与品种及豆荚的成熟度有关，愈老愈硬，高温干燥及肥水不足时，易使豆荚硬化。外果皮具有角质层和气孔，豆荚未成熟时，外果皮的薄壁细胞多含叶绿体，成熟时转为有色体，使豆荚呈现出不同的颜色。外表皮为豆荚的最外层，由一层或多层细胞构成，细胞密集排列，与外果皮共同形成一个保护屏障，防止外界机械和环境侵害。从荚的质地上讲，芸豆有硬荚及软荚之分。软荚品种的荚壁肥厚，粗纤维少，品质好，荚长大后仍能供食。硬荚品种豆荚横断面多为扁形，纤维多，有革质膜，品质差，嫩时可食，种子大，宜做青豆或干豆用。因嫩豆荚的主食部是内果皮，所以荚用品种以内果皮肥厚、横切面近圆形、无革质膜者为佳，尤以两缝线处的维管束（俗称"筋"）不发达者更好。软荚品种因纤维少，又乏革质膜，容易折断，手感柔软，且具弹性，豆荚干枯后收缩成不规则的形态，表面发皱，容易弯曲；而硬荚品种则大体仍能保持原来的形状，制罐头用的品种，要求豆荚不要太长，颜色鲜绿色或黄色，荚形要好。

豆荚在开花后5～10 d显著伸长，15 d已基本长足。植株开花期所结豆荚，多数发育正常，荚内有正常的种子。开花后期，尤其侧枝先端所结的豆荚，常有发育不完全的种子或荚内无种子。芸豆落花较严重，一般结荚率只有

20％～30％、高者达 40％～50％，这与品种、环境和栽培技术有关。

芸豆种子着生于豆荚内靠近腹线处。成熟后着生处留在种子上的痕迹称"种脐"。芸豆豆荚内有种子 3～7 粒，甚至 10 粒以上，一般以 2～4 粒者居多。种子近肾脏形，也有近圆球形、扁圆形和长圆形。种子颜色有红、白、黄、褐、黑及带有斑纹等。百粒重 30～70 g，而小的仅 15 g，寿命一般为 3～4 年。

第二节 芸豆遗传资源及种质资源鉴定与评价

一、芸豆遗传资源概况

尽管很早以前人们就正式提出了"遗传资源"的概念以及认识到遗传资源保存的重要性，并在其后做了大量的工作（Farnkel et al.，1975；Lyamn，1984），但作物遗传资源保存的重要性和迫切性依然存在。对于很多作物，由于遗传侵蚀和均一性而导致遗传脆弱性的风险仍未消失，芸豆的情况也不例外，芸豆遗传演变中遗传变异性减小就是一个警示，而且现代高产、优质、多抗（耐）、工业化的育种目标也需要有更广泛的遗传资源，因此，人们越来越重视种质遗传资源的收集、保存、评价和利用。

芸豆的种质资源广泛分布于世界各地，但主要有 4 个分布中心，即中美洲中心、安第斯山脉中心、欧洲中心和东部非洲中心。中美洲中心和安第斯山脉中心是芸豆的原始驯化地，欧洲中心和东部非洲中心是哥伦布发现新大陆之后，形成的多样化中心。各个分布中心有着极为丰富的芸豆种质资源，在美洲的两个分布中心目前还有大量的野生芸豆资源，成为全球搜集和研究芸豆的重点地区。据统计，目前世界上有 30 多个国家保存有芸豆种质资源，主要有哥伦比亚、美国、墨西哥、巴西、英国、德国、印度、西班牙、土耳其等国，共计突破 10 万份。位于南美洲哥伦比亚的国际热带农业中心（CIAT）是世界上最大的芸豆种质收集中心，迄今已收集到了 4 万多份菜豆属的材料，保存于现代化的种质库中，其中普通菜豆栽培种 35 516 份，野生种 434 份，占世界芸豆种质资源总数的 88％。多年来，国际热带农业中心投入了大量的人力物力对所有保存的芸豆种质资源进行农艺性状分析和鉴定，根据 25 项植株性状和 6 项种子性状对芸豆种质资源进行初步分类，并对大部分资源的抗性、耐性及生物固氮能力进行系统鉴定，其中包括植株的抗病性、抗旱性、抗涝性、耐盐性、耐酸性、耐热性、耐低磷性等指标，从而筛选出抗性、耐性好的材料，提供给各国育种单位。其中值得一提的是芸豆耐低磷特性的系统鉴定工作。

缺磷是目前限制芸豆生产的重要障碍因素之一。据估计，世界上有 50％

以上的芸豆种植在严重缺磷的土壤上（Lynch et al.，1991），人们一般通过大量施用无机磷肥来为作物补充磷素，但这样的做法不仅经济、生态效益不高，而且也不能彻底地解决芸豆缺磷问题，因此，必须通过遗传育种途径来改良芸豆的耐低磷特性，才能既经济又有效地解决芸豆缺磷问题。近年来，应用遗传育种技术来提高芸豆的磷效率已有一些尝试，但这方面的工作进展较小，主要是因为现有育种材料的遗传变异性较小，因而基因重组后代未能表现出突出的耐低磷特性。当今世界上应用的芸豆栽培品种多数属于中美基因库的 MA 基因型，这些品种在经过长期的人工选择之后，具有高产、生长期短以及丛生等优良农艺特性，然而，这些品种遗传背景比较单一，遗传变异性低，而且在栽培过程中未必经过系统的耐低磷选择，所以在这些群体内没有突出的耐低磷基因潜力。因此，必须拓宽亲本的遗传变异性，才能使耐低磷育种有所突破，为此，国际热带农业中心的科技工作者开展了芸豆耐低磷遗传资源的系统鉴定工作，他们创造了一个称之为"核心收集"（core collection）的办法，即以芸豆起源多样性中心理论、土壤普查资料为依据，结合实地观察结果，通过聚类分析手段，从国际热带农业中心种质库中可用的 26 500 多个芸豆材料中选取了364 个有代表性的材料进行耐低磷特性筛选，从中发现了一些颇具耐低磷潜力的基因型，其中一些来自另一个多样性中心安第斯基因库（Beebe et al.，1992）。这说明在现有的商业品种之外确实还存在一些耐低磷的遗传资源，接着研究人员又精选了其中的一些对比基因型进行系统的耐低磷能力的鉴定，通过田间试验、土壤盆栽、砂培和实验室试验等一系列手段，探讨了芸豆对土壤中不同磷形态的生长反应，阐述了芸豆耐低磷的可能机理，初步明确了芸豆耐低磷的一些形态和生理指标（Yan，1992），这些研究结果可为芸豆耐低磷遗传资源的利用和育种工作提供依据。

我国大部分地区均有芸豆品种资源分布，截至 20 世纪末，经农艺性状鉴定编入《中国食用豆类品种资源目录》的芸豆品种资源共有 4 000 余份，国内资源 3 848 份，其中地方品种 3 845 份，占资源总数的 95.4%，主要来自贵州、山西、云南、黑龙江、陕西、四川、内蒙古、河北、吉林和湖北省（区），这些省（区）的芸豆品种资源数依次为 1 005、594、479、383、381、336、244、151、137 和 101 份。各地还搜集到多花菜豆种质资源 200 余份，其中云南 50份、湖北 50 份、山西 17 份、四川 16 份。在农艺性状鉴定、编目的基础上，这些种质资源已由国家种质库长期保存，并随后对大部分种质资源进行了营养品质分析，抗病虫性及抗逆性鉴定评价，初步鉴定筛选出一大批优异的芸豆种质资源，如矮秆、早熟、多荚、抗病虫、高蛋白（28%以上）等材料，这不但为作物育种提供了新的抗源和基因源，而且有的优异种质已直接应用于生产，取得了显著的经济效益和社会效益。

二、我国芸豆种质资源联合鉴定与评价

张晓艳（2007）在对我国芸豆形态、蛋白及分子水平研究的基础上，认为我国的芸豆起源于"安第斯中心"和"中美中心"两个基因库。我国是芸豆的次级起源中心和遗传多样性中心，品种资源丰富，同时芸豆在我国地域分布广阔，生态类型多样。在"七五"期间，经过全国各协作单位对所搜集资源的鉴定和评价，初步选出了 10 个综合性状优良的种质资源，在攀西地区及全国 4 个不同生态试验点进行两年多点联合鉴定和性状变异分析（表 3-1、表 3-2）。结果表明，芸豆的生育期存在由北向南逐渐增长的趋势，属短日照作物，对光温反应比较敏感；芸豆种质的株高受环境影响很大，在冷凉气候条件下生长良好，在炎热气候条件下生长受到限制；单株荚数受环境的栽培管理因素影响较大，为提高产量的关键因子之一；百粒重在不同环境下变化较小，是比较稳定的产量构成因子。

表 3-1　供试种质在 4 个试点的生育日数和株高表现

品种	全生育日数（d）					株高（cm）				
	黑龙江	内蒙古	山西	四川	平均	黑龙江	内蒙古	山西	四川	平均
G0482	95	115	111	119	110.0	53.3	42.6	40.4	57.7	48.5
G0609	94	99	116	109	104.5	118.5	77.8	58.7	109.3	91.1
品芸二号	95	108	104	119	106.5	68.0	47.6	47.6	63.0	56.6
F8906-1	87	99	103	110	99.8	38.6	24.7	22.6	50.3	34.1
G0381	87	99	105	108	99.8	39.2	19.4	22.2	55.0	34.0
G0517	92	99	102	112	101.3	37.4	29.2	15.6	59.6	35.5
桂豫 3 号	87	99	104	110	100.0	35.1	25.4	18.1	53.1	32.9
G0446	88	100	107	114	102.3	33.2	28.6	22.7	52.1	34.2
YG 菜豆	95	105	102	116	104.5	36.5	25.8	26.5	52.0	35.2
奶花芸豆	92	99	118	108	104.3	40.0	29.8	22.0	57.0	37.2
平均	91.2	102.2	107.2	112.5		50.0	35.1	29.6	60.9	

表 3-2　供试种质在 4 个试点的产量性状表现

品种	单株荚数（个）					百粒重（g）					12.5 m² 小区产量（kg）				
	黑龙江	内蒙古	山西	四川	平均	黑龙江	内蒙古	山西	四川	平均	黑龙江	内蒙古	山西	四川	平均
G0482	17.7	16.5	18.9	25.0	19.5	19.3	19.4	19.6	16.8	18.8	2.00	2.09	2.91	4.93	2.98
G0609	19.0	14.5	15.8	18.1	16.9	31.9	23.7	27.3	31.7	28.7	2.17	1.99	1.43	4.03	2.41

（续）

品种	单株荚数（个）					百粒重（g）					12.5 m² 小区产量（kg）				
	黑龙江	内蒙古	山西	四川	平均	黑龙江	内蒙古	山西	四川	平均	黑龙江	内蒙古	山西	四川	平均
品芸二号	17.3	14.5	22.1	34.9	22.2	20.0	19.8	19.9	16.6	19.1	1.83	2.10	1.21	3.55	2.17
F8906-1	7.8	7.4	10.8	10.9	9.2	69.1	46.5	52.8	57.3	56.4	2.03	1.28	1.78	3.77	2.22
G0381	9.0	5.7	11.9	17.1	10.9	44.8	54.5	53.7	57.4	52.6	2.08	1.45	1.84	2.95	2.08
G0517	9.0	5.5	10.9	16.9	10.6	49.8	53.5	53.0	62.3	54.7	1.97	1.28	1.86	2.33	1.86
桂豫3号	6.7	6.5	11.3	14.9	9.9	34.6	38.5	35.2	42.1	37.6	1.58	0.86	2.09	3.17	1.93
G0446	8.8	8.7	11.9	16.7	11.5	31.0	30.7	31.7	29.4	30.7	1.25	1.79	2.69	1.88	1.90
YG菜豆	8.4	7.1	9.5	9.7	8.7	43.3	54.1	49.5	65.4	53.1	2.25	1.01	1.84	3.13	2.06
奶花芸豆	7.7	7.4	7.9	8.3	7.8	36.7	39.2	36.8	46.8	39.9	1.42	1.47	0.78	2.62	1.57
平均	11.1	9.4	13.1	17.3		38.1	38.0	38.0	42.6		1.86	1.53	1.84	3.24	

在全国各协作单位品种资源研究的基础上，王述民等从 2 300 份芸豆品种资源中初步筛选出的 233 份优异资源，在四川凉山、内蒙古凉城、黑龙江哈尔滨、山西太原 4 个不同生态试验点同时进行连续两年的综合鉴定与评价。

（一）材料与方法

供试材料 233 份，其来源分别为中国农业科学院作物品种资源所 22 份，黑龙江省 26 份，吉林省 34 份，内蒙古自治区 18 份，云南省 63 份，贵阳市 26 份，陕西省 33 份，山西省 8 份，甘肃省 3 份。按优异性状类别分为矮秆 53 份，早熟 46 份，多荚 40 份，大粒 43 份，其他类型 51 份。试验分别在内蒙古自治区凉城县农业技术推广中心（海拔 1 200 m，芸豆生育期内平均气温 18.4 ℃，降水量 360 mm 左右）、黑龙江省农业科学院（海拔 171.7 m，生育期内平均气温 18.4 ℃，降水量 390 mm 左右）、山西省农业科学院（海拔 777.9 m，生育期内平均气温 21.2 ℃，降水量 165 mm 左右）和四川省凉山州昭觉农科所（海拔 2 100 m，生育期内平均气温 15 ℃，降水量超过 900 mm）进行。试验地肥力均为中上等，播种时间和田间管理措施按当地习惯进行。试验采用顺序排列，全部材料按初筛时优异性状类别分组种植，每品种 4 行，行长 5 m，行距 0.5 m，穴距 0.3 m，每穴留苗 3 株。田间调查和室内考种项目标准按试验统一要求进行。

（二）结果与分析

1. 主要优异性状联合鉴定结果与分析

（1）矮生性 粮用芸豆大面积生产中 95% 以上的主栽品种属直立矮生型，因此，在育种中矮秆资源显得尤为重要。通过对供试 53 份矮秆种质 4 个点两年的联合鉴定结果表明，在同一地点不同年份中，株高表现基本一致，差异不大；而同一种质在不同地点的株高发生了很大变化，例如，F0099 在黑龙江省、内蒙古自治区、山西省和四川省凉山点的株高依次为 39.0、28.8、18.0和 51.4 cm。尽管差异很大，但因不同生态地区划分芸豆植株高矮的标准（黑龙江省低于 55 cm，内蒙古自治区低于 45 cm，山西省低于 30 cm，四川省凉山低于 85 cm 的为矮秆类型）不同，因此，F0099 在 4 个点均被归为矮秆类型。根据这一标准，筛选出 49 份矮秆种质（表 3-3），其中 4 个点鉴定结果一致的有 43 份，3 个点鉴定一致的有 6 份，仅有 2 个或 1 个点鉴定为矮秆的材料不再归为矮秆类型。根据 4 个点两年鉴定为矮秆类型的种质，可以认为其矮生性主要受矮秆基因控制，可以作为育种材料利用。

表 3-3 芸豆优异资源份数及来源

来源	品资所	黑龙江	吉林	内蒙古	云南	贵州	陕西	山西	甘肃	合计
矮秆	6	9	9	4	14	5		2		49
早熟	1	2	2	3	7	1	11	1		28
多荚	7	3	1	3	5	4	2		3	29
大粒	4	3	8	1	13	1	4			34
抗角斑病		1		6	6		2			16
抗炭疽病		1	1		1					3
中抗蚜虫			1				1			2
高蛋白质	1		1				3			5
综合性状	1	6	4		6					17
合计	20	25	27	17	52	11	23	5	3	183

（2）早熟性 一个品种生育期的长短是决定其适应地区广泛与否的关键因素。供试 46 份早熟资源经 4 个点两年的联合鉴定，选出了 28 份早熟种质（表 3-3），其标准为全生育日数在黑龙江少于 90 d，在内蒙古少于 110 d，在山西和四川少于 115 d。试验表明，4 个点鉴定结果一致的有 19 份，3 个点鉴定结果一致的有 9 份，2 个点或 1 个点鉴定结果为早熟的材料不再划归早熟类型。

（3）多荚性 单株荚数是芸豆主要产量性状之一，供试 40 份多荚资源经4 点两年的联合鉴定，筛选出 29 份多荚种质（表 3-3），其中 4 个点鉴定结果一致的有 15 份，3 个点鉴定结果一致的有 14 份，2 个点或 1 个点鉴定结果为多荚的材料被淘汰。在黑龙江点，单株荚数最多的是 F2122，为 33 荚，最少的是 F1467，为 13.5 荚，其他 3 个点鉴定结果也表现出相似情况。

（4）大粒性 一个品种籽粒大小主要是由遗传因素决定的，但受环境因子影响也较大,同一个品种,在高水肥条件下籽粒较大,在低的水肥条件下籽粒较小。供试43份大粒资源经4个点两年的联合鉴定,筛选出了34份大粒种质(表3-3),百粒重均在41.0g以上,4个点鉴定结果一致的有21份,3个点鉴定结果一致的有13份,2个点或1个点鉴定结果为大粒的材料不归入大粒类型。从试验结果还可以看出,大粒种质中,蔓生类型占50.0%,直立矮生型44.1%,半蔓生型占5.9%。

2. 抗病虫性资源农艺性状表现　前期通过对资源库800份芸豆资源的抗角斑病、抗炭疽病和抗蚜虫性进行鉴定,从中筛选出了中高抗角斑病资源16份,中高抗炭疽病资源4份,中抗蚜虫资源2份。此次主要对这22份资源的农艺性状进行了联合鉴定,除有1份资源失收,共获得了21份抗病虫资源的数据。结果表明,抗病虫资源的生育期一般偏长,全生育日数均在100 d以上;生长习性以蔓生类型为主,占57.1%,半蔓生类型占28.6%,直立类型较少,仅占14.3%;单株荚数较多,21份资源中仅有3份资源的单株荚数较少,其余18份资源均属多荚类型,单株荚数均在10荚以上,高者达28荚。根据文献报道,芸豆的粒色与抗病虫性有关,从本试验结果看出,抗病虫资源的粒色以深色为主,黑、褐、紫红占81.0%,白色的仅占19.0%;从籽粒大小来看,主要以中小粒类型为主,百粒重在40.0%以下的占76.2%,大于40.0 g的占23.3%。

3. 综合性状　21份综合性状比较好的资源经过联合鉴定后淘汰4份,筛选出的17份资源均为直立矮生型,生育期为中早熟类型,全生育日数为88～120 d;单株荚数较多,为6～28荚;单株产量4.3～32.8 g,百粒重27.0～54.4 g;17份资源中有2份抗旱,6份中抗炭疽病。

4. 芸豆优异资源地理分布　各省(区)提供的种质主要在农艺性状上具有特点,普遍缺乏抗性材料。抗角斑病种质主要来自内蒙古自治区和云南省,各6份,另外陕西省2份,黑龙江省和山西省各1份;黑龙江省、吉林省和云南省各提供1份抗炭疽病种质;筛选出唯一的2份中抗蚜虫种质,1份来自吉林省,1份来自陕西省。陕西省缺乏矮秆资源,但早熟和高蛋白质资源比较丰富。

第三节　攀西地区芸豆品种资源研究

一、攀西地区芸豆品种资源的搜集

攀西地区芸豆品种资源搜集范围包括凉山州17个县(市)和攀枝花市3区2县,面积约6.754 9万km²,地理位置介于北纬26°03′～29°27′,东经100°15′～103°53′,海拔高度360～3 500 m的广大区域。搜集方式采用普查和实地调查两种方式，普查是通过县（市、区）农业部门或乡（镇）政府，委托专门人员，采访当地农技人员和种植经验丰富的农民，用填表方式了解该区域农业生产中使用过的芸豆地方品种、推广良种的数量和种类以及各自的播种面积等信息。普查结果表明，芸豆地方品种数量和播种面积都存在不同程度的减少，良种数量和栽培面积在不断增加，导致地方品种资源丧失，特别是农业生产条件较好的坝区基本不再使用地方品种。根据普查结果，组织专门人员深入到村组，首先通过座谈，了解当地芸豆生产现状以及正在使用的地方品种资源种类、数量、播种面积等基本信息，然后走访农户家，以普查表上和座谈中出现的地方品种为重点调查、收集对象，依据郑殿升等编写的《农作物种质资源收集技术规程》进行地方品种资源样本采集。项目组除了收集到普查表上出现的地方品种资源外，还收集到了一些新的地方品种，包括原本以为已经消失的老地方品种，经过多年（至少 20 年）栽培驯化的良种，在适应当地生态环境后新形成的品种，以及从其他地方引进的地方品种，在当地栽培后形成的新地方品种。

品种资源鉴定和评价，主要采取在资源圃内连续两年集中种植观察鉴定，并结合原产地品种生长特性进行综合评价的方法。按照国家农作物种质资源《普通菜豆种质资源数据采集表》（表 3-4）进行编目，共整理出 106 份，并采取冷藏方式进行保存，种质库贮藏温度 2～5 ℃，相对湿度 50%～60%，每种材料取 200 g，存放于种子瓶中，标明材料名称、编号和生产年份。

表 3-4　普通菜豆种质资源数据采集表

1. 基本信息

全国统一编号（1）		种质资源编号（2）	
引种编号（3）		采集号（4）	
种质名称（5）		种质外文名（6）	
科名（7）		属名（8）	
学名（9）		原产国（10）	
原产省（11）		原产地（12）	
海拔（13）		经度（14）	
纬度（15）		来源地（16）	
保存单位（17）		保存单位编号（18）	
系谱（19）		选育单位（20）	
育成年份（21）		选育方法（22）	

（续）

种质类型（23）	1：野生资源 2：地方品种 3：选育品种 4：品系 5：遗传资料 6：其他	图像（24）	
观测地点（25）		观测年份（26）	

2. 形态特征和生物学特性

播种期（27）		出苗期（28）	
分枝期（29）		见花期（30）	
开花期（31）		终花期（32）	
成熟期（33）		熟性（34）	1：早熟 2：中熟 3：晚熟
生育日数（35）	d	生长习性（36）	1：直立 2：半蔓生 3：蔓生
下胚轴长度（37）	cm	下胚轴色（38）	1：绿 2：紫
出土子叶色（39）	1：白 2：绿 3：红 4：紫	叶色（40）	1：浅绿 2：绿 3：深绿
叶形（41）	1：菱卵圆 2：卵圆	小叶长度（42）	cm
鲜茎色（43）	1：黄 2：绿 3：紫 4：紫斑纹	茎类型（44）	1：普通茎 2：缠绕茎
花序类型（45）	1：单花花序 2：多花花序	花序长度（46）	cm
每花序花数（47）	朵	花旗瓣颜色（48）	1：白 2：黄白 3：粉白 4：粉红 5：浅红 6：红 7：浅紫 8：蓝紫 9：紫红 10：紫
花翼瓣颜色（49）	1：白 2：黄白 3：粉白 4：粉红 5：浅红 6：红 7：浅紫 8：蓝紫 9：紫红 10：紫	初花节位（50）	节
株高（51）	cm	株型（52）	1：直立 2：半蔓生 3：蔓生
主茎节数（53）	节	节间长度（54）	cm
单株分枝数（55）	个	初荚节位（56）	节
结荚习性（57）	1：有限 2：无限	单株荚数（58）	荚
每果节荚数（59）	荚	果柄长度（60）	cm
荚色（61）	1：黄白 2：浅褐 3：褐 4：斑纹	荚形（62）	1：长扁条 2：短扁条 3：弯扁条 4：长圆棍 5：短圆棍 6：弯圆棍 7：镰刀形 8：剑形

（续）

荚面（63）	1：凸　2：微凸　3：平	荚尖端形状（64）	1：锐　2：钝
荚长（65）	cm	荚宽（66）	cm
裂荚率（67）	%	单荚粒数（68）	粒
单株产量（69）	g	粒形（70）	1：圆　2：扁圆　3：椭圆 4：长椭圆　5：卵圆　6：长柱 7：短柱　8：肾形　9：方形 10：长方形
种皮光泽（71）	1：亮　2：乌	种皮破裂率（72）	%
种皮斑纹（73）	1：条　2：块 3：网　4：点5：无	种皮斑纹色（74）	1：白　2：浅黄 3：粉红　4：红 5：紫　6：浅褐 7：褐　8：黑
粒色（75）	1：白　2：乳白　3：黄白 4：浅黄　5：黄　6：深黄 7：浅绿　8：绿9：粉红 10：浅红　11：红 12：紫 13：紫红 14：浅褐 15：褐 16：蓝黑 17：黑 18：斑纹	脐色（76）	1：白　2：灰白　3：黄白 4：浅褐　5：褐　6：黑
子叶色（77）	1：乳白　2：黄白 3：黄绿　4：绿	百粒重（78）	g

3. 品质特性

粗蛋白含量（79）	%	粗脂肪含量（80）	%
总淀粉含量（81）	%	直链淀粉含量（82）	%
支链淀粉含量（83）	%	天门冬氨酸含量（84）	%
苏氨酸含量（85）	%	丝氨酸含量（86）	%
谷氨酸含量（87）	%	甘氨酸含量（88）	%
丙氨酸含量（89）	%	胱氨酸含量（90）	%
缬氨酸含量（91）	%	蛋氨酸含量（92）	%
异亮氨酸含量（93）	%	亮氨酸含量（94）	%
酪氨酸含量（95）	%	苯丙氨酸含量（96）	%
赖氨酸含量（97）	%	组氨酸含量（98）	%
精氨酸含量（99）	%	脯氨酸含量（100）	%
色氨酸含量（101）	%		

（续）

4. 抗逆性	
芽期耐旱性（102）	1：高耐（HT）　2：耐（T）　3：中耐（MT）　4：弱耐（S）　5：不耐（HS）
成株期耐旱性（103）	1：高耐（HT）　2：耐（T）　3：中耐（MT）　4：弱耐（S）　5：不耐（HS）
芽期耐盐性（104）	1：高耐（HT）　2：耐（T）　3：中耐（MT）　4：弱耐（S）　5：不耐（HS）
苗期耐盐性（105）	1：高耐（HT）　2：耐（T）　3：中耐（MT）　4：弱耐（S）　5：不耐（HS）
5. 抗病虫性	
白粉病抗性（106）	1：高抗（HT）　2：抗（T）　3：中抗（MT）　4：感（S）　5：高感（HS）
锈病抗性（107）	1：高抗（HT）　2：抗（T）　3：中抗（MT）　4：感（S）　5：高感（HS）
炭疽病抗性（108）	1：高抗（HT）　2：抗（T）　3：中抗（MT）　4：感（S）　5：高感（HS）
角斑病抗性（109）	1：高抗（HT）　2：抗（T）　3：中抗（MT）　4：感（S）　5：高感（HS）
枯萎病抗性（110）	1：高抗（HT）　2：抗（T）　3：中抗（MT）　4：感（S）　5：高感（HS）
普通花叶病毒病抗性（111）	1：高抗（HT）　2：抗（T）　3：中抗（MT）　4：感（S）　5：高感（HS）
黄花叶病毒病抗性（112）	1：高抗（HT）　2：抗（T）　3：中抗（MT）　4：感（S）　5：高感（HS）
蚜虫抗性（113）	1：高抗（HT）　2：抗（T）　3：中抗（MT）　4：感（S）　5：高感（HS）
红蜘蛛抗性（114）	1：高抗（HT）　2：抗（T）　3：中抗（MT）　4：感（S）　5：高感（HS）
6. 其他特征特性	
食用类型（115）	1：食用　2：加工

核型（116）		指纹图谱与分子标记（117）	
备注（118）			

二、攀西地区芸豆品种资源类型鉴定

（一）植株类型

根据国际热带农业中心（CIAT）分类体系将芸豆划分为 4 类，即：矮生有限生长型、矮生无限生长型、匍匐无限生长型、蔓生无限生长型。国内通常根据生长习性不同将芸豆分为矮生型、半蔓生型、蔓生型，不同地区划分的标准不尽相同。通常矮生型主蔓长到 4～8 节后，茎端生长点出现花序封顶，随后长出 4～6 条分枝，分枝长到 2～5 节时，也形成花序封顶；而蔓生型进入抽蔓期后，节间不断伸长并左旋缠绕，可以不断开花结实，植株高达 2～3 m，甚至更长，半蔓生型处于二者之间。蔓生型与半蔓生型在进入抽蔓期前必须及时搭架、引蔓。在相同的生长条件下，矮生型一般生育期较短，产量较低；蔓生型生育期长，产量较高，采收期可持续 1 个月，甚至更长。鉴定结果，攀西地区 106 份芸豆材料中，蔓生型品种 73 份，占 68.9%，直立型品种 24 份，占 22.6%，半蔓生型品种 9 份，占 8.5%。可见攀西地区芸豆植株类型以蔓生型品种居多，直立型品种次之，半蔓生型品种较少。

（二）生育期类型

根据熟性的不同可将芸豆划分为早熟型、中熟型以及晚熟型，一般早熟类型植株的生长势、分枝能力、抗病性较弱；中熟类型植株的生长势、分枝能力、抗病性较早熟型强；晚熟类型生长势、分枝能力、抗病性强于早中熟类型。攀西地区芸豆不同类型和不同品种的生育期差异较大，通过资源圃种植观察，全生育期（从播种至成熟天数）变化幅度为 75～181 d，按照全生育期小于 100 d 为早熟，101～110 d 为中熟，大于 110 d 为晚熟划分，材料中早熟品种 19 份，占 17.9%，中熟品种 81 份，占 76.4%，晚熟品种 6 份，占 5.7%，最早熟品种为甘洛小白芸豆，全生育期 75 d。从植株类型上来看，一般直立型品种生育期较短，蔓生型品种生育期较长，半蔓生型品种居中。

（三）籽粒性状

1. 粒色　芸豆籽粒颜色是目前栽培作物中变异类型最广泛的性状之一。攀西地区芸豆粒色以复色（花斑或花纹）、褐色为主，分别占 35.8%、16.0%，其次是黑色、黄色，分别占 14.2%、12.3%，红色、白色、灰色很少，分别占 10.4%、8.5%、2.8%（表 3-5）。研究表明，粒色与茎的颜色和花色密切相关，白粒品种茎为淡绿色开白花，黑粒品种茎为紫红色开紫色花。其他粒色品种的花色介于白和紫之间。另外，粒色与品种抗性也存在部分相关性，一般黑粒芸豆有较强的抗病虫性和抗逆性。

表 3-5　攀西地区芸豆品种资源籽粒颜色分布及占比

籽粒颜色	材料份数	占总数比例（%）
花斑（花纹）	38	35.8
褐色	17	16.0
黑色	15	14.2
黄色	13	12.3
红色	11	10.4
白色	9	8.5
灰色	3	2.8
总计	106	100

2. 粒形　攀西地区芸豆粒形以肾形为主，占 70.8%，椭圆形次之，占 13.2%，卵圆形、圆形和长筒形较少，分别占 9.4%、3.8% 和 2.8%（表 3-6）。小粒种多为卵圆形或圆形籽粒，中粒种以椭圆形籽粒居多；而大粒种多为肾形和椭圆形。

表3-6 攀西地区芸豆品种资源粒形分布及占比

籽粒形状	材料份数	占总数比例（%）
肾形	75	70.8
椭圆	14	13.2
卵圆	10	9.4
圆形	4	3.8
长筒形	3	2.8
总计	106	100

3. 籽粒大小 材料中百粒重最大为121.7 g，最小为18.9 g，按百粒重30 g以下为小粒型，31～50 g为中粒型，51 g以上为大粒型来划分，小粒型品种26份，占24.5%，中粒型品种72份，占67.9%，大粒型品种8份，占7.6%。由此可见，攀西地区芸豆多为中粒种，但也存在一定数量的大粒型种质资源。

三、攀西地区芸豆品种资源

（一）蔓生型品种

1. 黑四季豆

品种来源：西昌市地方品种。

特征特性：植株蔓生，株高2 m左右，茎、叶柄绿色紫晕。花淡紫色，每个花序结荚2～4个，嫩荚绿色，背腹线处淡紫色，平均荚长19.6 cm、宽1.1 cm，呈弯镰形，老熟荚皮黄褐色带紫斑，每荚籽粒5～9粒，籽粒肾形，黑色，光泽度好，脐白色，百粒重48.0 g左右。中早熟，生长势旺，耐肥，抗病，嫩荚肉质脆嫩，品质好，嫩荚亩产量1 000 kg左右。当地一般3月中下旬直播，5月始收。

2. 藤藤豆

品种来源：西昌市、德昌县地方品种。

特征特性：蔓生，长势强，株高3 m左右，一般从第6～7节开始着生第一花序。花白色，每花序结果3～4个。嫩荚浅绿色，稍扁，表皮光滑，荚面略凹凸不平，肉厚，纤维少，不易老。种子褐色，肾形，略小，百粒重38.0 g左右，嫩荚亩产量1 500 kg左右。该品种较抗病，耐热，丰产性较好。春秋两季均可种植。春季3月下旬播种，秋季7月中下旬播种。

3. 胖豆

品种来源：冕宁县地方品种。

特征特性：蔓生，株高 2～3 m，植株健壮，叶片宽大，深绿色。花白色，每花序结荚 4～5 个，嫩荚浅绿色，圆棍状，荚长 12～15 cm、宽 1 cm，荚肉厚，质脆，耐老，品质好。种子肾形，灰褐色，带有深褐色条纹，百粒重41.0 g 左右，嫩荚亩产量 2 000 kg 左右。适于春秋季栽培。

4. 架子豆

品种来源：冕宁县、喜德县地方品种。

特征特性：植株蔓生，株高 2 m 以上，叶片大，深绿色。花白色，每花序结荚 4～5 个，嫩荚深绿色，圆棍状，荚长 16～20 cm，荚肉厚，质脆，单株粒数 15～24 个，荚粒数 6～11 粒。种子长筒形，黄色，百粒重 42.5 g 左右，嫩荚亩产量 1 000 kg 左右。从播种至嫩荚收获历期 60～65 d，全生育期 110 d 左右，可春秋两季栽培。

5. 长四季豆

品种来源：冕宁县、越西县地方品种。

特征特性：蔓生，生长势强，株高 3 m 以上，叶片大，深绿色，主蔓第一苔花序着生于第 5～6 节，花白色。嫩荚浅绿色，近圆棍形，长 20～25 cm、宽 1～1.2 cm。单株结荚多，单荚重 16～25 g，肉厚，质脆，纤维少，不易老化。每荚有种子 8～10 粒，种子间距离较大，种子成熟时呈深褐色，筒形，百粒重 37.0 g 左右，嫩荚亩产量 1 000～1 500 kg。春播生育期 65～70 d，秋播50 余天。

6. 曹古黑豆

品种来源：冕宁县地方品种。

特征特性：蔓生，长势强，主蔓长 2.5 m 以上。叶色深绿，肥大，第一花序着生于主茎第 5～6 节，每花序开花 4～8 朵，花紫色。每花序结荚 3～6 个。荚绿色，长 18～23 cm，宽 1.2 cm，单荚重 21 g 左右。种皮黄色带黑色花斑，种子椭圆形，百粒重 42.0 g 左右。中熟，播种后 70 d 左右进入嫩黄采收期，抗锈病能力强，有羊皮纸膜，但形成较晚，品质中等，主食嫩荚，4 月中旬播种，6 月下旬收嫩荚，嫩荚亩产量约 1 000 kg。

7. 胭脂豆

品种来源：冕宁县地方品种。

特征特性：蔓生，株高 3 m 左右，单株有 2～3 个侧枝，主蔓第一花序着生于第 4～5 节，主蔓节数 18～30 节，叶色淡绿。花淡紫色，每朵花序坐荚 2～5 个，单株结荚 30～45 个，嫩荚绿色，平均荚长 10～16 cm、宽 1.1 cm 左右，厚 1 cm 左右，单荚重 14～17 g，无纤维，荚肉厚，商品性好。种子玫瑰色，不规则椭圆形，百粒重 38.0～50.0 g。中熟，从播种至采收嫩荚 75 d 左右，抗逆性强，抗病、耐热，丰产性较好，嫩荚亩产量 1 500～2 000 kg。

8. 会理雀蛋豆

品种来源：会理市地方品种。

特征特性：粒用型品种，蔓生，生长势中等，主蔓 2 m 以上，花淡紫色。荚直长形，籽粒处突出，长 10 cm、宽 1 cm，每株平均荚数 16.6 个，每荚粒数 5～8 粒，籽粒椭圆形，种皮黄色带红色条斑，百粒重 63.0 g 左右。中熟，抗旱、抗病能力强，春季栽培，干籽亩产量 100～200 kg。

9. 长粒白芸豆

品种来源：会理市地方品种。

特征特性：粮菜兼用型品种，蔓生，长势强，主蔓 3 m 左右，花白色。结荚多，荚扁圆棒形，嫩荚草绿色，成熟后为黄白色，长 8～12 cm、宽 0.8～1 cm。种子筒形，白色，百粒重 41.0 g 左右。中熟。嫩荚亩产量 1 000～1 800 kg，干籽亩产量 100～150 kg，适于春季露地栽培。

10. 小白豆

品种来源：会理市地方品种。

特征特性：蔓生，主蔓 3 m 左右，叶绿色，花浅紫色。主蔓第一苔花序着生于第 4～6 节，每个花序结荚 4～6 个，嫩荚绿色，荚长约 14 cm、宽 0.7 cm、厚 0.7 cm，单荚重约 8 g，荚肉厚，脆嫩，品质较佳。每荚种子 5～7 粒，白色，肾形，百粒重 28.0 g 左右。中熟，春季播种至收嫩荚需 55 d，秋季为 45 d，嫩荚采收期 30 d，全生长期 85～90 d。嫩荚亩产量 750～1 200 kg，适宜春秋两季栽培，耐热性好，盛夏播种幼苗也可正常生长。

11. 大白芸豆

品种来源：甘洛县、盐源县、木里县种植较多。

特征特性：硬荚粒用型品种，植株蔓生，株高 3 m 以上，生长势强，分枝 2～3 个，花枝长，花多、白色。荚扁平，籽粒处略突起，荚长平均 16.4 cm、宽 2.1 cm，每荚有籽粒 3～5 粒，籽粒肾形，白色，光泽度好，脐白色，百粒重 121.7 g。中晚熟，耐旱，抗病能力强，籽粒品质优良，外形美观，用于外销。适宜春季栽培，以谷雨至立夏期间播种为宜，干籽亩产量一般为 120～200 kg。

12. 紫花豆

品种来源：盐源县地方品种。

特征特性：植株蔓生，株高 2 m 左右，茎、叶柄绿色带紫晕，叶绿色。花淡紫色，第一花序着生于第 4～6 节，每序结荚 4～6 个，荚直长形，长 10 cm、宽 1.2 cm，每荚有籽粒 2～6 个，籽粒长椭圆形，种皮褐色带紫黑花纹，百粒重 32.1 g，适宜春季栽培，可单作，也可与玉米、马铃薯套种，干籽亩产量约 100～150 kg。

13. 弯弯豆

品种来源：木里县地方品种。

特征特性：蔓生，长势强，株高 2.2 m 左右。叶绿色，花浅红色，结荚多，嫩荚绿白色，弯镰形，长 15～20 cm，荚肉肥厚，两侧缝线处纤维较多，易老化。种子椭圆形，种皮褐色带紫条纹，百粒重 33.1 g 左右，中熟，春秋季均可栽培，嫩荚亩产量 1 200 kg 左右。

14. 高山苦苦豆

品种来源：会东县地方品种。

特征特性：蔓生，株高 2～3 m，分枝 3～5 个，生长势中等，叶色深绿，叶柄浅绿，叶面光滑。花淡紫色，荚圆棍形，绿色，长 12 cm 左右、宽约 1 cm，厚 0.8～0.9 cm，单荚重 6～10 g，两侧缝线处纤维较多，品质较差。每荚种子数 5～7 粒，种子黄色带褐色条斑，粒型较小，百粒重 25.0 g。中熟，春秋两季均可栽培，嫩荚亩产量 1 500 kg 左右。

15. 黑素（树）豆

品种来源：雷波县地方品种。

特征特性：蔓生，株高 2 m 左右，主蔓第 5～8 节以后坐荚，花淡紫色，荚深绿色带紫晕，长 18 cm 左右、宽 1.2 cm 左右、厚 0.7 cm，单荚重 10 g 左右。嫩荚带紫红色，炒煎水煮后，原紫红色消失变成翠绿色。种子黑色，扁肾形，百粒重 32.0 g 左右。晚熟，耐寒，耐旱，耐瘠薄，抗炭疽病，不耐热，适宜秋季栽培，嫩荚亩产量 1 000～1 500 kg。

16. 白素（树）豆

品种来源：雷波县地方品种。

特征特性：蔓生，株高 2～3 m，叶片淡绿色，花白色。嫩荚圆棍形，淡绿色，荚长 12～20 cm、宽 1.2 cm 左右、厚 0.7 cm，单荚重 10 g 左右，到采收期逐渐变成白色，品质一般。种子白色，扁肾形，百粒重 38.0 g 左右。晚熟，耐贫瘠，耐旱，抗病毒病、炭疽病和锈病，播种到采收嫩荚约 70 d，嫩荚亩产量 1 150～1 500 kg，适于春秋季露地栽培。

17. 大花脸

品种来源：雷波县地方品种。

特征特性：硬荚粒用型品种，蔓生，株高 2～3 m，分枝 2～3 个，花枝长，花多，紫色。荚扁平，籽粒处略突起，荚长 10～18 cm、宽 2.1 cm 左右，每荚有籽粒 3～5 粒，籽粒肾形，褐色带黑色花斑，光泽度好，脐黑色，百粒重 117.7 g。中晚熟，耐旱，抗病能力强，籽粒品质优良，外形美观。干籽亩产量一般为 100～200 kg。

18. 黑籽精豆

品种来源：宁南县地方品种。

特征特性：蔓生，株高 3 m 左右，叶片阔卵圆形，绿色，叶柄浅绿色，茎浅绿色带紫晕，节间长 15～18 cm，花浅紫色，第一花序着生于 5～7 节，每个花序结 4～6 个荚，嫩荚浅绿色。荚长约 20 cm、宽 1.1 cm、厚约 0.8 cm，弯曲呈弯镰状，横截面椭圆形，单荚重约 11 g，老熟荚皮浅褐色，每荚种子 8～9 粒。种子肾形，黑色，百粒重 35.0 g 左右。中早熟，播种后 60 d 左右进入嫩荚采收期。抗逆性中等，抗病性较强，品质中等。嫩荚亩产量 1 000～1 200 kg。

19. 高山精豆

品种来源：宁南县地方品种。

特征特性：蔓生，株高 2 m 左右，花冠淡紫色，生长势中等。荚长 12～18 cm、宽 0.8～1.2 cm、厚约 1 cm，单荚重约 12 g，每荚种子数 7～8 粒。种子褐色略带紫色条纹，肾形，百粒重 38.0 g。中熟，播种至收嫩荚约 65 d，较抗病，适应性广，嫩荚亩产量 1 200～1 500 kg，适宜春秋季栽培。

20. 红精豆

品种来源：金阳县地方品种。

特征特性：蔓生，株高 3 m 左右，有侧枝 2～3 个，茎、叶柄绿色带紫晕。主蔓第一花序在第 4～6 节，红花，每一花序坐荚 1～4 个，单株结荚 10～30 个。嫩荚深绿色，长 13～18 cm、宽 0.9 cm、厚 0.6 cm，种粒处突起，单荚重 15～18 g。种子肾形稍扁，种皮红色，带有不明显紫色花纹，百粒重 34.0 g 左右。嫩荚亩产量 900～1 200 kg，适宜春秋季栽培。

21. 花精豆

品种来源：金阳县地方品种。

特征特性：蔓生，长势强，株高 2.5～3.5 m，分枝力强，主蔓可分 5 条侧枝，侧枝还可分枝，叶色深绿，叶片肥厚，叶柄较长，主蔓 3～4 节着生第一花序。花淡紫色，每朵花序 5～8 朵花，可成荚 3～6 个，成荚率较高，单株结荚 40～80 个。果荚绿色，圆棍形，长 13～23 cm、宽 1.3 cm，单荚重 12 g 左右，百粒重约 48.0 g。中早熟，从播种到采收嫩荚约 77 d，嫩荚亩产量 900～1 300 kg。抗病、耐热、耐涝、耐旱，适于春季栽培。

22. 甲堵阿补（彝语）

品种来源：昭觉县地方品种。

特征特性：蔓生，株高 2 m 左右，每朵花序 5～8 朵花，花浅紫色，可成荚 3～6 个，单株结荚 30～50 个。果荚绿色，圆棍形，肉厚，味道较好，荚长

15~22 cm、宽 1 cm 左右，荚果顶部略带钩。种子棕色带黑色条斑，椭圆形，百粒重 40.0~51.0 g。从播种至采收嫩荚约 65 d 左右，嫩荚亩产量 1 000~1 600 kg，适合春季栽培。

23. 紫皮豆

品种来源：普格县地方品种。

特征特性：蔓生，株高 2.2~3 m，发枝力弱，花序较散，开紫花，坐果早。嫩荚墨绿色，长棍形，荚长 13~20 cm，宽、厚各 1.5 cm 左右，光滑无毛，顶端有明显钻状长喙，耐老，纤维少，单荚重 15 g 左右。种子黑色，肾形，粒较大，百粒重 47.0 g 左右。播后 80 d 左右进入嫩荚采收期，耐热力强，多作秋季栽培，革质膜形成晚，肉质较粗。嫩荚亩产量 1 050~1 200 kg。

24. 黑精豆

品种来源：普格县地方品种。

特征特性：蔓生，株高 2~3 m，茎、花、嫩荚均为紫色。荚嫩，肉肥厚，味道鲜美，荚长 18~25 cm、宽 1.1 cm，荚果顶部略带钩，老熟时转红色，经烹炒后颜色由紫红色变为翠绿色。种子黑色，椭圆形，粒较大，百粒重 51.0 g 左右。从播种至采收嫩荚 65 d 左右，嫩荚亩产量 1 000~1 600 kg，适合春季栽培。

25. 洋精豆

品种来源：米易县地方品种。

特征特性：蔓生，株高 3 m 左右，单株有 2~3 个侧枝。主蔓第一花序着生于第 4~5 节处，主蔓节数 18~37 节，叶色淡绿，白花，每花序坐荚 2~6 个，单株结荚 30~50 个，嫩荚绿色，长 16~20 cm、宽 1.1 cm、厚 1 cm，单荚重 14~17 g，无纤维，荚肉厚，商品性好。种子黄色，椭圆形，百粒重 41.0 g 左右。中熟，从播种至采收嫩荚 75 d 左右，抗逆性和翻花结荚性强，抗病、耐热、丰产性较好，嫩荚亩产量可达 2 000 kg。

26. 白洋精豆

品种来源：米易县地方品种。

特征特性：蔓生，株高 2 m 左右，生长势强，叶片绿色，花冠白色。种子长扁圆形，黄白色，百粒重约 32.0 g。中早熟，从播种到采收嫩荚需 55~75 d，嫩荚壁肉质柔嫩适口，品质好，耐热，抗病，嫩荚亩产量 1 500~1 800 kg，适于春夏季露地栽培。

27. 筷子豆

品种来源：米易县地方品种。

特征特性：蔓生，株高 3 m 左右，生长势强，第一花序着生于主茎第 5~8 节处，每花序开花期 6~10 d，结荚 2~6 个。花冠白色，荚细长棍形，白绿色，长 14～20 cm、宽 0.6～1.2 cm，嫩荚纤维少，品质好，单嫩荚重 12～16 g，单株结荚 40～100 个，嫩荚亩产量高的可达 2 500 kg。从播种到采收嫩荚历期 55～60 d，抗病，抗寒，耐旱，适应性广。3～8 月均可露地播种，适于春秋季栽培。

28. 法兰豆

品种来源：米易县地方品种。

特征特性：蔓生，生长势旺，叶片肥大，浓绿色，主蔓长 3.50 m，侧枝 6～8 个。第一花序着生于第 3～4 节处，每序 6～8 朵，花白色，荚浅绿色，圆棍形，长 18～25 cm、宽 1.4～1.5 cm，每荚有种子 8～9 粒，单荚重 20～35 g，荚脆嫩，纤维少，荚形整齐，耐老，单株结荚 80～120 个。种子肾形，银灰色，百粒重约 36.0 g，嫩荚亩产量 1 500～3 000 kg。

29. 棒棒二季豆

品种来源：盐边县地方品种。

特征特性：蔓生，长势强，主蔓长 3.5 m 以上。叶色深绿，肥大，第一花序着生于主茎第 4～6 节，每花序开花 4～11 朵，花白色，每花序结荚 3～6 个。荚绿色，长 15～26 cm、宽 1.3 cm，单荚重 20 g 左右。种皮白色，种子肾形，百粒重约 27.0 g。春季播种到收嫩荚需 55 d，秋季为 45 d，采收期 30 d，全生育期 85 d。抗锈病力强，高抗枯萎病，耐热力强，适于春秋两季露地种植，嫩荚亩产量 2 000 kg 左右。

30. 早黄三月豆

品种来源：攀枝花市地方品种。

特征特性：软荚种，蔓生，生长势强，株高约 2.8 m，侧枝 2～3 个。花白色，第一花序着生在第 2～3 节处，每花序结荚 4～6 个，嫩荚翠绿色，圆条形，稍弯曲，长 16～22 cm，宽 1～1.4 cm，纤维少，品质好。种子白色，肾形，略扁，百粒重 38.0 g 左右。早熟，从播种到收嫩荚需 45～65 d，采收期持续 30 d，嫩荚亩产量 1 800 kg 左右。适于春秋季栽培。

31. 大荚三月豆

品种来源：攀枝花市地方品种。

特征特性：软荚种，蔓生，长势强，株高 2～3 m，叶片肥大。主蔓第一花序着生于第 3～4 节处，每花序 4～6 朵花，花白色。每花序结荚 2～4 个。嫩荚长扁圆棍形，稍弯曲，荚长 14～20 cm，宽 1.2～1.5 cm。单荚重约 25.0 g。嫩荚深绿色，肉厚，纤维少，品质好。每荚有种子 7～10 粒，种子肾形，种皮灰褐色，百粒重约 35.0 g。中熟，播种至采收嫩荚约 75 d，耐涝，抗旱，抗炭疽病和锈病，适宜春季栽培，也可越夏栽培，嫩荚亩产量 2 000～3 000 kg。

32. 直荚三月豆

品种来源：攀枝花市地方品种。

特征特性：蔓生，生长势强，株高 3～4 m，分枝多，叶片深绿色，叶片倒心形，茎叶柄绿色，第一花序着生于主茎蔓第 6 节上，每个花序结荚 6～8 个，无限生长。花紫白，嫩荚绿色，长棍形，长 16～20 cm、宽 1～1.3 cm，荚肉厚，无纤维，品质好，单株结荚多，结荚时间长，产量高。种子淡灰褐色，百粒重约 33.0 g。抗锈病和炭疽病，中熟，从播种到采收嫩荚历期 50～70 d，嫩荚亩产量 1 000～2 000 kg，适宜在春秋季栽培。

33. 青荚三月豆

品种来源：攀枝花市地方品种。

特征特性：蔓生，株高 3 m 左右，叶阔卵圆形，先端尖，绿色，叶柄和茎绿色，节间长约 12 cm。花浅紫色，第一花序着生于第 4～8 节处，每个花序结两荚，嫩荚绿色，荚长约 13 cm，宽约 1.3 cm、厚 1.0 cm，剑形，中部微弯。老熟荚皮黄色，每荚种子 6 粒，种子肾形，紫黑色，百粒重约 32.5 g。单嫩荚重 12～18 g，中晚熟，一般嫩荚亩产量 1 800 kg，高产可达 2 500 kg，适于春、秋露地栽培。

34. 黑洋豆

品种来源：盐边县地方品种。

特征特性：蔓生，株高 2.5 m 左右，叶阔卵圆形，绿色，叶柄、茎绿色紫晕，节间长 13 cm。花浅紫色，第一花序着生于第 4 节，每个花序结荚 2～4 个。嫩荚绿色，背腹线处浅紫色，荚长约 20.5 cm、宽 1.6 cm、厚 0.9 cm，镰刀形，横截面扁圆形，老熟荚皮黄褐色带紫斑。每荚种子 7～9 粒，种子肾形，黑色，百粒重约 42.0 g。单荚重约 11.0 g，早熟，播种后 55～60 d 嫩荚可采收，生长势旺，耐肥力强，较耐涝，较抗锈病，软荚肉质脆嫩，品质好，嫩荚亩产量 1 000～1 500 kg。

35. 黑米豆

品种来源：盐边县地方品种。

特征特性：蔓生，软荚种，株高 2.5 m 左右，茎粗壮，长势强，分枝较少。始花节位为第 2 节，花紫红色，嫩荚绿黑色，荚长 10～19 cm、宽 0.8 cm、厚 0.5 cm，单荚重 7.0～9.0 g。每荚有种子 5～8 个，成熟种子黑色，百粒重 25.0 g 左右。早熟、耐旱，耐瘠薄，抗病，播种至收获历期 50～60 d，嫩荚亩产量 800～1 500 kg。

（二）半蔓生型品种

1. 越西泥巴豆

品种来源：越西县地方品种。

特征特性：半蔓生，株高 0.8～1.2 m。茎黄绿色、叶绿色、花紫色。每朵花序着生 2～4 个荚，每株结荚 15～20 个。嫩荚黄绿色，老荚黄白色，圆棍形，籽粒处突出，长 15 cm、宽 1.2 cm，单荚重 8.2 g。每荚种子 5～7 粒，种子浅褐色带黑色花纹，种脐周围褐色，百粒重约 29.0 g。晚熟，抗逆性强。当地春季露地播种后 80 d 左右始收嫩荚。夏季 7 月高温期不结荚，秋凉后再抽生新枝叶，继续开花结荚，嫩荚亩产量 1 500～2 000 kg。该品种可于 4 月套种在玉米地中，收获期最晚可延长到 9 月下旬。

2. 布拖奶花豆

品种来源：布拖县地方品种。

特征特性：粒用型品种，半蔓生，高 0.8 m 左右，生长势中等，叶片黄绿色，白花，每株结荚平均 18 个，嫩荚绿色，老荚黄色，弯镰形，籽粒处突起，长约 10 cm、宽 1 cm，每荚粒数 3～7 粒，籽粒白色带红色花斑，种脐周围褐色，百粒重 43.0 g 左右。中熟，适宜春季栽培，干籽亩产量 100～150 kg。

3. 乌斯（彝语）

品种来源：昭觉县地方品种。

特征特性：粒用型品种，半蔓生，株高 0.85～1.0 m，主茎节数 15 节左右，单株结荚 13～17 个，荚长 7～12 cm、宽 1.2 cm，种子椭圆形，黄色带紫色花纹，粒型较大，百粒重 45.0～50.0 g，生育期 80～100 d，干籽亩产量 100～120 kg，适合春秋两季栽培。

（三）直立型品种

1. 双色豆

品种来源：越西县地方品种。

特征特性：直立型品种，可粮菜兼用。株高 30～50 cm，长势旺，分枝性强，一般从第 2～4 节开始分枝，每节有侧枝 1～2 个，每株有侧枝 10 个左右。叶深绿色，花浅紫色。嫩荚浅绿色，圆棒状，稍弯，长约 15 cm。种子肾形，浅黄褐色，并带有不明显的红色花纹，百粒重 42.0 g 左右。生育期 80～90 d，较抗病，嫩荚亩产量 1 000～1 500 kg。

2. 越西紫花豆

品种来源：越西县地方品种。

特征特性：直立型品种，可粮菜兼用。株高 40 cm 左右，长势强，分枝力中等，叶大、深绿色，花紫色，每株结荚 30～40 个，嫩荚绿色，长棍形，荚长 8～16 cm，种子黄色带黑色条斑，百粒重 35.0～45.0 g。再生结果能力强，品质中等，易老化。春播后至早秋仍能继续正常结果，嫩荚亩产量 750～1 000 kg。

3. 糯米豆

品种来源：西昌市地方品种。

特征特性：直立型品种，株高 40～50 cm，单株分枝数 6～7 个。花白色，嫩荚圆棍形，长 13 cm、宽 0.8 cm，单荚重 7～8 g，嫩荚绿色，鼓粒晚，不易弯曲，结荚整齐。种子白色，百粒重 28.0～35.0 g。生育期短，开花时间集中，幼苗出土到嫩荚采收约 50 d，嫩荚亩产量 1 200～1 500 kg。适于春秋两季栽培。

4. 红紫袍

品种来源：西昌地方品种。

特征特性：直立型品种，株高 40～70 cm，生长势较强，开展度 50 cm，6～10 节封顶，侧枝 3～5 个。花浅紫色，嫩荚绿色，荚长 12～14 cm、宽 1 cm、厚 1 cm，嫩荚紫绿色，圆棍形，单株结荚 16～18 个，嫩荚肉厚，质脆，纤维少，品质好，单荚重 11 g 左右。种子紫红色，百粒重 40.0～45.0 g。播种至收嫩荚历期 60 d 左右，嫩荚亩产量 1 000～1 500 kg。适于春秋季栽培。

5. 鸡窝豆

品种来源：西昌市地方品种。

特征特性：直立型品种，株高 30～45 cm，分枝 5～8 个，花浅紫色，叶深绿色，荚圆直，种粒不凸现，荚长 10～14 cm，宽、厚均约 1 cm，单荚重 6～10 g，单株结荚 10～20 个。嫩荚绿色，肉厚。种子灰色，百粒重约 32.0 g。较早熟，从播种至嫩荚收获历期 53 d，全生育期 80 d 左右。适宜春秋露地栽培。

6. 黄皮四季豆

品种来源：木里县地方品种。

特征特性：直立型品种，株高 35～40 cm，单株分枝 4～7 个。茎叶绿色，花白色，嫩荚扁圆形，绿色，荚长 8～12 cm、宽 1.3 cm，单荚重 12 g，易老化。种子黄色，圆形，百粒重 20.0～32.0 g。晚熟，耐热，耐寒，抗病，适应性广。适宜间作套种，嫩荚亩产量 900 kg 左右。

7. 盐源黄芸豆

品种来源：盐源县地方品种。

特征特性：直立型品种，株高 40～50 cm，分枝力强，单株分枝 5～7 个，嫩荚浓绿色，长 10～16 cm、宽 1.3 cm，稍有弯曲，单荚重 12 g，每荚 4～7 粒种子，种皮浅黄色，肾形，百粒重约 28.0 g，适于春、秋露地栽培。

8. 紫花豆

品种来源：雷波县地方品种。

特征特性：直立型品种，粮菜兼用。株高约 40 cm，生长势强，花浅紫色，嫩荚青绿色，圆棍形，直而光滑，荚长 14～16 cm、宽 1 cm，脆嫩，纤维少，品质较好，单荚重约 10 g。每荚有种子 4～6 粒，种子黑色，肾形。早熟，从播种至始收嫩荚约 60 d，嫩荚亩产量 1 200 kg。适应性广，抗病，适于春秋栽培。

9. 布拖花芸豆

品种来源：布拖县地方品种。

特征特性：直立型品种，粮菜兼用。株高 40 cm，分枝性强，单株分枝 6～8 个，叶绿色，嫩荚扁条形，长 14 cm、宽 1 cm，肉质，纤维少，无革质膜，老荚带紫晕，单荚重约 10 g。早熟，百粒重 35.0～50.0 g，播种至嫩荚采收历期 50 d 左右，嫩荚亩产量 1 500 kg，适宜春秋两季种植。

10. 甘洛小白芸豆

品种来源：甘洛县地方品种。

特征特性：直立型粒用品种，株高 40～60 cm，主茎分枝 6～8 个，单株荚数 20 个左右，种子椭圆形，种皮白色，百粒重 18.0～22.0 g，生育期 75 d 左右，适应性广，比较抗病，干籽亩产量一般为 100～150 kg。

11. 美姑红腰子豆

品种来源：美姑县地方品种。

特征特性：直立型粒用品种，株高 40～50 cm，主茎分枝 2～3 个，单株荚数 5～10 个，种子肾形，种皮红色，百粒重 40.0～60.0 g，适应性广，生长势强，生育期 95 d 左右，一般干籽亩产量 100～150 kg。

12. 鸡油豆

品种来源：昭觉县地方品种。

特征特性：直立型粒用品种，株高 40 cm，生长势强，开展度 30 cm，主茎分枝 3～6 个。花紫色，嫩荚圆棍状，绿色，荚长 14～17 cm、宽 0.8～1.0 cm，荚厚 0.7～0.9 cm，单株结荚 18～22 个，单荚重 10 g 左右。籽粒棕黑色，肾形，百粒重 30.0～45.0 g，生育期 80～100 d，一般干籽亩产量 100～150 kg。

13. 桩桩豆

品种来源：会东县地方品种。

特征特性：直立型粒用品种，株高 35～60 cm，主茎分枝 4～6 个，单株荚数 12～20 个，单荚籽数 4～7 粒，籽粒紫红色，肾形，百粒重 45.0～50.0 g。生长势强，较抗病，生育期约 100 d，一般干籽亩产量 100～150 kg。

14. 红腰子豆

品种来源：会理市地方品种。

特征特性：直立型粒用品种，株高 30～45 cm，主茎分枝 3～4 个，单株荚数 12~16 个，籽粒紫红色，肾形，百粒重 45.0~50.0 g，早熟，生育期 100 d 左右，一般干籽亩产量 100~150 kg。

15. 小黑豆

品种来源：攀枝花市地方品种。

特征特性：直立型粒用品种，株高约 60~80 cm，主茎分枝 4~6 个，单株荚数 7~10 个，百粒重 23.0 g 左右。适应性广，抗病，株型紧凑，丰产，生育期 95 d 左右，一般干籽亩产量 150 kg，高的可达 200 kg。

16. 米易花筋豆

品种来源：攀枝花市地方品种。

特征特性：直立型品种，粮菜兼用，株高约 50 cm，有 4~6 个分枝。茎绿色，叶片深绿色。花淡紫色，第一花序着生于第 2~3 节处，每花序结荚 4~6 个。嫩荚扁圆棍形，尖端略弯，荚长约 15 cm，横径 1.2 cm，单荚重约 10 g。嫩荚青绿色，肉较厚，纤维较少，品质一般，每荚种子 5~7 粒，种皮浅黄色，有紫色花纹，种子肾形，百粒重 30.0~35.0 g。较早熟，从播种至收嫩荚约 60 d，嫩荚亩产量 1 000~1 300 kg。适应性广，较抗病，适于春秋早熟栽培。

17. 嫩荚豆

品种来源：攀枝花市地方品种。

特征特性：直立型品种，粮菜兼用，株高 30~55 cm，分枝 6~8 个，花白色，叶绿色、较小。嫩荚绿色，肉厚，荚圆直，种粒不凸现，荚长 11~15 cm，宽、厚均约 1 cm，单荚重 7~8 g，单株结荚 12~18 个。种子黄色，百粒重 30.0~45.0 g。春季播种至采收嫩荚历期 58~66 d，全生育期 68~90 d，嫩荚亩产量 1 000~1 500 kg，耐热性强，春季结荚期长，耐衰老，适于春秋两季栽培。

第四节　攀西地区芸豆育种目标及实践

植物育种是人类在遵循植物本身遗传特性的前提下，推动植物进化朝向有利于人类方向发展的行为（Acquaah，2007），它是农业科学的一个分支，专注于改良植物遗传物质，使植物发展为有利于社会利用的高新类型。植物育种起始于植物原始种，早期育种者仅仅依靠经验与直觉进行筛选，简单区分植物类型差异，选出并保持满足人类需要的特性，技术与知识的进步使得现代育种者越来越多地依靠科学去除或者减少选育过程中的臆想部分，现代植物育种是一门基于遗传学的学科。不同的作物类型育种技术不同，但植物育种的科学依据始终没有改变，都是基于孟德尔试验，即通过父本母本异花授粉对预期性状进行改良。

一、芸豆育种目标

植物育种的目标是提升农作物与园艺作物的品质、多样性与表现。改良植物属性或表型特征的缘由根据社会需要而不同，主要有以下五个方面：①为增长的世界人口保证食物安全；②适应环境胁迫；③适应特殊的生产系统；④发展新的作物品种；⑤满足工业和其他用途需要（Acquaah，2007）。

攀西地区芸豆品种选育工作起步较晚，随着品种资源搜集、鉴定、编目、保存及利用研究，芸豆品种选育工作才逐步开展起来。育种目标包括：①品质育种。芸豆品质主要包括感官品质，即嫩荚大小、色泽、质地、新鲜度、整齐度等；风味品质，即口感；营养品质，即维生素、纤维素、可溶性糖、干物质等；耐运输、耐储藏品质。随着人民生活水平的提高和国际芸豆贸易需求的增加，品质育种将成为芸豆育种的主要研究课题；②产量育种。芸豆产量育种在芸豆生产发展中已经起到了重要作用，如何进一步开发芸豆品种的增产潜力，提高单产、增加总产，仍然是芸豆育种工作的主要任务。③抗病育种。随着芸豆种植面积的不断扩大，其病害也越来越严重，尤其是在保护地栽培的芸豆，病害已经成为影响芸豆生产和品质的主要因素。随着生物技术的不断发展，分子标记辅助等育种技术将助推芸豆抗病育种进程。

二、芸豆育种方法

攀西地区芸豆品种育种方法目前主要有引种、地方品种提纯复壮、系统选育和杂交育种等方法。常规育种在芸豆育种工作过程中仍然占据主导地位，虽然诱变技术、细胞工程、基因工程也可用于作物育种，但在芸豆育种中应用较少，而分子标记辅助育种目前逐渐被人们接受，并应用于育种研究中。

（一）引种

引种是指从外地或国外引进新品种或新作物，以及各种种质资源，具有简便易行，见效快的优点。引种能否成功，决定于引种地区与原产地区的气温、日照、纬度、海拔、土壤、植被、降水分布及栽培技术水平等生态条件的差异程度，差异越小引种越容易成功，其中气温和日照长度是决定性因素，而纬度和海拔则与气温和日照长度密切相关。如果引种得当，可有效解决当地生产栽培种类少、品质差等问题。芸豆在引种过程中，需特别注意在相近纬度、相似生态环境之间引种。在纬度或生态环境相差较大的地区间引种，要选择对日照、积温反应相对不敏感的品种，否则引种不易成功。有研究表明，国外材料播种至开花天数和全生育日数的平均值、最大值及变异系数均小于国内材料，百粒重平均值则大于国内材料，说明国外材料对日照反应的敏感度小于国内材料，在以早熟、大粒为目的的育种中，优良亲本可从国外和国内北方地区材料中选择。

(二) 选择育种

选择育种是利用现有的品种或类型在繁殖过程中产生的变异，通过选择、淘汰的手段育成新品种，是一种改良现有品种和创造新品种的简便而有效的育种方法和途径。如"翠芸 2 号"是从枣庄市芸豆主栽品种"双丰 2 号"变异后代中经系统选育而成的耐热芸豆新品种，具有品质好、抗病性、耐热性强等特点，结荚盛期可耐 30～34 ℃高温，非常适合春秋露地及春延迟、早夏栽培。

(三) 杂交育种

杂交育种是利用基因重组，将具有不同基因组成的同种或不同种生物个体杂交，从而获得所需要的表现类型。优点是能把可预见的两个生物体上的优良性状集中在一个生物体上，缺点是耗费大量的时间和人力。

1. 普通菜豆杂交技术 可采用第 1 天下午 4 时后去雄，第 2 天上午 6～10 时授粉或者边去雄边授粉两种杂交方式。如果父母本各种植 2 行，最好将父本种在母本的两边，这样便于边去雄边采集花粉。花粉越新鲜，生命力越强，有利于提高杂交的成活率。直立型品种在攀西地区春季露地栽培一般 6 月下旬开花，7 月初为盛花期，可选在晴天早晨 6～10 时杂交授粉；阴雨天有露水，开花时间延迟，杂交授粉时间可稍推迟。芸豆植株中上部的花蕾多，花蕾位置适宜，杂交成活率较高，而且杂交豆荚也容易存活到收获，下部花蕾易受机械损伤，很少选择。一般来说，在花粉粒尚未散落之前，花蕾越大成活率越高。

在杂交授粉后 3～5 d 进行田间检查，如果已授粉豆荚发育正常，随即摘除杂交豆荚旁边的新生花芽和叶芽，以免影响杂交豆荚的正常生长发育，有效提高杂交豆荚的成活率。如果杂交花已干枯脱落，应及时将小纸牌去掉，以免混杂。杂交豆荚成熟后及时收获，将杂交豆荚连同小纸牌一起装入网袋内，同一组合放在一起。同时要分别收获父母本，供选择时鉴别真伪杂种用。

2. 多花菜豆杂交技术 多花菜豆的异交率介于 7.6%～18.8%，为典型的常异花授粉作物。以自花授粉为主，在遗传上具有群体同质（异质）、个体纯合（杂合）、杂合体分离、遗传基础较复杂等特点。如强制自交，表现为生活力衰退不明显或不衰退，性状分离也不明显，尤其是经多代强制自交导致群体较为同质和纯合。同时多花菜豆存在一定程度的自然异交率，品种群体中存在一部分杂合基因型，其后代就有可能分离出更为优良的个体。目前生产上推广利用的大多数自花授粉植物的品种都是杂交育成的，通常采用组合育种，利用优良基因型相互杂交，基因的分离重组，有利于在其自交后代中选择优良的重组个体。

（1）不去雄式人工授粉　即不去掉雄蕊而直接授以花粉。每天早晨6时30分先选择即将开放的父本花蕾，用镊子去掉花瓣，将撕下的全部雄蕊盛在固定的花粉盒内，加盖摇动盒子抖落花粉，暂存于冰壶中；然后在母本小区选择生长健壮的单株作杂交亲本。鉴于多花菜豆为无限结荚习性，应尽可能选主茎中部各节的花朵，一般不用基部及顶端的花朵。按此原则在发育良好的花序上，选择预计在第二、三天开放的一对对生花蕾，修剪掉其余全部花荚，顶端留2 cm左右花序梗，用左手食指和拇指扶花，右手持剪刀，在花蕾着生柱头的一侧，即花蕾凹陷一侧1/2处，对准柱头位置，先将旗瓣、翼瓣同时剪一小孔，随后换用镊子把龙骨瓣撕一小口，再用大针将柱头轻轻挑出，使柱头在不受伤害的情况下露出龙骨瓣外。授粉技术熟练后，亦可采用"压涂法"，即将龙骨瓣撕一小口后，用镊子轻轻挤压翼瓣或龙骨瓣，使柱头从龙骨瓣先端伸出，此法可最大限度地减少对柱头的损伤程度。随即用镊子将已采好的父本花粉或现采的花粉授在柱头上，最后连同花梗套用12 cm×16 cm的羊皮纸袋隔离、用曲别针固定在架杆上，并挂牌于本花序梗基部。授粉时间一般应在上午10时以前进行完毕。在变换组合前，对使用过的工具、花粉盒和手指等都要用酒精消毒，避免花粉混合。

（2）去雄式人工授粉　授粉时间、方法、步骤与不去雄式人工授粉方法基本相同。不同之处是在采集完父本花粉后，于授粉前需先行去雄。在未将柱头挑出前，右手拿镊子仔细将10枚雄蕊全部摘净，再用大针将柱头轻轻挑出，照前法授粉，此种授粉方法依去雄时间的不同又可分为两种形式：一种是当天去雄当天授粉；另一种是前一天去雄次日授粉。

（四）诱变育种

诱变育种是人为地利用物理、化学因素，诱发有机体产生遗传性变异，然后根据育种目标进行选择、鉴定、培育新品种。诱变包括物理诱变和化学诱变。物理诱变包括x射线、γ射线、α射线、β射线、中子、离子束、激光、空间诱变等。化学诱变包括烷化剂、核酸碱类似物、无机化合物、秋水仙素诱变等。如张健等（2000）将经过卫星搭载飞行15 d的芸豆种子回收栽培，利用RAPD方法对5个叶片形态有差异的群体及亲本材料进行分析，结果发现，在50个10寡聚核苷酸引物中，有20个引物扩增出了DNA带，共180条，其中有3个引物的扩增产物与对照相比有明显差异。诱变育种既能诱发基因突变，又能促进基因重组，提高重组率，在短时间内获得优良突变体以育成新品种直接利用或作为种质资源间接利用，具有杂交育种难以替代的优势。但同时，诱变育种也存在突变方向不能人为控制、良性突变少等缺点。

（五）基因工程育种

基因工程育种是以植物组织、细胞或原生质体为受体系统，导入目的基因，改良作物农艺性状的一种育种方法，目标更明确、操作更直接、程序更精简。目前，在育种上主要有 5 个方面的应用：抗病毒基因的应用、抗虫基因的应用、抗逆基因的应用、抗除草剂基因的应用以及品质改良基因的应用。如王全伟等（2008）从芸豆中克隆了几丁质酶基因 $Bchi$，并构建了该基因的植物表达载体，通过发根农杆菌 R1000 介导转化烟草，最终获得 4 株转基因烟草株系，该基因显著提高了烟草对真菌病害的抗性。蒋向辉等（2008）对芸豆属和豇豆属 18 个栽培种 IST 序列克隆进行分析，指出芸豆 IST 序列比豇豆属长，变化范围 647～695 bp，长度变异相对小，并且所有参试品种 ITS-1 比 ITS-2 要长，G＋C 含量 ITS-1 区高于 ITS-2 区。

（六）细胞工程育种

细胞工程育种是以细胞为基本单位，在离体条件下进行培养、繁殖或人为地使细胞的某些生物学特性按人们的意志发生改变，从而改良生物品种和创造新品种，加速动物和植物个体的繁殖，或获得某些有用物质的过程，主要包括组织快繁、花药培养、原生质体培养、人工种子等几个方面。由于芸豆组织再生能力弱，组织培养困难较大，因此关于芸豆组织培养的研究甚少。2005 年报道了关于"双青 35 号"芸豆不同外植体在含有不同激素的培养基上诱导、分化及生根情况，并建立其高效再生体系，结果表明，愈伤组织诱导和增殖培养基为 MS＋6-BA2.0 mg/L＋NAA2.0 mg/L，不定芽再生培养基为 MS＋6-BA2.0 mg/L＋NAA0.2 mg/L，生根培养基为 1/2MS＋IAB3.0 mg/L＋0.1%活性炭，效果较佳。

（七）分子标记辅助选择（MAS，marker-assisted selection）

分子标记辅助选择是随着现代分子生物学技术迅速发展而产生的新技术，它可以从分子水平上快速准确地分析个体的遗传组成，从而实现对基因型的直接选择，进行分子育种。分子辅助标记在芸豆的种质资源利用与抗病育种方面得到广泛的应用。常用的标记技术有 RAPD、RFLP、ISSR、SSR、AFLP 等。

三、攀西地区芸豆新品种选育

（一）西黑芸 4 号

西黑芸 4 号是西昌学院高原及亚热带作物研究所采用 ^{60}Co-γ 辐射诱变育种选育的芸豆新品种，2013 年通过四川省农作物品种审定委员会审定（审定编号：川审豆 2013006）。

1. 选育过程 2004 年以攀枝花市地方品种小黑豆为原始材料，采用 ^{60}Co-γ 射线 100～150 Gy 辐射剂量对其干种子（水分含量 13.1%）进行辐射诱变处理，当年种植 M1 并混选，2005—2008 年采用系谱法进行选择，按照"早熟、矮秆、多荚、抗性好"的育种目标，将综合性状好，丰产性突出的优良株系入选，直至品系稳定，2008 年决选出稳定品系，代号芸选 108 - 7，暂定名西黑芸 4 号。2009 年进行品种比较试验，2010—2011 年进行多点试验，2011 年进入生产试验，2012 年通过田间技术鉴定和品质分析。

2. 产量表现　2010—2011 年以西昌奶花豆为对照，分别在凉山州的西昌市、冕宁县、德昌县、会东县、普格县和阿坝州的九寨沟县进行多点试验，参试品种 6 个，小区面积 10 m²，3 次重复，随机区组排列。试验结果表明，西黑芸 4 号 2010 年平均产量 2 428.3 kg/hm²，比对照增产 38.5%；2011 年平均产量 1 901.7 kg/hm²，比对照增产 37.0%；两年平均产量 2 165.0 kg/hm²，比对照增产 37.8%，各点产量均为第 1 位。同时，2011 年以西昌奶花豆为对照，分别在西昌市、冕宁县、会东县、普格县和九寨沟县进行生产试验，每个品种种植 335 m²，西黑芸 4 号平均产量 1 989.9 kg/hm²，比对照增产 21.2%，增产点率达 100%（表 3 - 7）。

表 3 - 7　西黑芸 4 号在多点试验及生产试验中的产量表现（kg/hm²）

品种	试验	西昌	冕宁	德昌	会东	普格	九寨沟	平均	较 CK± （%）
西黑芸 4 号	2010 年	2 903.3	2 400.0	2 033.3	2 333.3	2 200.0	2 700.0	2 428.3	38.5
	2011 年	1 820.0	2 040.0	1 860.0	1 620.0	1 520.0	2 550.0	1 901.7	37.0
	生产试验	1 984.5	1 837.5	/	1 725.0	2 032.5	2 370.0	1 989.9	21.2
西昌奶花豆 （CK）	2010 年	1 873.3	1 633.3	1 400.0	1 716.7	1 833.3	2 066.7	1 753.9	/
	2011 年	1 480.0	1 050.0	1 320.0	1 280.0	1 460.0	1 740.0	1 388.3	/
	生产试验	1 672.5	1 545.0	/	1 402.5	1 672.5	1 920.0	1 642.5	/

3. 特征特性　株型直立，根系发达，小叶阔卵圆形，先端尖，深绿色，叶柄、茎绿色带紫晕，花紫色；嫩荚绿色，扁圆棍形，尖端略弯，老熟荚黄褐色略带紫色，荚直；籽粒黑色、肾形、光泽度好、饱满均匀；平均株高 48.4 cm，主茎分枝 4.7 个，主茎节数 9.0 节，单株结荚 15.6 个，荚长 8.6 cm，单荚粒数 5.9 粒，百粒重约 18.7 g；春播全生育期 95～110 d。田间表现出较强的抗根腐病、褐斑病、锈病能力，轻感炭疽病；抗旱性、抗倒伏性强。经国家粮食局成都粮油食品饲料质量监督检验测试中心测试，干籽粒粗蛋白质含量 24.2%、淀粉含量 54.3%，为优良粮饲及加工粒用型品种。

4. 栽培技术要点　忌连作，适宜选择通透性好、排水较好、土质偏沙的地块种植。整地尽量精细，土壤水分适中，深耕 25～30 cm 效果较好，注意理好边沟、厢沟，以利于排放水。翻耕时，每公顷施入腐熟农家肥 22 500～

30 000 kg。适时播种，当 5～10 cm 地温稳定在 10 ℃以上时即可播种。播种前精选种子，选择饱满健壮种子，可利用浸种剂浸种或药剂拌种防治病虫害。播种量一般 30～40 kg/hm²，保苗 10 万～12 万株/hm²。出苗后应及时查苗补缺，生育期间应注意及时中耕除草和防治病虫害。由于该品种长势旺，分枝较多，易造成田间郁闭，因此应特别注意肥水管理，开花结荚期是需水敏感期，有灌水条件的应及时灌溉，雨季注意排涝，防止田间渍水。豆荚由绿变为黄褐色后，用手轻摇植株豆荚发出轻微响声时为最佳收割期，晾晒脱粒后及时熏蒸，以防豆象危害。

5. 繁种技术要点 西黑芸 4 号为常规种，应建立专门的良种繁殖地，采用空间隔离或障碍物隔离，最好 100 m 内无其他芸豆品种种植，播种前检查种子纯度，并在苗期、花期和收获期进行多次去杂去劣，收获后及时晾晒、脱粒、剔除病粒及其他不健康种子，严格种子保管程序，防止霉变和混杂。

（二）西白芸5号

西白芸 5 号是西昌学院高原及亚热带作物研究所采用改良混合选择选育方法选育的芸豆新品种，2014 年通过四川省农作物品种审定委员会审定（审定编号：川审豆 2014003）。

1. 选育过程 以普格县地方品种白花豆为原始材料，在其群体中按照"早熟、矮秆、多荚、抗性好"的育种目标，于 2005—2008 年采用改良混合选择选育方法，通过优异个体选择和分系鉴定，淘汰伪劣的系统，2008 年决选出目标性状表现整齐一致的稳定品系，代号芸选 23-5，暂定名西白芸 5 号。2009 年进行品种比较试验和品质分析，2010—2011 年连续两年在凉山州和阿坝州 6 个不同生态区进行多年多点试验，2012 年在西昌市西乡乡、冕宁县城厢镇、会东县新云乡、普格县五道箐乡和九寨沟县罗依乡等 5 个点进行生产试验。

2. 品种的特征特性 植株直立，高度 35～40 cm，整齐，长势较强，主茎平均分枝 4.5 个，主茎平均节数 5.4 节，单株结荚 5.5～9 个，荚长 9.3～11.8 cm，荚粒数 3.5～4.2 粒，结荚多集中在植株中下部。小叶阔卵圆形，绿色，花白色，嫩荚绿色，扁条形，尖端直略弯，老熟荚皮黄白色，荚直略弯，种粒较凸显。籽粒肾形，种皮白色，光泽度较好，种脐黄白色，百粒重 48 g 左右。生育期 95～110 d，较早熟，一般 4 月上中旬播种，7 月下旬至 8 月初成熟，开花结荚较集中，成熟相对一致。

3. 产量表现 2010—2011 年连续两年在凉山州的西昌市、冕宁县、德昌县、会东县、普格县和阿坝州的九寨沟县进行多点试验，参试品种（系）6 个，采用随机区组排列，重复 3 次，小区面积 10 m²。2010 年试验结果：西白

芸 5 号在各试点中产量均居第二位，平均产量 2 113.89 kg/hm²，比对照奶花
芸豆增产 20.53％。2011 年试验结果：西白芸 5 号平均产量 1 550.00 kg/hm²，
居第二位，比对照奶花芸豆增产 11.64％。2012 年进行生产试验，以当地主栽
品种奶花芸豆为对照，参试单位 6 个，试验不设重复，种植面积不少于 667
m²，参试品种和对照品种各一半，各试验点根据当地生产情况确定种植密度。
试验结果：6 个试点中西白芸 5 号产量变幅为 1 460.0～2 328.0 kg/hm²，平均
产量 1 831.7 kg/hm²，对照品种奶花芸豆产量变幅为 1 341.5～1 903.0 kg/hm²，
平均产量 1 570.8 kg/hm²。西白芸 5 号比对照品种平均增产 16.61％（表 3 - 8）。

表 3 - 8　西白芸 5 号在生产试验中的产量表现（kg/hm²）

品种（系）	西昌市	冕宁县	德昌县	会东县	普格县	九寨沟县	品种平均
西白芸 5 号	2 000.5	1 460.0	1 760.0	1 901.5	1 540.0	2 328.0	1 831.7
芸选 108 - 7	2 360.0	2 220.0	1 945.0	1 975.0	1 860.0	2 625.0	2 164.2
高芸 1 号	1 683.35	1 066.65	1 486.65	1 460.0	1 185.0	1 748.35	1 438.3
南芸 3 号	1 838.35	1 685.0	1 565.0	1 551.65	1 276.65	2 043.35	1 660.0
芸杂 05 - 2 - 81	1 506.5	1 253.0	1 298.0	1 296.5	1 406.0	2 075.0	1 472.5
奶花芸豆（CK）	1 676.5	1 341.5	1 360.0	1 498.0	1 646.0	1 903.0	1 570.8
平均	1 844.20	1 504.36	1 569.11	1 613.78	1 485.61	2 120.45	/

4. 抗性表现　抗性较好，两年多点试验和生产试验中，其发病率为无-轻
微，表现出较强的抗炭疽病、锈病、根腐病能力。同时，该品系较耐旱、耐
热，抗倒伏性较强，适应范围较广。

5. 品质表现　经国家粮食局成都粮油食品饲料质量监督检验测试中心测
试，其干籽粒粗蛋白质含量 26.1％、淀粉含量 53.5％，品质优良，商品性
较好。

6. 栽培技术要点

（1）茬口　忌重茬连作，合理轮作。

（2）选地　选择通透性好、土质偏沙的地块单作或间套作。

（3）整地　整地尽量精细，土壤水分适中，深耕 25～30 cm 效果较好，
注意理好边沟、厢沟，以利于排放水。翻耕时施入腐熟农家肥 22 500～
30 000 kg/hm²。

（4）播种　适期播种，当 5～10 cm 地温稳定在 10 ℃以上时即可播种，攀
西地区一般在 4 月上中旬。种植密度 12 万～15 万株/hm²。播种前精选种子，

选择饱满健壮种子，可利用浸种剂浸种或药剂拌种防治病虫害。

（5）田间管理　及时间苗、定苗和中耕防除草。开花结荚期是需水敏感期，有灌水条件的应及时灌溉，雨季注意排涝。注意防治病虫害。

（6）收获　适时收获，豆荚由绿变为黄褐色，用手轻摇植株豆荚发出轻微响声时为最佳收割期，脱粒后及时熏蒸，以防豆象危害。

第四章　攀西地区芸豆栽培技术研究

第一节　芸豆的生长发育

芸豆的营养生长和生殖生长几乎是同时进行的，芸豆的整个生育周期可分为发芽期、幼苗期、抽蔓（花蕾）期和开花结荚期。

一、发芽期

从种子萌动，初生叶展开后，至幼株独立生活为发芽期，播种至第 1 对真叶展开，需 10～14 d。芸豆种子较大，发芽过程中的幼株根、茎、叶的生长，依靠子叶中贮藏的养分。最初，根及茎的生长占优势；随着初生叶和复叶的展开，叶部干重的积累迅速上升。子叶养分消耗和根、茎、叶干重的增长均近似 S 形曲线。由于全株干重是子叶干重消耗曲线与根、茎、叶干重增长曲线的综合，所以全株干重曲线近似 V 形。V 形的最低点表示幼苗从依靠子叶内贮藏养分的异养生长转向依靠自身光合作用的自养生长的临界点，这时子叶的干重只有原来种子干重的 20%～40%，子叶被逐渐消耗并枯萎脱落，第 1 对真叶展开，子叶养分幼苗由异养转为自养，进入幼苗期。

二、幼苗期

幼苗独立生活后，从第 1 对真叶展开至开始抽蔓（直立型品种第四片叶展开）为幼苗期，需 20～35 d。该期植株直立，主要以营养生长为主，同时也进行花芽分化。据陆帼一等（1979）观察，芸豆种子 4 月中旬露地播种，播后半个月左右，第 1 片复叶将展开时，在初生叶或第 1 片复叶的叶腋中出现花序原基，开始花序分化，由营养生长转入生殖生长。当第 1 片复叶展开，还有 4 片未展开的复叶时，在第 4～5 片复叶叶腋中已出现花序原基及侧花茎原基。当有两片展开的复叶，共有 7～8 片复叶时，其中第 6～7 片复叶的叶腋中已出现花序原基及侧花茎原基，这时最初分化的花序已完成分化，雌蕊突起。当有 4～5 片复叶展开，共有 10 片左右复叶时，已出现花器分化完全、胚珠已形成的小花(图 4 - 1)。每一朵花从开始花芽分化到开花，一般需 25～30 d。

芸豆花序开始分化后，几乎每个叶腋中都可分化出花芽和侧花茎，侧花茎上又分化许多小花。但分化的花序，特别是幼苗早期在低节位分化的花芽，由

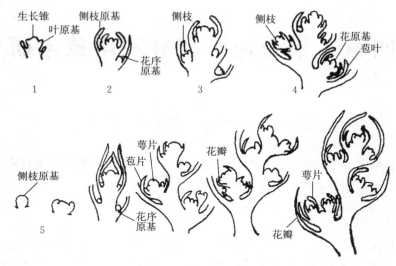

图 4-1　芸豆花芽分化过程

1. 未分化　2. 花芽分化期　3. 苞叶分化期　4. 小花分化期　5. 侧枝原基分化为花序的过程

于植株营养状况不良，多半不能正常发育，结荚率一般只占花芽分化数的5%～10%。因此，研究豆类花芽分化及发育的生态条件和提高结荚率的栽培技术，对解决豆类早熟、丰产等问题具有重要作用。

三、抽蔓（花蕾）期

蔓生型品种植株长到4～5片叶时开始节间伸长，至第1花序开花为抽蔓期（直立型品种为花蕾期）。此期植株生长加快，茎叶生长迅速，蔓生型品种开始缠绕生长，并孕育花蕾。抽蔓（花蕾）初期植株固氮能力差，应当追施肥料，但不可过量，避免营养生长过旺而影响开花结荚。

四、开花结荚期

从始花至采收终止为开花结荚期，主要特点是由营养生长占绝对优势转变为生殖生长占优势。

从始花至果荚长到3～4 cm，为开花着荚期。芸豆在一天中的22～24时有少数花开放，5～7时开花最多，9～10时还有一些花开放。播种期的早晚对开花的影响很大，从春到夏随播期的延后，从播种到开花所需的天数缩短。夜温10～27 ℃是开花的适温。在开花着荚期，直立型品种主要是侧枝及其叶片的生长，主枝和主枝叶片生长量很小。主枝、侧枝均开花着荚，以侧枝结荚为主。蔓生型品种主蔓伸长和叶片生长速度很快，主蔓下部几节有侧蔓伸出，主蔓基部第 1~2 花序着荚，根系加快生长，茎叶仍然旺盛，果荚生长量小。该时期较短，只有 5~7 d。

通过研究表明，直立型芸豆品种豆荚在花后 1~3 d 缓慢增长，开花后 4~10 d 迅速增重伸长，开花后 11~14 d 增重转慢，15 d 后重量不再增加，蔓生型品种在一般栽植密度下，每个花序的花数及着荚率，有随节位上升而减少的趋势；栽植较密时，开花数以基部节位较多，中部最多，上部最少。基部节位的结荚数占植株结荚总数的 37% 左右，中部节位占 41%~42%，上部节位占 21%~22%，基部和中部节位花序结荚数多，对产量起决定作用。

从着荚至盛荚期为结荚前期。该时期茎叶和荚同时生长，但仍以营养生长占优势，营养生长量达高峰，株体建成，大量结荚部位基本是茎叶干物质和叶面积最大的部位。

芸豆在开花前 1 d，花粉即具有萌发力，开花前 10 h 至花药开裂时，萌发率最高，上午 6 时刚开放的花朵的花粉萌发能力最强。

从盛荚到采收末期为结荚后期。随着老根枯死、老叶脱落和豆荚大量增重，营养生长逐渐衰落，过渡到生殖生长占优势阶段。

芸豆的生育周期较短，从播种至开始收获需 60~70 d，采收期为 30~70 d，整个生育周期蔓生型品种 90~140 d，直立型品种 75~100 d（表 4-1）。

表 4-1　芸豆的生育期

生育时期	蔓生型品种（d）	直立型品种（d）
发芽期	10~12	10~12
幼苗期	25~29	20~35
抽蔓期	10~15	—
开花结荚期	45~85	40~50
（每朵花开放时间）	（2~4）	（2~4）
从开花至采收始期	10~15	10~15
采收期	30~70	25~30

第二节　芸豆生长的环境条件

一、光照

芸豆为短日照植物，缩短日照时间能提早开花结实，但不同品种对光周期反应存在一定差异。据此，可把芸豆品种分为短日照性、中日照性、长日照性 3 类。这 3 种类型对光周期反应的差异集中体现在播种至开花所需的天数和植株高度这两个性状上。研究表明，短日照品种在长日照条件下，株高增加，开花期推迟，甚至不能结实。目前攀西地区生产上应用的多数品种为中日照性品种，对日照反应不敏感，特别是直立型芸豆品种，几乎都属中日照植物。因此，芸豆对播种期要求不高，利用保护地可以反季节栽培，一年多茬。

芸豆对光照强度要求较高，光线不足时，植株徒长，叶片数减少，光合速率下降，花芽发育不良，着生花蕾数、结荚数及产量均有不同程度的减少。试验表明，芸豆叶片的光合强度为 $1\sim1.5\ gCO_2/(cm^2 \cdot h)$，光饱和度为 25 000 $\sim$40 000 lx，光补偿点为 2 500 lx。

二、温度

芸豆喜温暖，不耐霜冻，直立型品种耐低温能力比蔓生品种稍强，一般品种需无霜期105～120 d。各生长期适宜温度范围见表4-2。芸豆种子发芽对低温异常敏感，低于 10 ℃几乎不能发芽。一般当土壤 10 cm 深处地温稳定在16 ℃以上时，8 d 左右就有 50%的种子发芽；低于 12 ℃时，发芽所需时间将延长几倍。不同品种之间在低温下发芽能力也存在差异。芸豆种子最适发芽温度为 20～25 ℃，因此，春播后若遇连阴天，土壤温度降低、湿度过高常发生烂种现象。幼苗生长的临界地温为 13 ℃，13 ℃以下，根少而短粗，基本不着生根瘤。种子发芽后，如果长期处于 11 ℃低温下，幼苗生长缓慢，2～3 ℃下开始失绿，0 ℃时受冻，－1 ℃时死亡。

表4-2　芸豆不同生长期适宜温度范围

生长期	温度范围（℃）		
	最低温度	最适温度	最高温度
种子发芽期	10～12	20～25	35
幼苗生长期	13	18～20	—
花粉发育期	5～8	20～25	35
开花结荚期	10	18～25	30～35

千叶、忠男用"最佳"品种作材料，以生长圆锥体开始肥厚、顶部成为平坦状的时期作为花序分化的标准，发现花芽分化与温度的关系是：在 23 ℃下，从播种到花芽分化需 10 d，积温 230 ℃，从出苗到花芽分化需 5 d，积温 115 ℃；在 17 ℃下，相应需 14 d；23.8 ℃下，需 7 d，积温 119 ℃；在 9 ℃下，幼苗处于子叶展开状态，几乎不生长，9 ℃可能是其生育温度的最低界限。芸豆花芽分化的适温为 20～25 ℃；当温度高于 27～28 ℃，特别是超过 30 ℃时，将影响花粉的形成。花粉发芽的适温是 20～25 ℃，最低为 5～8 ℃，超过 35 ℃时发芽率显著降低。花粉管在 17～23 ℃时生长良好，约经 2 h 即可受精。花粉

发芽最适宜的空气相对湿度为 80％以上，花粉耐水性很弱。开花结荚期温度低于 10 ℃或高于 30 ℃时，结荚均变差。芸豆开花结荚时对高温很敏感，35 ℃时，落花率达 90％，少量花成荚后，多为畸形荚，荚果的中果皮增厚，品质变劣。

三、土壤

芸豆对土壤的适应性较强，适宜的土壤 pH 为 5.3～6.3，不能低于 4.9。芸豆的耐盐力、耐涝力较弱。氧气是芸豆种子发芽的重要条件。试验证明，氧气浓度在 5％以上时，芸豆种子有 10％发芽，发芽较快；浓度在 2％以下时，发芽率明显下降，发芽变慢，因此，芸豆适宜栽培在排水良好、土层深厚、含钾多、不缺磷的壤土或沙壤中。忌与豆科作物连作，因为前茬豆类作物病菌和害虫遗留在土壤中，继续种植豆类作物容易导致病虫害严重发生。同时，前茬豆类根部会分泌大量的有机酸，增加土壤的酸度，使土壤中噬菌体繁衍，从而抑制根瘤菌的活动和发育，易使土壤中的磷转化为不溶性物质而难于吸收利用，妨碍种子发育，造成空荚。因此，一般种过豆类的田块，应间隔 2～3 年种植芸豆。

四、水分

芸豆整个生长季节均需较充足的水分，适宜的土壤湿度为田间最大持水量的 60％～70％，低于这一指标，根系生长不良。苗期比较耐旱，但土壤相对含水量也不能低于 45％。花芽分化及花粉形成期为需水临界期，水分亏缺将影响小孢子的正常分裂及碳水化合物的新陈代谢，致使核仁溶解，花药内含物分解，花粉畸形、不孕或死亡，开花结荚量少，减产至少 20％；相反，如果雨水过多，空气湿度大，花粉不能破裂发芽，同样影响受精成荚。同时，土壤积水，根系缺氧，叶片黄化，光合作用下降，落花落荚增多。结荚成熟期，以晴朗天气为好，雨水太多，病害将加重，若收获不及时，籽粒易在植株上发芽，影响种子质量和产量。另据国际热带农业中心（CIAT）研究，在年降水量 500～1 500 mm 的地区，芸豆均能很好地生长，但要求降雨比较均匀地分布于整个生育期。

五、养分

芸豆一生对氮、磷、钾和钙有较大的需求量，镁、铜、铁、锰、锌、钼和硼等微量元素对芸豆的正常生长发育也是必需的。在一般类型的土壤中，除了氮、磷、钾三大主要元素外，其他元素不常亏缺，但在石灰性土壤中，易缺锌，叶片喷锌，能增产 15％～20％。开花结荚期为吸收氮和钾的高峰期，此时茎叶中的氮、钾也将随着生长中心的变化，逐渐向荚果中转移，转移比率分别为24％和40％。磷的需要量较氮、钾少，但缺磷将严重影响芸豆的生殖生长，并且磷从茎叶转移到荚果的比率也较低，仅为11％。因此，各生育阶段除满足氮（钾不常缺）外，施用磷肥很重要。另外，荚果伸长时，要吸收较多的钙，在酸性土壤上种植芸豆，应该施用一定量的石灰。

另据测定，当芸豆地上部的生物产量（包括籽粒、茎秆等）为3 360 kg/hm²时，从土壤中吸收的氮、磷、钾分别为165 kg、67 kg 和137 kg，其比例为2.5：1.0：2.0。考虑到磷肥利用效率较低，因此在施肥时，应适当加大磷肥施用量。芸豆喜硝态氮，当铵态氮含量较多时影响生殖生长和根瘤菌活动。在缺钼土壤中，施用适量钼酸铵，可以提高籽粒产量和品质。

第三节　攀西地区芸豆栽培技术

一、芸豆的间、套种

芸豆生长的适宜温度为10～25 ℃，尤以20 ℃左右最为适宜，芸豆从播种到开花所需积温：直立型品种为700～800 ℃，蔓生型品种为860～1 150 ℃。因此，攀西地区除无霜期很短的高寒地区为夏播秋收外，大部分地区均为春秋两季播种，并以春播为主。春季露地播种，多在断霜前几天，地表10 cm 深地温稳定在10 ℃时进行。直立型芸豆可分为春秋两茬，蔓生型芸豆则多数为春播直到秋季霜前栽培，各地春季露地直播的播期不一，攀枝花市地区一般在2月下旬至3月，安宁河流域一般在3月中旬至4月上旬，半山区多在4月中旬至5月上旬。春季露地断霜前在保护地播种育苗的，即早春播种，播种期比露地直播提早20多天，可作为早熟蔬菜提早上市。秋季露地直播多在当地早霜出现前100 d播种，直立型品种比蔓生型品种晚播15～20 d，攀枝花市金沙江流域部分地区可冬季露地栽培。目前，还有部分地区利用地膜覆盖、塑料大棚进行反季节栽培，保证了芸豆周年生产和供应。

攀西地区芸豆除攀枝花市米易县、仁和区、盐边县的净作面积较大外，其他地区芸豆主要是与玉米、马铃薯间套作。玉米套种矮秆直立芸豆，在半山区肥水条件较好的情况下，以6尺*一带（芸豆、玉米三套二）效益最佳，5尺一带（芸豆、玉米双套双）次之；在肥水条件稍差的地块上，则多以5尺一带。蔓生型芸豆套种马铃薯多采用6尺一带种植。据研究，在玉米地间套作一定比例的芸豆，可以构成一个稳定的立体种植结构，内部小环境得以改善，总体种植效益明显增加。在这种种植结构中，虽然玉米的实际面积减少了，但玉米带之间通风透光性增加了，使玉米单株产量有所增加，与单作相比，单位面

---

　　* 尺为非法定计量单位，3尺＝1m。下同。——编者注

积上玉米总产量基本没有受到影响。对于芸豆，在改良栽培条件下，间作的5个芸豆品种平均产量比净作仅下降19.5%。因此，这种种植方式已得到广泛的认可和推广。大力发展芸豆与主粮间作套种，是解决我国人多地少矛盾的有效途径，除了芸豆与玉米、马铃薯间作套种方式以外，攀西地区还有多种种植形式。

（1）芸豆与白菜、菠菜、莴苣等蔬菜套种　根据芸豆的类型，设计好田间种植图，如与蔓生芸豆套种，厢的宽度为80～100 cm，当白菜、菠菜、莴苣破心后，即在厢面上开穴播种芸豆。

（2）芸豆与黄瓜、番茄套种　套种芸豆前，先将黄瓜、番茄植株基部30～35 cm处的老叶去掉，并清洁厢面，然后在距黄瓜、番茄根部10 cm处开穴播种，每穴3～4粒种子，发芽生长后，芸豆即攀援黄瓜、番茄的架杆向上生长。随着芸豆植株的生长，逐渐摘掉黄瓜、番茄叶片。当黄瓜、番茄收获后，其管理方法与单作芸豆相同。芸豆与黄瓜、番茄套种，由于黄瓜、番茄的遮阴，有利于芸豆出土和幼苗的生长，可减少落花落果，提早采收供应，同时节省了大量的支架和劳力。

（3）芸豆与向日葵等高秆作物间、套种　当向日葵植株长至30～40 cm高时，在植株的基部以外10～15 cm开穴播种，每穴3～4粒种子。当芸豆抽蔓后即沿着高秆作物的秸秆爬蔓生长，这种栽培方式不仅可以充分利用土地资源，提高复种指数，还可以通过利用秸秆爬蔓，挡风御寒，形成较暖的小气候。

（4）芸豆与幼龄果树套种　在幼龄果树行间套种4～6行芸豆，充分利用果树行里的空间。

二、芸豆栽培技术

（一）春季露地栽培技术

1. 整地做畦　芸豆对土壤的选择要求不高。早熟栽培以沙壤土为好，晚熟栽培最好选择土层深厚的粘壤土。忌连作，连作后生长不良，病虫害增加，产量锐减，因此一般应间隔2～3年后再种。芸豆的主根可深达50～60 cm，根系再生力弱，发育时需要充分的氧气，因此应深耕。由于芸豆侧根强大，且多分布在15 cm深的土层内，所以将大量基肥施到浅层效果更佳。每亩施厩肥约3 000 kg，过磷酸钙15 kg，草木灰100 kg，浅耕耙平后做成宽1.2～1.4 m的平畦。

2. 播种　芸豆因其根系再生力差，故多为直播。直播芸豆在断霜前10 d，当地表4 cm深土温达10 ℃时播种。一般在3月中旬至5月上旬播种，播种过早，土温低，土壤墒情差，种子出苗较差。

为保证芸豆发芽整齐和苗全苗壮，播前必须精选种子。选择籽粒饱满、种皮颜色一致的种子，剔去已发芽、有病虫、机械损伤和混杂的种子。贮存 2 年以上的陈种子发芽力弱，不宜选用。播前 1～2 d 晒种，还可进行药剂消毒，对于炭疽病，可用 1% 甲醛水溶液浸种 20 min，然后用清水洗净晾干；对于细菌性疫病，可用 50% 福美双可湿性粉剂拌种，用药量为种量的 0.3%～0.5%。为增加根瘤菌量，每亩用 50 g 左右的根瘤菌加少许水湿润与种子拌匀。播前数日浇水润畦，晒至土不粘手时播种。忌浇"明水"，浇明水会使土表板结而透气不良，降低地温，影响发芽，甚至造成烂种。

春播芸豆生育前期温度低，主蔓生长缓慢，可扩大行距，缩小株距，既可保证良好的光照，又有利于侧枝发生，蔓生芸豆畦宽 1.2～1.5 m，行距 70～80 cm，即每畦播两行，株距 30～40 cm，每穴播 3～4 粒种子，搭架或采取高矮间作。直立芸豆，植株低，占地小，一般平畦可按行距 35 cm、穴距 35 cm 的距离穴播；垄作时，可按行距 50 cm、穴距 26～33 cm 的密度播种。因芸豆发芽后子叶出土，子叶中含有丰富的营养，即使在无光无肥料的情况下，利用子叶所含有的营养也可使花芽分化，因此，要保护子叶使其安全出土。播种不宜过深，4～6 cm 即可，覆土要细。

芸豆种子的饱和吸水量为种子重量的 100%～110%，在 20～22 ℃ 的水温中，浸种后 5～20 min 开始吸水，8～10 h 达到饱和。浸种的时间过长，细胞内蛋白质、酶类、生长素等物质因外渗而损耗，影响发芽；同时，会因其渗出后附着在种子上，招致细菌而腐烂。干燥种子迅速吸水时，易使子叶与胚轴处产生龟裂，养分溢出成为腐烂菌的营养而使种子腐烂，影响发芽。另外，豆类种子吸收水分数小时后，代谢活动开始，需要充足的氧气，当氧的浓度达 5% 以上时，发芽良好。如果播种前浸种时间过长，或者播种后灌水过多，土壤缺氧，则膨胀湿润的种子会因积蓄大量的酒精或乳酸而引起腐烂或幼芽枯死。攀西地区春天多风，水分蒸发量大，空气湿度小，浇水后水分容易蒸发，造成土壤板结，致使种子出土困难，易造成缺苗断垄。因此，为保证豆类蔬菜出苗整齐，要在播种前灌水造墒，播种后出苗前忌浇"蒙头水"，有条件的可采用地膜覆盖保墒。

3. 田间管理　芸豆一般播种后经过两周幼苗就可出齐，但由于早春温度低，气候条件差，可能出现缺苗现象，有的虽然长出幼苗，但出苗太晚，或者幼苗太弱，初生的两片单叶不健全，缺苗或弱苗必然影响产量。因此，在初生叶展开时，要进行查苗，发现弱苗及时拔出，在缺苗的空穴补栽健壮苗，保证每穴 2～3 棵正常苗，补苗所用的苗与露地播种同期用育苗钵或营养土培育。

当幼苗出土和定植苗成活以后，应进行中耕松土，促使土壤在太阳辐射下升温，并改善土壤透气性，为芸豆根系生长和根瘤菌活动创造良好的条件，苗期中耕 2～3 次。在行间和株间中耕要深，靠近植株根部要浅，以免伤根。蔓生芸豆开始抽薹时及时插架，一般插成"人"字架，适当引蔓，使各株的藤蔓均匀分布在架杆上。

在植株开花结荚前，一般只中耕不浇水，即实行蹲苗。这时期控制水分，以防止植株营养生长过旺，消耗过多养分，导致花、荚因营养不足而发育不良，出现落花、落荚。如果土壤墒情良好，可一直到结荚后再浇水。只有在土壤过干时，在开花前浇 1 次小水，进入结荚盛期，必须供给充足的水分，这时期如果缺水，豆荚生长缓慢，荚壁纤维增多，产量低，品质差。整个结荚期每隔 5～7 d 浇 1 次水，使土壤温度稳定在田间最大持水量的 60%～70%。为了保持土壤通风良好，避免沤根，高温季节要轻浇、勤浇。

植株生长前期，如果植株长势旺盛，要控制氮肥施用量，或不施氮肥。在结荚期，植株和花、荚的生长发育都需要消耗大量的营养，是重点追肥期。这时期的追肥可防止植株早衰、延长结荚期。如果缺肥缺水，植株很快就会衰老、死亡。追肥主要是追施磷、钾肥，除了根部施肥以外，也可用 0.2% 的磷酸二氢钾叶面喷施。追肥以腐熟的人畜粪水较好。

4. 采收　芸豆的采收标准是嫩荚充分长大，两侧缝线粗纤维少，荚壁肉质细嫩，纤维少，含糖量高，种粒大小只占荚宽的 1/3 左右。采收时期因利用方式而异，以嫩荚供食用的，可在开花后 10 d 左右采收；供速冻保存和罐藏加工的，为了满足统一的形状大小规格，在开花后 5～6 d 采收嫩荚；以种子供食用的，则在开花后 20～30 d，种子完全成熟时采收。

5. 春芸豆再生栽培　在春季露地栽培的芸豆嫩荚收获尚未结束时，继续给植株供给充足的肥水，防止衰老，促进腋芽发生，长出新枝，并再次开花结荚，称为再生栽培。具体措施是：在春茬嫩荚盛收期后，连续施追肥 2～3 次，保持植株良好的营养生长，促使侧蔓发生并着生大量花序，同时主蔓顶部的潜伏花也因营养良好而开始结荚。一般经过 15 d 左右即可采收再生芸豆，延长采收期 1 个月左右，可补充淡季供应，增产 20%～30%，再生茬的豆荚往往偏小，为促使荚果充分肥大，除了保证充足的肥水使植株后期生长旺盛、健壮外，还要及时防治病虫害，摘除 50 cm 以下的老黄叶，以改善植株通风透光条件。再生芸豆拉秧后种植秋菜为时已晚，只能生产越冬菜，因此，是否进行再生栽培，要从全年生产规划和再生茬增产潜力等方面考虑。

（二）芸豆夏季栽培技术

1. 品种选择　选择耐高温、抗锈病的品种。

2. 播种　一般在 6 月上旬播种，此时期应选用宽行密植，便于通风透光，按株行距 0.25 m×0.75 m 穴播，每穴 2～3 粒种子，播种最好在浇水后的第 3 天，种子一定要拌药防治根腐病。播后培土，以保湿防干，待一周后出苗率达 80％时，浇小水以保苗全苗齐。

3. 结荚期管理

（1）适时掐尖　芸豆生长期遇高温极易徒长，节间拉长，易使秧苗细弱，因此要适时掐尖。当第 3 组叶片形成时，将上方生长点掐掉，即秧苗长到 80 cm 左右时掐尖。掐尖后由于营养生长回缩，使枝蔓粗壮，很快在下部节间长出侧枝，能够调整植株结构，促进早开花、多结荚。另外，也可用"矮丰灵"600 倍液灌根，使芸豆秧苗粗壮，促进侧枝萌生，起到控制徒长的作用。

（2）防止落花落荚　夏季芸豆生产开花期遇高温多雨，易落花落荚，光长枝叶不结荚而造成减产。遇到高温时，空气湿度低于 75％易造成落花落荚，应在控制土壤湿度的同时，上午 9 时向植株喷水以降温和增加空气湿度。另外，可用"防落素"每支兑水 2 kg，用小喷雾器喷花。当土壤过于干燥时，也可以浇小水，利于开花坐荚。

（3）加强肥水管理　当第一茬豆荚大部分长到 2～3 cm 时，豆荚基本已坐荚，可以浇一次透水，随水每亩追施磷酸二氢钾 10 kg。每摘一次商品荚后，要浇一次水。追肥可磷酸二氢钾和人粪尿交替使用。

4. 病虫害防治

（1）钻心虫　一般芸豆前期病虫害轻，基本无需打药。只在花期结合叶面肥打两次防虫药，防治豆荚螟。

（2）锈病　温差大、湿度大易得锈病。在孢子未破裂之前，及时喷施 50％萎锈灵乳油 800～1 000 倍液，或 50％硫黄悬浮剂 200～300 倍液，也可用三唑酮可湿性粉剂 1 000～2 000 倍液，隔 7～10 d 喷施 1 次，连续使用 2～3 次。

（3）炭疽病　结荚后期由于高温高湿，易得炭疽病。可用炭疽福美 500 倍液或施保克 800 倍液喷雾防治。

（三）芸豆秋季栽培技术

1. 品种选择　秋芸豆应选抗病、耐热、丰产的品种。

2. 整地　秋芸豆的前茬一般为春甘蓝、莴笋、马铃薯等。前茬作物收获后，结合翻耕，每亩施用腐熟的有机肥 2 500～3 500 kg、过磷酸钙 30 kg、硫酸钾 10 kg（或草木灰 100 kg），将肥料翻入土中，耕翻耙平后，做成平畦。在夏季雨水较多的地区或低湿地要做高垄或高畦，并清理水沟，以利于排水。直立品种基肥用量约为蔓生的 80％，在基肥中不要加入过多的氮肥，以免造成植株茎叶组织幼嫩和徒长。地膜覆盖栽培由于不便追肥，基肥用量要比露地栽培适当增加。

3. 播种　秋芸豆宜直播，播种必须适时。播种过早，开花初期遇高温容易落花落果，而播种过晚，影响产量。秋芸豆的播期，应尽量保证开花始期避开高温季节，又能在早霜来临前收获完毕。在此前提下，尽量延长供应期，在当地霜前 100 d 左右播种最佳，多在 7 月中下旬。由于夏季高温，芸豆生长速度快，所以播种不宜过密，株行距为 0.8 m×0.5 m，每亩播 1 500 穴左右，每穴播种 2～3 粒，播种深度 3 cm 左右，出苗后每穴留 2 苗，若地墒足，可以趁墒播种，地墒不足，应先开沟灌水，水渗后播种，播种后覆土要厚些，以免土壤缺水。一般播种后 5～7 d 即可出苗。

4. 田间管理

（1）苗期管理

① 及时间苗、补苗。播种出苗后，要及时间苗、补苗，确保每穴 2 株。

② 中耕除草。出苗后 10～15 d 进行中耕除草，保持土壤的透气性，促进根系的发育。

③ 蔓生型品种及时搭架。当苗高 30 cm，抽蔓 2～3 d 后开始搭架，架高 2.5 m，每穴插 1 根，2 行并成"人"字形，引蔓上架，以利通风，便于操作。

（2）开花结荚期管理 水肥管理的原则是干花湿荚、前控后催、花前少施、花后多施、结荚盛期重施。幼苗出土后应适当控制其生长，即在开花坐荚之前一般不浇水、不施肥，实行中耕蹲苗的办法。对于长势比较弱的可在抽蔓前少量地施 1 次上架肥，一般用稀粪水。坐荚后重点是浇水、追肥。结荚初期一般每 5～7 d 浇水 1 次，并结合浇水施肥。此后逐渐加大浇水量，使土壤湿度保持在田间最大持水量的 60%～70%。进入采收期，每采收完 1 次应浇水 1 次，并结合追施稀粪水或复合肥，施肥量前期少，后期重，以促进同化物质的产生，满足果荚生长发育的需要。高温干旱季节，可采用轻浇水、勤浇水，早晚浇水等方法，以降低地表温度，保持土壤通气良好，避免沤根，使根系生理活动正常。对于生长过旺或通风不良的地块，可摘除老叶、黄叶或过多叶片，以提高结荚率，减少畸形荚。在采摘中后期可重施 2～3 次肥，以保持良好的营养生长，促使抽生新侧枝，使主蔓顶端的潜伏花芽继续开花坐荚，延长采收期，提高产量。

5. 病虫害防治 秋季栽培病虫害发生偏重，如不及时防治会严重影响芸豆的产量和品质。病害主要有锈病、炭疽病、根腐病、病毒病和疫病等；虫害主要有蚜虫、豆荚螟、红叶螨等。

（1）病害防治措施

① 实行轮作，合理密植，加强肥水管理，合理施肥，增施钾肥，提高抗病能力，及时清除病残枝叶。

② 选用无病种子或进行种子消毒，用种子重量 0.3% 的 50% 福美双或多菌灵拌种。

③ 药剂防治。锈病和炭疽病在发病初期喷施 20% 三唑酮可湿性粉剂 1 600

倍液或 50％多菌灵 600～800 倍液防治。根腐病用 70％甲基硫菌灵可湿性粉剂 800～1 000 倍液喷植株基部。每隔 6～7 d 防治 1 次，连续防治 2～3 次。

（2）虫害防治措施

① 实行轮作。与非豆科蔬菜轮作 1～2 年，适当调整播期，使结荚期与成虫产卵期错开，减少豆荚受害。

② 加强肥水管理。及时清除受害的卷叶和果荚，消灭幼虫，同时利用灯光诱杀成虫。

③ 防虫。蚜虫可用 40％乐果乳油 1 000～1 500 倍液或溴氰菊酯、速灭杀丁防治，豆荚螟和红叶螨在开花初期至盛花期用 90％晶体美曲膦酯 1 000 倍液或 2.5％溴氰菊酯乳油 3 000 倍液，从现蕾开始，每隔 7～10 d 喷 1 次，连喷 2～3 次。

6. 采收　芸豆自开花后 10 d 可采收嫩荚。采收标准是豆荚由扁变圆或略圆，颜色由绿转为淡绿，豆荚表面有光泽，种子处于显露或尚未显露时采收，品质最佳。采收时间以每天的清晨或上午为宜，每 2 d 采收 1 次，采收结束后及时销售。

（四）芸豆秋延迟栽培技术

1. 品种选择　芸豆秋延迟栽培宜选用适应性比较强、对温度适应范围广、早熟丰产的品种。

2. 整地做畦　8 月中旬，前茬作物收获后及时清茬整地，结合深耕，每亩施优质腐熟圈肥 3 500 kg、过磷酸钙 100 kg。耕翻，耙细，整平。最好选择向阳的地块进行秋延迟栽培，做成 1.5 m 宽东西向平畦。

3. 适期播种　秋延迟的适宜播种期是 9 月上旬，播种过早，结荚早，产品上市期提前，达不到延迟上市的目的。播种过晚，后期温度无法满足直立芸豆生长的要求，不仅植株及豆荚生长缓慢，而且易落花落荚，产量降低。播种前选种，淘汰秕粒、碎粒、坏粒及颜色不正的种子；选粒大饱满、颜色鲜亮的种子用于播种。一般干籽直播，直立型品种行距 33 cm，穴距 30 cm，蔓生型品种行距 75 cm，穴距 30 cm，每穴播 4～5 粒种子。覆土厚度要一致。覆土太薄，表土易干，种子发芽不易扎根，会出现"跳籽"现象。

4. 田间管理　出苗后应及时中耕，土壤干旱时浇 1 次小水，结合浇水追提苗肥，每亩追施尿素 10～15 kg；以后及时进行中耕，增强土壤通透性，促使幼苗发根。中耕后蹲苗 10～15 d。结束蹲苗时追施尿素 5～10 kg，然后浇水，促进发棵。之后，再中耕 1 次，然后控制浇水，避免植株徒长，造成田间荫蔽，影响开花坐荚。植株开花坐荚期停止浇水，防止植株徒长引起落花落荚。当荚果已有 2～3 cm 长时可以结合浇水施粪水，浇水量要小，防止畦内湿度过大，7～10 d 浇水 1 次以保证豆荚正常生长。

（五）芸豆早春栽培技术

1. 育苗 2月上旬采用营养钵育苗，育苗前先配制营养土，即腐熟的有机肥50%，菜园土50%，每500 kg粪土中加复合肥4 kg、50%多菌灵150 g，掺拌均匀，用营养钵（8 cm×8 cm）装土6 cm。把营养钵排入育苗畦，灌水浸透，每钵放种3～4粒，覆盖潮湿营养土，盖上地膜，保温出苗。为防止徒长形成高脚苗，出苗即揭去地膜。育苗期一般不浇水，苗期发生干旱，可在晴天上午喷洒温水，并加0.2%的磷酸二氢钾，然后升温排湿，苗龄30 d左右即可定植。

2. 栽植 育苗移栽可在2月底3月初。定植前5～7 d，每亩施腐熟有机肥4 000 kg、磷肥50 kg、尿素20 kg、钾肥30 kg，深翻耙碎整平。按100 cm放线，做成高15 cm、沟宽30 cm、畦面宽70 cm的高畦。选择"冷尾暖头"的晴天上午栽植，剪破地膜呈"十"字形口通风，按小行距40 cm、大行距60 cm、穴距25 cm挖定植穴。穴内浇足水，然后将苗钵放入，苗钵上表面与畦面平齐，封好土，拉严地膜。浸种直播，可先播种后盖地膜，苗拱土后破膜引苗。

3. 定植后管理

（1）肥水管理　水、肥管理的原则是"干花湿荚""前控后催"，花前少施，花后多施，结荚盛期重施。由于芸豆的根瘤菌不如其他豆类发达，特别在芸豆生长前期，根瘤菌的固氮活动能力弱。因此，增施氮肥仍是获得丰产的一个主要手段。另外，直立型芸豆由于生育期短，发育早，从开花期就进入养分吸收的高峰，因此施肥相对蔓生品种来说要早一些，以促早发，多发分枝，从而达到早开花，早结荚，提高产量和产值的目的。芸豆缓苗之后，应实行中耕蹲苗，适当控制其生长，一般在芸豆开花坐荚之前不浇水、不施肥。只有当土壤墒情不足，过于干旱，空气干燥，植株生长瘦弱时才浇水。前期水肥充足，特别是水分过多时，会使植株生长过旺而出现"疯长"现象，导致落花、落荚，甚至引起病害。因此，芸豆一般在缓苗活棵之后，或者上架前追施一次提苗肥或上架肥，一般每亩浇清粪水500～800 kg。另外，直立芸豆生长发育较快，蹲苗期应比蔓生芸豆缩短10～15 d。

当芸豆坐荚之后，植株进入旺盛生长期，此时消耗的水分、养分多，栽培管理工作进入重点的浇水、追肥期。结荚初期，幼荚长3～4 cm，一般每5～7 d浇水一次，并结合浇水施肥。此后逐渐加大浇水量，使土壤湿度保持在田间最大持水量的60%～70%，尤其是大棚内栽培的芸豆，因棚内气温高，蒸发量大，水分易散失，要适当增加浇水次数。同时结合浇水要适当追施一些稀水粪或复合肥，还可以根外追肥，如用0.01%～0.03%的钼酸铵或0.2%的磷酸二氢钾进行叶面追肥，可促进早熟提高产量。

（2）棚膜管理　采取小拱棚栽培的芸豆，在早期气温低时，可以不揭膜，中期以后田间温度上升，在中午前后进行通风透气，不要全揭，以揭南边半个棚为佳，晴天上午 10～11 时揭膜，午后 4～5 时及时盖膜。后期温度上升后，要及时撤棚，保证芸豆在凉爽的气候条件下生长。蔓生型品种在主茎开始抽蔓后撤棚搭架。

采取大棚栽培的芸豆，芸豆定植后的 1～2 d 内一般不进行通风换气，使棚内保持较高的温度，以利缓苗。缓苗后，气温以 25～28 ℃为宜，芸豆要求适宜的空气相对湿度为 65%～75%，若棚内温度超过 32 ℃，湿度大时，要注意通风，以降温排湿，防止落花、落荚，在芸豆开花期，温度以 20～25 ℃为宜。夜间温度不低于 15 ℃时，可昼夜大量通风，利于开花结荚。一般进入 5月以后，就要大通风，或者将大棚揭去。

（3）搭架引蔓　蔓生型芸豆生育期长，产量高，荚果品质好，但是由于无限生长习性，5～6 片复叶展开后，茎蔓开始伸长，不能直立生长，必须及时搭架引蔓，使其攀缘生长，充分接受阳光，提高光合作用。芸豆支架一般采取"人"字架形式，架高 2 m 以上，同时为避免芸豆茎蔓相互缠绕，影响植株生长，要绑蔓 2～3 次，引蔓宜在晴天下午进行，以免折断茎蔓。当茎蔓长到架顶要及时摘心。

4. 再生栽培　大棚芸豆早熟，采收期比较短，一般只有 20 多天，若管理得当，在第一茬春芸豆即将采收结束时，继续加强肥水，防止早衰，促进腋芽早发旺长，继续开花结荚，又称芸豆翻花。具体措施是在采收后期摘除靠近地面 40～70 cm 以内的老叶、黄叶，改善田间通风透光条件，再连续重施追肥 2～3 次，一般每亩施尿素 5 kg，然后连浇两水促使植株重新抽出新枝和花序，促进二次结荚。此时，外界温度回升，大棚撤除，温度适宜，植株结荚部位提高，光照通风条件都优于前茬，因此生长很快，能充分发挥增产潜力。以上措施可延长采收期 30 多天，增产 20%～30%，但再生栽培，需保证植株生长后期茎叶旺盛，健壮，无病虫危害，否则促使二次结荚的效果不明显。

5. 病害防治

（1）根腐病　控制好温度湿度。发病时，喷施 77%可杀得可湿性粉剂 500倍液，或 70%代森锰锌可湿性粉剂 1 000 倍液进行防治。

（2）芸豆锈病　选用抗病品种。清理田园，加强栽培管理。发病初期喷施15%三唑酮可湿性粉剂 2 000 倍液，或 50%粉锈灵 800 倍液。

（3）芸豆细菌性疫病　实行轮作，从无病地块及植株上采种，种子用温汤浸种，加强栽培管理。发病初期喷施 14%络氨铜水剂 300 倍液，或 77%可杀得可湿性粉剂 500 倍液，或 72%农用链霉素 3 000 倍液，防治 7～10 d，连续 2～3 次。

（六）地膜覆盖栽培技术

地膜覆盖是将一定厚度的地膜覆盖于畦面，以增加土壤温度，保持土壤水分，加速根系及地上部分的生长发育，实现早熟高产的措施。可使芸豆比露地早出苗 10 d 左右，成熟期提前 7～10 d，增产 20%～30%，而且植株生长旺盛，有利于二次结果。

1. 品种选择　宜选较耐低温、品质好、产量高的品种。

2. 整地做畦　整地质量是地膜覆盖技术成功的关键之一。要注意施足基肥，及早深翻，开春后及时耙厢保墒，达到土质细绵，地面平整，底墒充足的标准。宜用高畦或高垄，畦宽 60～70 cm，高 10～15 cm（图 4-2）；垄要直，行距要一致。畦、垄以南北向为宜。大风、少雨地区或灌水少的地区，也可用平畦（图 4-3）。垄面要细碎，无棱角，呈圆头形，筑垄前缺墒的地块，应及早灌水。

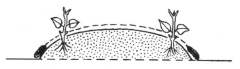

图 4-2　小高畦地膜覆盖栽培

图 4-3　有支撑物平畦短期地膜覆盖栽培

近年来，地膜覆盖方式有了新的改进，出现了改良式地膜覆盖和地膜沟栽培技术。改良式地膜覆盖栽培，又分为沟播法和穴播法两种形式。沟播法是在整地做垄后，每隔 1 沟加宽垄沟至 40 cm，沟底距沟顶 15～25 cm，在沟底播种矮生或蔓生芸豆，播完盖地膜。出苗后，在幼苗顶部薄膜上扎眼通风。穴播法是在高畦或平畦上，按株行距挖 15 cm 深的穴，穴内播种，播后盖地膜，出苗后在穴顶扎破地膜通风。地膜沟栽法是在改良式地膜覆盖基础上，培育壮苗，于晚霜前 15～20 d 定植到膜下。按定植方法不同，可分为垄面沟栽覆膜（图 4-4）和垄沟沟栽覆膜两种（图 4-5）。垄面沟栽覆膜是先在垄顶按一定的株行距，开沟定植秧苗，定植后覆膜，沟深以平铺地膜后，使膜与沟间有一定空间为宜。一般为 15～20 cm，深的可达 25 cm，以免因高温或霜冻对幼苗造成伤害。垄沟沟栽覆膜是在垄沟沟底距沟顶 15～25 cm 的沟内按定植密度栽苗，覆土用沟帮土，然后用垄台上的土做拱架，横向覆膜，每隔 5～7 垄在

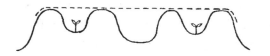

图 4-4　垄面沟栽覆膜示意图

图 4-5　垄沟沟栽覆膜示意图

垄台上压一层土。以上两种方法，待芸豆缓苗后，在苗上方的薄膜处划"一"字口通风。晚霜过后，将苗从膜内引出，土台上的土刨回原沟，整平，使地膜贴地。

筑垄后立即铺膜，以利于保墒增温。覆膜应选晴天中午进行，避免在低温时铺膜，热胀后遇风，易上下扇动而破裂。铺膜有两种方式：一种是先铺膜，到播种或定植时，在膜上划切口；另一种是先播种，然后覆膜，再在膜上划切口，让苗钻出膜外。不论采用哪种方法都应在整地后或播种定植后，立即覆膜，防止水分蒸发。高垄人工铺膜作业最好4人同时操作，其中2人分别在高垄两头将膜顺畦面展开、拉紧，使膜紧贴畦面；另2人将膜两侧及两头用土压紧。平畦栽培时，将四周畦埂稍拍实，将膜压于畦埂上用土封严。为防止膜上积水，可在畦埂间插入弯成弓形的细竹竿，支撑地膜，晚霜过后再将地膜铺在地面上。覆膜应一垄一幅。展膜要缓，放平拉紧，使膜完全紧贴垄面。膜边要用土压严压实，防止漏气透风。两垄之间，留20 cm不覆膜区域，以便灌水。由于覆膜后，无法除草，最好在覆膜前喷除草剂，用量减少1/3。覆膜后，在无膜处按常规浓度补喷1次。使用除草膜的，应把涂除草剂的一面紧贴地面铺平，以免发生药害。

3. 直播与定植 地膜芸豆直播，在晚霜将要过去，地温回升到12 ℃以上时进行。播后，随时检查出苗情况，见小苗将出土时，将出苗处地膜划开，等小苗出土后，将其引出膜外，防止高温烤苗，并用土将膜口封好。如果是先覆膜、后播种，在覆膜后5～7 d，当膜下温度升高后，在膜上划口播种，一般出苗后不需引苗。

如果育苗，可在温室、塑料大棚或改良阳畦等保护设施内，用营养土块、营养钵等保护根系的方法育苗，苗龄25～30 d，晚霜过后定植。可以先铺膜，后定植；也可以先定植，后铺膜。前者是按株行距用刀在膜上划出定植孔，将定植孔下的土挖出后栽苗，再将挖出的土覆回，压住定植孔周围的薄膜。后者是在栽苗后灌水，待地面稍干后，按幼苗位置，将膜切成"十"字形的定植孔，将苗从孔中套过，再将薄膜平铺到地上，四周用泥土压紧。这种方法，定植速度快，但容易碰伤苗的叶片，也不容易保持畦面平整。

4. 田间管理 地膜覆盖田的管理与一般基本田块相同。但是，它是在精耕细作基础上，加速作物生长发育的一项技术措施。此项措施只有在肥水条件好、管理精细的前提下，才能充分发挥作用。必须注意提高整地质量和改善覆膜后环境条件，防止出现疯长、早衰、倒伏等问题；并从品种选择、种植密度、施肥等措施上做出相应的改变。地膜覆盖是终生的覆盖，地膜破裂后立即用土封严。膜下有杂草时，中午用脚踩平，以捂死杂草。施肥最好在铺膜前一次施足。基肥不足者，也可在后期灌水时追肥，或叶面喷施。

覆膜后,外界供水相对减慢变少,因此覆膜前应注意墒情,土壤湿度以手捏成团,掷地可散为宜。如覆膜时土壤水分不足,覆膜后地温增高,土壤水分上升,会使5~10 cm以下土层干燥,植株扎根浅,易早衰,因此必须灌足水,使水充分渗到垄的中心。

(七)芸豆设施栽培技术

近年来,芸豆的设施栽培面积逐步扩大,使芸豆实现了周年生产和周年供应。由于各地气候条件及所利用的温室和大棚设施不同,因此,芸豆的温室和大棚栽培类型较多,但大体可归纳为春茬栽培、秋茬栽培、秋冬茬栽培和冬春茬栽培等类型,攀西地区主要以春茬、秋冬茬栽培类型居多。

1. 品种选择　温室和大棚不同栽培类型对品种的要求不同,通常春茬栽培应以选择早熟、耐寒性较强的矮生型品种为主,而秋冬茬栽培应以选择耐热、优质、抗病的蔓生型品种为主。目前生产上推广应用较多的矮生型品种主要有供给者、沙克沙、优胜者、推广者、嫩荚菜豆、法国地芸豆、新西兰3号、白沙克、地豆王等;蔓生型品种主要有架豆王、芸丰(623)、春丰2号、春丰4号、超长四季豆、老来少、丰收1号、秋抗19等。

2. 播种育苗

(1)育苗时期及苗龄　春茬栽培芸豆在温室内的安全定植期为2月中下旬。在适宜的温度条件下,蔓生芸豆生发4~5片真叶,一般需25~30 d,这时的幼苗正是定植适宜时期。因此,蔓生芸豆可在安全定植期前30~35 d播种育苗。

(2)育苗床土的准备　选择温室中部温光条件较好的位置,做成东西向的育苗畦,畦宽1.2~1.5 m,畦长6~10 m,畦内平整。选用6份充分暴晒的园田土、4份腐熟好的有机肥,过筛后拌均匀。装入塑料育苗钵或纸筒内,不宜装得过满,比钵口低1.5 cm左右为宜。将装满营养土的塑料钵整齐摆入育苗畦中。

(3)温汤浸种　早春温度低,采用温汤浸种出苗可提前2~3 d。将精选后的种子放入高于种子量5倍的50~55 ℃温水中浸泡10 min,水温降至37 ℃再浸种4~6 h,当大部分种子吸水膨胀,少数种子尚皱皮时,即从温水中取出,待外种皮略干无水滴时,即可播种,也可先催芽后播种,方法是将种子沥干水分,放在25~28 ℃温度下催芽。经过2 d左右,芸豆种子即可发芽,已发芽的种子要及时播种。播种前,将整齐摆放于苗床的苗钵浇透底水,然后播种。每个苗钵或纸筒或土方中均匀地播入3~4粒种子,然后覆盖营养土3~5 cm。

(4)苗期管理　播种后,可在育苗畦上覆盖塑料薄膜,保温保湿,使苗床内气温达20~25 ℃,播种后约3 d就可出苗,出苗后将薄膜去掉。幼苗出齐到第1片复叶将展开,适当降低苗床温度使白天保持15~20 ℃,夜间10~15 ℃。

第 3 片真叶（即第 1 片复叶）展开后，到定植前 10 d，要提高育苗场地的环境温度，使白天保持 20～25 ℃，夜间 15～20 ℃，利于幼苗的生长和花芽分化。定植前 10 d 开始锻炼幼苗，前 5 d，白天保持 15～20 ℃，夜间 10～15 ℃；后 5 d 夜温可降至 8～12 ℃。育苗期苗床的水分管理应掌握在苗钵营养土见干见湿的状态，切不可浇水次数和浇水量过多，从而促使幼苗矮壮，叶色深，茎节粗短。

3. 定植及栽培密度　棚内 10 cm 土温达 10 ℃时定植，选择晴天上午定植，蔓生型芸豆每畦定植 2 行，便于插架，行距 50～60 cm，穴距 20～30 cm，每穴 2～3 株。直立型芸豆一般栽在棚内边缘畦块，或与黄瓜隔畦间作，行、穴距 30～33 cm，每穴 3～4 株。定植时按行距开沟，沟深 8～10 cm，然后按照穴距摆放，定植时先开沟浇水，待水渗下后，再覆盖干土，也可先开沟，按照穴距摆苗，覆土后再浇明水。

4. 田间管理

（1）温度调控　定植后 3～5 d 内，密闭温室，不通风换气，使温室内保持白天 20～25 ℃、夜间 15～20 ℃，以利缓苗。当棚内气温超过 32 ℃以上时，中午进行短时间放风，适当降温。缓苗后进行通风，先放顶风，后放侧风。定植后 3～4 d 内及时中耕，使土壤疏松，以利提高地温，促进发根。

（2）中耕松土　无论是暗水栽苗还是明水栽苗，缓苗后均应补浇缓苗水。水量不宜过大，以湿透耕层为宜。5～7 d 后及时中耕松土，以提高土壤的透气性和增加地温。第一次中耕以浅为宜。第二次中耕，蔓生芸豆应在抽蔓之际、中耕前 4～6 d 浇 1 次透水。以后芸豆进入爬蔓期，不宜再进行中耕。第二次中耕时可适当向植株根部培土。中耕的深度，行间株间以 10 cm 左右为好；靠近植株根部，要浅些，以 3～5 cm 为宜。切忌松动植株根基部，中耕时也应将杂草拔除。

（3）插架引蔓　大棚蔓生型芸豆品种，需要插架。一般在抽蔓之前进行。用竹竿做支架，或用尼龙绳和包装绳做支架。选用排架或"人"字架，采用绳做支架时，可顺畦的方向拉铁丝或粗尼龙绳，然后在其上按照穴距绑吊绳，吊绳的下部既可以拴在畦面的绳上，也可直接拴在幼苗的茎蔓上。插好架后，要进行一次人工引蔓，使茎蔓沿逆时针方向缠绕，避免"绞蔓"而妨碍植株的正常生长。

（4）水肥管理　在芸豆坐荚前，一般不浇水，实行多中耕的蹲苗办法，促使幼苗稳健生长。蔓生芸豆较直立芸豆蹲苗时间要长。一般要等到芸豆坐荚后才开始浇水。芸豆坐荚后，植株进入旺盛生长时期，茎叶生长和开花结荚同步进行，进入水肥重点管理时期。结荚初期，一般可每 10～15 d 浇 1 次水，浇水量宜小。结荚盛期，采用轻浇水、勤浇水等方法，以降低地表温度，保持土壤的通透性，避免发生沤根。结合浇水进行追肥，追肥应在蹲苗结束后进行，一般每亩追施尿素 5～10 kg，每隔 10～15 d 追肥 1 次，共追肥 2～3 次。浇水追肥后应加大放风量，减少病害的发生。

5. 采收　采收芸豆嫩荚，过早会影响产量，过晚又会影响品质，因此应掌握好采收时期。一般落花后 10～15 d 为采收适期，盛荚期可 2～3 d 采收 1 次。蔓生芸豆播种到采收需要 60～70 d，而矮生芸豆可比蔓生芸豆提早 10 d 左右。

三、芸豆生产中常出现的问题及防治措施

（一）落花落果

芸豆植株开花数量多，增产潜力大，但如果温度、湿度、光照及土壤盐碱度等环境因素不适宜植株生长，常造成严重的落蕾、落花、落荚现象，结荚率一般只有 20%～30%，最多不超过 40%～50%。

1. 落花、落果的原因

（1）养分不均衡，营养不良　豆类蔬菜开花结荚与营养生长有密切关系。一般植株基部的花序开花结荚比中、上部的花序多，而中部比上部的花序多，花序之间着果有互相制约的倾向。前一花序结荚多时，后一花序结荚常较少。按每个花序来说，基部 1～4 朵花结荚率较高，其余常脱落。这种现象的产生主要是养分不均衡及营养不良等造成的。

从源-库关系分析，田中等通过用叶同化 ^{14}C 后，其叶节下的茎和在该叶节抽出的分枝及花序等得到最多的同化物，从而提出同化叶及其同节的茎叶和花序是一个源-库单位的观点，这枚同化叶是源，同一单位内的茎、分枝和花序是库。在叶生长期间，光合产物的运转率低，叶本身起着库的作用。当叶充分生长，光合产物运转率提高，这时如果叶的上部茎叶正在生长，这些生长中的茎叶便成为主要的库，如果叶位靠近地面，侧根也是重要的库。随着生育进程推进，茎叶不断伸长与生长，特别是当主茎结束伸长，同化叶的叶节处抽出了分枝、花序等器官时，便构成源-库单位。从这个意义上说，芸豆个体是由许多小源-库单位联系一起的。这个源-库关系，因种类不同而异，直立型芸豆开花期叶的光合产物运转到该叶源-库单位，以主茎花序较多；豆荚发育期由于结荚少，库比源小，豆荚发育不能充分利用叶的光合产物，而积累于茎叶中使光合产物的运转呈停滞状态。因此，为提高直立型豆类的产量，应注意改善库的状态。

蔓生型品种与直立型品种不同，在开花期基部叶的光合产物，少数运转到花序，多数运转到该叶源-库单位茎叶上。在豆类发育期，同化叶的光合产物，则多数运转到花序。但由于蔓生型品种的茎叶生长与花序及豆荚的形成同时进

行，都起库的作用，大量光合产物用于茎叶的生长，营养生长与生殖生长对光合产物的竞争加剧，抑制开花结实，造成落花落荚。因此，开花初期的落花落荚，是植株正在迅速进行营养生长，大量的光合产物用于茎叶生长而引起的；中期各花序陆续开花结荚，但光合产物有限，库能超过源能，花荚之间争夺养分，便引起落花落荚；后期源能变弱，但植株继续开花结荚，源能不满足库能的要求，便继续落花落荚。因此，蔓生豆类应不断改进源能，以适应库能的需要，即营养生长适应开花结荚的需要，特别是结荚后，必须保持一定的叶面积和较高的光合效能。

（2）不适宜的环境条件影响开花结荚　环境条件包括温度、光照、湿度、气体等，这里着重讨论温度与光照对开花结实的影响。豆类开花结实对高温的适应，虽因种类而异，但对高温都较敏感。在高温环境中，芸豆花芽发育不良，即使开花时温度适宜，结荚仍较少，这是因为高温环境中花粉发育不良，影响正常授粉，或者花蕾发育不完全，不能正常开花；或者呼吸作用强，光合产物积累少而造成养分不足等原因。各种豆类蔬菜开花结实时，以长日照和强光照较为有利，这是因为长日照不仅有利于光合作用，而且能显著增加根瘤菌数量。

芸豆开花前 3 d，雌蕊开始有受精能力。开花前 1 d 受精能力最强，结荚率达一半以上，受精能力可保持到开花第 2 d，但受精率降低。雌蕊对温度的适应范围比花粉广。据井上试验，在授粉前将植株置于 $10 \sim 45 \, ℃$ 恒温中处理 4 h，再用健全花粉授粉，除 $10 \, ℃$ 和 $45 \, ℃$ 时不能结荚外，在 $15 \sim 40 \, ℃$ 范围内结荚率无太大差别（表 4-3）。但授粉后将植株置于 $10 \sim 45 \, ℃$ 恒温中 4 h，在 $15 \sim 25 \, ℃$ 时结荚表现最好，$30 \sim 40 \, ℃$ 时非常差，$10 \, ℃$ 及 $45 \, ℃$ 时完全不结荚，可见花粉比雌蕊的适温范围小。

芸豆开花结荚期，适宜的空气相对湿度为 $60\% \sim 80\%$，土壤湿度为田间最大持水量的 $60\% \sim 70\%$。湿度对开花结荚的影响与温度密切相关，在较低温度下，湿度对开花结荚的影响小，而高温下则影响非常大。在高温干旱条件下，花粉畸形、早衰或萌发困难。如遇高温高湿，花药不能正常破裂散粉，雌蕊柱头黏液浓度降低，不利于正常授粉和花粉在柱头上的萌发，也会引起落花落荚。

渡边等对花粉萌发与温度、湿度组合关系试验指出，温度在 $20 \sim 25 \, ℃$，相对湿度 $90\% \sim 100\%$ 为花粉萌发和花粉管伸长的适宜条件；温度低于 $10 \, ℃$ 或超过 $32 \, ℃$ 时花粉便失去发芽力。芸豆花粉耐水性很差，在 14% 的蔗糖液中发育良好，在水上放置 5 min 的花粉粒发芽能力很差，放在水中的花粉粒几乎不萌发。夏季连阴雨天，芸豆结荚少与柱头黏液浓度过低、花粉耐水性差有关。

芸豆在土壤湿度大时，生育旺盛，开花数多，但因争夺养分，结荚率不高；相反，在低湿中开花数少，结荚不多，种子少。

表4-3　温度处理后的雌蕊机能

处理温度（℃）	处理时间（月/日）	处理数（个）	结荚数（个）	结荚率（%）
10	8/18	10	0	0
15	8/24	10	6	60.0
20	8/22	10	6	60.0
	8/25	10	7	70.0
25	8/22	10	6	60.0
	8/25	12	7	58.3
30	8/20	10	8	80.0
	8/25	11	7	63.6
35	8/24	10	5	50.0
	8/25	10	6	60.0
40	8/20	10	6	60.0
	8/25	11	5	45.5
45	8/20	10	0	0

2. 防止落花落果的措施

（1）选择适应性广、抗病性强、坐荚率高、丰产的品种。

（2）适期播种，合理密植，充分利用最有利于开花结荚的季节。

（3）提高管理水平，适时打老叶；加强肥水管理，初花期不浇水，第一个花序坐荚后重点浇水施肥。

（4）适时采收，及时防治病虫害。

（5）用15 mg/kg的吲哚乙酸或2 mg/kg的对氯苯酚代乙酸喷洒花序，可减少落花落荚。

（二）芸豆畸形荚

正常荚直或稍弯，具有本品种特有的色泽等性状，而畸形荚形状各异，常见的有弯曲荚、扭曲荚、短荚等，特别是弯曲荚最为常见。

1. 畸形荚的病因　芸豆畸形荚主要是由于环境条件不正常所致，与植株营养状态也有直接关系。一般夜温低于10 ℃易出现弯曲荚，昼夜温差较大或忽高忽低，易产生扭曲荚；白天温度高于30 ℃以上，除引起落花、落荚外，坐荚也多为短荚，每荚的种子数和种子重量降低。肥料不足或过多时，荚果也容易弯曲。

2. 防止畸形荚的措施

（1）选择发芽率高、发芽势强的种子。

（2）适时播种，白天温度要保持在 20～25 ℃；夜间保持在 15 ℃以上，不能低于 10 ℃或忽高忽低；增加光照。

（3）追肥灌水应掌握"苗期少，抽蔓期控，结荚期促"的原则，适时、适量灌水追肥。结荚期可交替喷施磷酸二氢钾 300 倍液和尿素 200 倍液。

（4）进入结荚后期植株衰老时，及时打去植株下次病老黄叶，改善通风透光条件，促进侧枝萌发和潜伏的花芽开花，保证正常结荚。

（5）出现短荚及时采收。

（三）芸豆烂籽和硬籽

芸豆播种后，出现缺苗断垄，此时扒开表土可发现芸豆种子有两种情况：一是种已吸水膨胀，但未露出芽或刚出芽尖就腐烂，俗称烂籽；二是种子在土中如同刚播入一样，硬而光滑，俗称硬籽。

1. 芸豆烂籽和硬籽的原因 烂籽是由于播种过早，土温过低，影响种子萌芽或幼芽生长，出苗慢，种子吸水膨大部位容易出现腐烂。特别是低洼地和地下水位高、土质黏重、排水不好的地块，或播种后遇到寒流侵袭并较长时间低温时，会加重烂籽。另外，种子丧失发芽力或发芽势弱，也易烂籽。如遭受丝核菌、腐霉菌等侵染，烂籽表面生有霉状物，常称之为霉籽。

硬籽是由于种子贮藏时环境过于干燥，使种子发生硬实。芸豆种子含水量为 5.9％时就会有 9％左右的种子发生硬实现象，播后种子不萌动，成为硬籽。

2. 防止芸豆烂籽和硬籽的措施

（1）选择地势平坦、排水良好、土质肥沃的地块种植芸豆。播前要整好地。保护地栽培要提前扣棚烤田，提高土温。

（2）耕层土温稳定在 15 ℃以上时，适时播种。播后地温为 20 ℃有利于出苗。播种要精细，覆土不要过厚，深浅要一致。

（3）种子要精选，播前晾晒 12～24 h。播种时在穴内稍浇些水，随之撒入一点细土，然后点播种子，覆好土。播后至出苗期不灌水，以保持土温和土壤通透性。

（4）苗病重的地块，要用药剂对土壤进行消毒或做好种子处理。

（5）芸豆种子硬实现象与贮藏环境关系密切。在芸豆种子含水量为 6.8％、空气相对湿度为 30％的条件下，不会产生硬籽现象，而且种子能维持最佳生命力。

（6）如贮藏环境过于干燥，发现硬实种子，可放在空气相对湿度为 65％的环境中贮藏一段时间，便可消除硬籽现象。

（7）因烂籽或硬籽造成缺窝断垄时，应及时补苗。补苗应在出苗后第 1 片基叶出现至三出复叶出现前这段时间及时补栽。

（四）中下部空蔓

蔓生芸豆中下部花序很少，无豆荚，开花结荚部位移至茎蔓上部，称之为中下部空蔓现象，严重地影响芸豆早期产量，在春季表现尤为突出。

其主要原因：①结荚前期蹲苗时，肥水不足，特别是氮肥过多，造成营养生长过旺，抑制了生殖生长，由于花序得不到充足的营养，造成大量落花落荚，直到后期茎叶生长到一定程度，营养生长和生殖生长平衡时，才能开花结荚。②开花结荚期长，管理不当，水肥供应不足，病虫危害造成植株生长弱，茎叶纤细，叶片黄而脱落，结荚部位上移。③短日型品种播种过早，在长日照条件下，不能开花结实，直到后期日照缩短时，才能开花结实。

预防措施：适当施肥和蹲苗、适时播种、防治病虫害等。

（五）间歇结荚

正常采收的豆荚，早期产量低，采收盛期产量高，之后产量逐渐下降。如果单位面积产量忽高忽低，采收盛期产量不高或盛花期过后产量大幅度下降，这种现象称为间歇现象。

间歇现象发生的主要原因是肥水供应不足、不均匀或病虫危害。气温过低或长期阴雨，也会对开花授粉造成影响，减少结荚。

预防措施：均衡供水肥、防治病虫害、加强田间管理等措施。

（六）茎蔓脆折

蔓生芸豆在整枝或采摘时，茎蔓易折断，往往影响生长势和产量。这种现象往往是发生在茎蔓内水分充足时，特别是在雨后或浇水的早上。

预防措施：避免在雨后或浇水后的早上进行田间操作。

（七）芸豆脉间黄点叶

芸豆脉间黄点叶在芸豆生长后期出现，使植株生长缓慢，叶片变小，植株中、上部叶片绿色稍淡，叶脉虽仍为绿色，但叶脉呈绿色网状。叶脉间叶肉出现密集排列的黄白色圆形小斑点，后扩大相连成片。严重时，连片呈褐色枯斑，似灼烧状。病株结荚少。

1. 发生原因　缺锰所致，缺锰会出现褪绿黄化症状。

2. 防治措施

（1）土壤黏生、通气不良，或质地轻、通透性良好、有机质少的石灰性土壤易缺锰，应注意施用锰肥。每公顷施用硫酸锰 15～37.5 kg，2～3 年施用 1 次。老水田也易缺少有效锰，稻、菜轮作菜田要注意施锰肥。

（2）增施农家肥。土壤有机质的存在，可使锰还原而增加活性锰含量，保证锰的供应。

（3）土壤水分状况直接影响土壤氧化还原状态，如土壤干旱，锰向氧化状态变化，有效锰降低，导致缺锰。因此，对沙性土壤做好灌水十分重要。

（4）植株出现缺锰症时，叶面喷施 0.2%～0.3%硫酸锰溶液，或 0.2%～0.3%的氯化锰溶液加 0.3%生石灰。

（八）芸豆脉间白化叶

芸豆出现脉间白化叶时，植株矮化，整个叶片叶色淡绿，植株中、下部叶片主脉、侧脉虽保持绿色，但脉间叶肉褪绿，继而发展到脉间白化。严重时叶缘卷曲，下部叶片黄枯，叶缘褐色枯死。植株生长缓慢，结荚减少，而且易于落花、落荚。

1. 发生原因　白化叶是植株缺镁所致。镁是叶绿素的组成成分，并促进碳水化合物的代谢。缺镁叶绿素形成受阻，叶片淡绿甚至褪绿白化。镁在植株体内较易移动。缺镁首先在植株中、下部叶片上表现出症状。酸性土壤或含钙多的碱性土壤容易缺镁。低温，尤其是土温偏低时，根系对镁的吸收受到阻碍。在保护地冬春季生产时，经常出现缺镁症。另外，肥料元素之间的相互作用，也会影响对镁的吸收，施肥时要考虑其影响。

2. 防治措施

（1）增施充分腐熟的农家肥。缺镁地块应注意施用含镁肥料，酸性土壤施用碳酸镁，中性土壤施用硫酸镁。镁肥可与基肥配合施用，要浅施。

（2）注意氮、磷、钾肥合理配合，适量施用。尤其钾肥不能过多，土壤中钾浓度过高将影响到对镁的吸收。另外缺乏磷也会影响到对镁的吸收。

（3）保护地生产，冬春季节要做好增温、保温工作，尤其要提高土温，最低保持在 15 ℃以上。

（4）出现缺镁症状时，叶面及时喷施 0.5%～1%硫酸镁溶液。

（九）芸豆叶脉坏死

芸豆发生叶脉坏死时，植株矮小，生长势弱，叶片主脉变褐坏死，严重时连接主脉的侧脉、支脉也变褐坏死。叶片绿色变淡，呈淡绿色或淡黄绿色，叶片生长不均匀，常自叶尖向叶背面卷曲。严重时，叶脉上也有褐色小斑点或条斑，叶片在高温时略显萎蔫状。

1. 发生原因　叶脉坏死由多种原因引起。芸豆发生病毒病，可使叶片叶脉变褐枯死，但这种叶脉坏死只在田间少数植株上出现，并且病株上可见叶片呈现花叶或疱斑，叶片形状不正，有时叶片扭曲。如果多数植株叶片出现叶脉变褐坏死，则多为铜过剩和锰过剩所致。铜过剩叶脉变褐，且多是在植株顶部叶片出现，而且最初叶背的叶脉变褐，后发展到叶下面叶脉变褐枯死。锰过剩叶脉变褐，多发生在植株中部叶片，颜色为深褐色，有时沿着变褐坏死的叶脉边出现褐色小斑点。

2. 防治措施

（1）增施充分腐熟的农家肥，调节土壤酸碱度。

（2）铜过剩的地块，如面积较小，可采用排土、客土的办法消除过多的铜。

（3）磷浓度增加，可降低铜的浓度。铜过剩时，可适当增施磷肥，减缓铜的毒害。

（4）锰过剩的地块，可多施些磷、镁肥，抑制植株对锰的过量吸收。

（5）雨后及时排除积水，避免土壤过湿，以免土壤中锰处于还原状态，但也不要使土壤过于干旱。

（6）注意钙肥的施用，土壤缺钙易引发锰过剩而发生锰中毒症。

第四节　玉米/芸豆间作模式下种植密度对芸豆产量及品质的影响

如前所述，芸豆既可单作，也可以和其他作物如玉米、高粱、棉花、马铃薯、向日葵等进行间套作。一般认为间套作种植能够通过更有效地利用光能来增加作物产量。由于攀西地区光照充足，矮秆芸豆多被用作与其他作物间套作，以实现光能的有效利用。但间套作种植方式必须建造良好的群体冠层结构，而群体冠层结构很大程度上受作物种植密度的影响，种植密度不仅直接影响着光能的截获量，而且通过影响冠层内水、热、气、肥等微环境最终影响着群体的光合效率，从而影响作物产量和品质。针对攀西地区玉米与芸豆间作种植方式，试验在保证主作玉米种植密度的情况下，研究了不同芸豆种植密度对芸豆群体结构以及产量和品质的影响，以期找出适宜玉米/芸豆间作的芸豆种植密度，进一步完善玉米/芸豆间作种植技术，为生产上推广和应用提供理论依据。

一、材料与方法

（一）试验设计

芸豆品种为矮秆直立型品种"北京小黑芸豆"，玉米品种为"金赛6850"。试验于2010年在西昌学院高原及亚热带作物研究所试验基地进行，试验地海拔高度1 550 m，土壤类型为沙壤土，有机质含量0.372%、全氮0.35%、全磷0.37%、全钾2.40%；速效氮102.65 mg/kg、速效磷3.65 mg/kg、速效钾49.12 mg/kg，土壤pH 6.9，前作蚕豆。

试验采用单因素随机区组设计，玉米种植密度不变，行距40 cm，穴距

47 cm，错窝种植，穴播，每穴两株，地膜覆盖，种植密度 5.25 万株/hm²。设四个不同的芸豆种植密度处理，即处理 A：7.8 万株/hm²（40 cm×32 cm），处理 B：10.0 万株/hm²（40 cm×25 cm），处理 C：12.5 万株/hm²（40 cm×20 cm），处理 D：15.6 万株/hm²（40 cm×16 cm），处理 E：19.2 万株/hm²（40 cm×13 cm），每穴留 2 株，重复 3 次，小区面积 20.8 m²（3.2 m×6.5 m），种植方式为"双间双"，即玉米和芸豆各种植两行，每个小区种植两个种植带，幅宽 0.8/0.8（玉米/芸豆），玉米和芸豆于 4 月 4 日同天播种。

（二）测定内容与方法

1. 田间湿度、温度、CO_2 浓度测定　分别用 HI 99519 环境监测仪、CB-0441 CO_2 气体监控仪〔思爱迪（北京）生态科学仪器有限公司生产〕测定芸豆群体上层、中层、下层（按照植株高度平均分为上中下 3 层）的空气相对湿度、温度和田间 CO_2 浓度。

2. 群体冠层结构指标测定　从出苗后 20 d 开始，每间隔 10 d 测定一次。采用美国生产的 LP-80 型植物冠层结构分析仪测定叶面积指数（LAI）和群体下层的透光率（T）。

3. 产量性状及产量的测定　收获前调查小区芸豆有效株数，成熟后每小区取样 10 穴共 20 株考种，测定单株结荚数、单荚粒数、百粒重。各小区实打实收，统计产量。

4. 品质测定　收获后贮藏 2 个月，每处理随机取籽粒若干，测定籽粒的外观品质（商品率、籽粒均匀度、籽粒密度）和营养品质（粗蛋白含量、淀粉含量和脂肪含量）。

商品率测定方法：商品率（％）＝有商品价值的合格籽粒重/籽粒重

合格籽粒标准：籽粒中破碎粒、极小粒、皱缩粒和虫蛀霉烂粒为无商品价值的不合格籽粒，其余为有商品价值的合格籽粒。

籽粒均匀度测定方法：用籽粒重的极差来表示。选取最大籽粒和最小籽粒各 20 粒，分别称重，重复 3 次。极差＝最大籽粒重－最小籽粒重。

籽粒密度测定方法：选取 100 粒籽粒称重，用排水法测定其体积，重复 3 次。籽粒密度（g/cm³）＝籽粒重量/籽粒体积。

粗蛋白含量用 UDK152 全自动凯氏定氮仪测定，淀粉含量用旋光法测定，脂肪含量用上海新嘉电子有限公司生产的 SZF-06G 脂肪测定仪测定。

二、结果与分析

（一）种植密度对芸豆群体田间小气候的影响

1. 芸豆群体冠层内湿度变化　在芸豆中后期测得群体冠层内空气相对湿

度随种植密度的增大而逐渐升高，表 4-4 数据为芸豆鼓粒期（6 月 27 日）冠层内空气相对湿度变化，处理 A、B、C、D、E 的平均湿度分别为 44.7%、45.3%、45.7%、47.7%、50.1%，前 3 种密度之间湿度变化不明显，当密度增加到 15.6 万株/hm² 时，群体湿度变化值增大，处理 D 与处理 C 之间相差 2.0%，处理 E 与处理 D 之间相差 2.4%。这表明随着种植密度的增加，一方面群体总蒸腾量增加，另一方面植株间空气流动变慢，水汽不易扩散，导致群体空气相对湿度增加，而且密度增加到一定范围时对其影响程度骤然加大。

从群体垂直方向空气相对湿度变化来看，群体从上层到下层空气相对湿度逐渐升高，并随密度的增加变化程度增大，处理 A、B、C、D、E 之间其上层与下层之差分别为 1%、1.5%、1.2%、3.4%、4.4%。由此可见，当种植密度超过 15.6 万株/hm² 后，群体结构空气相对湿度较高，中下层通风状况变差。

表 4-4　不同种植密度芸豆鼓粒期群体冠层内田间小气候变化

处理	空气相对湿度（%）				温度（℃）				CO_2 浓度（μmol/mol）			
	上层	中层	下层	平均值	上层	中层	下层	平均值	上层	中层	下层	平均值
A	44.2	44.7	45.2	44.7c	25.7	26.4	25.8	25.97a	332.0	336.6	336.0	334.9b
B	44.6	45.3	46.1	45.3c	25.7	25.8	25.7	25.73a	331.0	334.1	342.2	335.8a
C	45.1	45.8	46.3	45.7c	25.5	25.6	25.3	25.47a	328.4	330.4	340.0	332.9b
D	45.9	47.8	49.3	47.7b	25.1	25.4	24.9	25.13a	325.4	332.5	341.8	333.2b
E	48.1	49.7	52.5	50.1a	24.5	25.2	24.7	24.80b	321.8	338.6	346.9	335.8a

注：表中数据为 3 次重复平均值，纵列不同小写字母分别表示差异为 0.05 显著水平。

2. 芸豆群体冠层内温度的变化　芸豆鼓粒期群体冠层内温度随密度的增大而下降，密度大致每增加 1 万株/hm²，群体内平均温度下降 0.1 ℃（表 4-4）。处理 A、B、C、D、E 芸豆群体冠层内平均温度分别为 25.97 ℃、25.73 ℃、25.47 ℃、25.13 ℃、24.80 ℃，温度的变化主要原因是较密的群体使太阳辐射受到更多的削弱，农田的热量交换也受到阻碍，使得群体内部气温降低。

从群体垂直方向温度变化来看，群体不同冠层温度差异较小，但同一密度处理群体中层的温度较高，上层和下层相对较低，这也与芸豆群体结构性状相适应，中层由于叶片、花荚较密集，吸收太阳辐射较多，光合生理较强，但热交换量相对较小，因此中层温度相对较高。

3. 芸豆群体冠层内 CO_2 浓度变化　芸豆鼓粒期群体冠层上层 CO_2 浓度随密度增大而减小，而下层 CO_2 浓度呈升高的趋势，中层则表现为处理 C<处理 D<处理 B<处理 A<处理 E。处理 C 和处理 D 的群体 CO_2 浓度变化相对平稳（表 4-4）。说明 12.5 万株/hm² 和 15.6 万株/hm² 密度处理可以使群体

CO₂ 扩散均匀，有利于群体光合作用。

群体田间 CO_2 浓度在垂直方向都表现为从上层到下层逐渐升高，分析其原因主要是中上层叶片集中，造成下层通风透光条件变差，土壤呼吸产生的 CO_2 不能扩散，而上层和中层叶片光合作用消耗 CO_2，使得上层和中层 CO_2 浓度下降。

（二）种植密度对芸豆叶面积指数（LAI）的影响

芸豆整个生育期 LAI 消长动态呈单峰曲线变化（图 4-6）。就一种密度而言，在生育前期 LAI 随生育进程而逐渐增大，到达最高值后，又随着芸豆生育进程逐渐降低。在苗期各处理的 LAI 相近，随后差异开始逐渐增大，到花莢期各处理的 LAI 达到最大值，差异也明显加大。不同种植密度其 LAI 变化不同，总的趋势是随着种植密度的增加 LAI 增大，而且密度越大，前期 LAI 增加的速度越快，峰值也越高，但高值期持续时间也越短，LAI 下降的速度快。从图中可以看出，处理 E 的 LAI 增长速度最快，峰值出现在开花盛期（6 月 17 日），出现最早且峰值最大（6.91），但高值期持续时间较短，下降速度最快，20 d 后下降了 3.86。处理 A 的 LAI 增长幅度最小，峰值最低（4.31），但高值期持续时间较长，20 d 后仅下降了 0.77。说明密度过大，个体数量增多，封垄早，由于群体过大，叶片相互遮蔽，田间小气候状态变劣，中下部叶片光合效率低，植株叶片提早枯黄脱落，造成后期叶面积指数迅速下降，对后期有效莢形成和籽粒充实有很大影响。密度过小，个体数量较少，封垄晚，群体总光合面积小，后期下层叶片光照充足，衰老慢，有利于个体产量的增加。处理 D、处理 C 和 B 的 LAI 变化趋于平缓，下降陡度小，峰值均出现在鼓粒期，分别为 6.39、5.78、4.76，相应成熟期时的 LAI 分别为

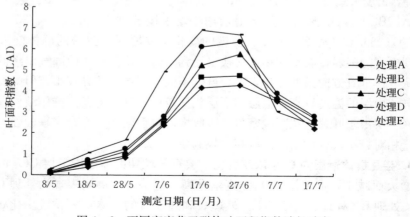

图 4-6　不同密度芸豆群体叶面积指数消长动态

2.83、2.77、2.54，处理 D 的叶面积指数变化最为平稳，说明处理 D 的群体结构更为合理，叶层对光的利用率较高，叶片的功能期长，有利于干物质的积累。

（三）种植密度对芸豆群体冠层内光能分布的影响

群体内光能分布是影响叶片光合作用和物质生长效率的重要因素，光能分布表现在群体各层对光的截获量即各层的透光率（T）上。测得芸豆开花期至成熟期不同种植密度群体下层的透光率（图 4-7）。不同种植密度处理，其下层的透光率（T）随密度的增大而减小。同一种密度处理，下层透光率最小值都出现在 LAI 最高峰值上，除处理 E 在芸豆盛花期（6 月 17 日）外，其他处理均在鼓粒期（6 月 27 日），此时期处理 A、B、C、D、E 下层的透光率（T）分别为 17.2%、15.7%、11.7%、8.1%、4.9%。研究结果表明，芸豆光补偿点的光强为 2 500 lx，考虑到补偿夜间的消耗，取 2 倍于光补偿点的光强，即 5 000 lx，自然光强平均以 70 000 lx 计，可以大致估算出群体透光率必须要大于 7.14% 才能满足叶片光合作用对光照的要求。本试验密度设置中，12.5 万株/hm² （C） 密度处理，其下层透光率为 11.7%，漏光较多，而 19.2 万株/hm² （E） 密度处理，下层透光率显著下降，仅有 4.9%，造成群体下层光照强度严重不足，呼吸作用大于光合作用。可见，15.6 万株/hm² （D） 密度处理群体内光能分布较为合理。

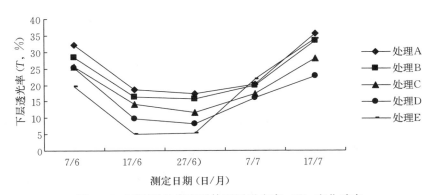

图 4-7　不同种植密度群体下层透光率（T）变化动态

（四）种植密度对芸豆产量及其构成的影响

不同种植密度下芸豆产量性状及产量的变化见表 4-5。方差分析结果表明，处理间单株荚数（$F=10.34 > F_{0.01}$）和百粒重（$F=9.85 > F_{0.01}$）差异极显著，单株荚数和百粒重均随密度的增加而减小，密度超过 15.6 万株/hm²

时，表现为单株花荚脱落增多，有效荚数减少，粒重变轻，单株产量变小。各处理间单荚粒数变化不大，差异不显著（$F=3.81 < F_{0.05}$），这说明单荚粒数性状主要受品种遗传特性决定，比较稳定，种植密度主要影响芸豆单株结荚数和粒重。

从表中可以看出，芸豆群体产量的高低并不取决于单株产量的高低，随着密度增大，产量构成因素被削弱，单株产量降低，而群体产量可以通过较大的密度而得以补偿和提高，但过高的密度无法补偿个体产量的损失，反而导致群体产量下降。在本试验条件下，种植密度由 7.8 万株/hm² 不断增加时，群体产量不断提高，到 15.6 万株/hm² 左右达到最高，以后随着密度的增加，产量则迅速下降，各处理产量差异达极显著水平（$F=46.46 > F_{0.01}$）。这说明低种植密度有利于单株个体的生长发育。但是芸豆在群体栽培条件下，由于群体种植密度不同，个体所占营养面积和生育环境亦不同，植株和器官生长存在着差异，一般来说，产量的构成因素很难同步增长，往往彼此之间存在着负相关关系。

表 4-5　不同密度下芸豆产量性状及产量变化

密度 （万株/hm²）	单株荚数 （个）	单荚粒数 （粒）	百粒重 （g）	单株产量 （g）	实际产量 （kg/hm²）
7.8	17.12aA	5.28	20.36aA	18.40aA	706.33cC
10.0	15.19abA	5.23	20.08aAB	15.95bAB	775.51bB
12.5	14.92bcAB	5.18	19.13aB	14.78bB	917.22aA
15.6	13.64cB	5.33	16.41bC	11.93cC	921.65aA
19.2	9.81dC	5.27	13.92cD	7.20dD	696.87cC

注：表中数据为 3 次重复平均值，纵列不同大小写字母分别表示差异为 0.01 和 0.05 显著水平。

（五）不同种植密度对芸豆籽粒品质的影响

1. 对籽粒外观品质的影响　不同种植密度下芸豆籽粒外观品质变化见表 4-6。分析结果表明，各处理间籽粒商品率差异达极显著水平（$F=16.12 > F_{0.01}$），商品率随着种植密度的增加而降低。种植密度达到 19.2 万株/hm² 时，籽粒商品率大幅度下降，仅为 67.34%。在不合格籽粒中，秕粒对外观品质影响最大，其次是霉烂粒。这主要是因为在高密度条件下，光合产物增加了对支持结构（茎、叶和叶柄）的生物量分配，降低了繁殖器官的生物量分配，导致籽粒充实不充分，成熟度降低，同时，过大的种植密度造成植株间相互遮阴或倒伏，田间通风透光性不良，湿度较大，发霉粒所占比例增大。

数据分析结果还表明，各处理间芸豆籽粒密度差异显著（$F=4.80>F_{0.05}$），籽粒密度随种植密度的增加而降低，各处理间芸豆粒重极差差异不显著（$F=3.61<F_{0.05}$），籽粒均匀度随遮光强度的增加呈递减的趋势，籽粒重量整体下降。这也是由于随着种植密度的增加，植株群体通风透光性变差，使得籽粒获得的营养物质有限而致。

表4-6 不同种植密度籽粒外观品质的变化

密度 （万株/hm²）	商品率 （%）	秕粒率 （%）	霉烂粒率 （%）	籽粒密度 （g/cm³）	粒重极差 （g）
7.8	93.26aA	2.04dC	1.29dC	1.24aA	0.13
10.0	91.32aA	5.93cC	1.68cdC	1.27aA	0.15
12.5	90.87aA	6.01cC	1.80cC	1.27aA	0.14
15.6	81.72bB	11.34bB	3.82bB	1.15bcA	0.14
19.2	67.34cC	22.70aA	6.78aA	1.08cA	0.11

注：表中数据为3次重复平均值，纵列不同大小写字母分别表示差异为0.01和0.05显著水平。

2. 对籽粒营养品质的影响 不同种植密度下芸豆籽粒淀粉、脂肪和粗蛋白含量变化见表4-7，方差分析结果表明，处理间籽粒淀粉含量差异显著（$F=6.90>F_{0.05}$），以淀粉含量（y），种植密度（x）拟合回归方程为：$\hat{y}=51.2391-0.2753x$（$r=0.9610^*$）。籽粒淀粉含量与种植密度呈极显著负相关，籽粒淀粉含量随种植密度的增加而递减，密度每增加1万株/hm²，淀粉含量减少0.2753%。在本试验条件下，籽粒淀粉含量的最高值为51.2391%。处理间籽粒脂肪的含量差异显著（$F=5.03>F_{0.05}$），以脂肪含量（y），种植密度（x）拟合回归方程为：$\hat{y}=2.2343-0.0637x$（$r=0.9790^*$）。籽粒脂肪含量与种植密度呈极显著负相关，籽粒淀粉含量随种植密度的增加而递减，密度每增加1万株/hm²，淀粉含量减少0.0637%。在本试验条件下，籽粒脂肪含量的极限值为2.2343%。处理间籽粒粗蛋白含量差异极显著（$F=14.12>F_{0.01}$），以蛋白含量（y），种植密度（x）拟合回归方程为：$\hat{y}=15.1977+0.2924x$（$r=0.9267^{**}$）。芸豆籽粒粗蛋白含量与种植密度呈显著正相关，籽粒粗蛋白含量随着种植密度的增加而呈增加的趋势，密度每增加1万株/hm²，蛋白含量增加0.2924%。在本试验条件下，粗蛋白含量的极限值为15.1977%。

表 4-7 不同种植密度籽粒营养品质的变化

密度（万株/hm²）	淀粉含量（%）	脂肪含量（%）	粗蛋白含量（%）
7.8	49.424aA	1.733aA	17.938dC
10.0	48.037abA	1.663aA	17.975cdC
12.5	47.634bA	1.342bA	18.659cbBC
15.6	47.343bA	1.266bA	19.041bBA
19.2	45.834cA	1.021cA	21.412aA

注：表中数据为 3 次重复平均值，纵列不同大小写字母分别表示差异为 0.01 和 0.05 显著水平。

三、结论与讨论

玉米/芸豆间作是一种豆科作物与禾本科作物间作模式，由于豆科与禾本科间作时，能增大光截获量，改善田间小气候，且体系存在共生固氮和氮转移等优点，具有产量高、效益好的特点，因此成为生产上主要推广的间套作模式。合理的群体结构可以通过合理的农业技术措施，使单位土地面积内有合理的密度、光合面积、空间分布等，使作物群体能充分利用光能、热能、地力等自然资源，最终实现高产、稳产、优质、低消耗的目的。确定适宜的种植密度是调节芸豆群体结构的重要手段和措施，种植密度的改变，会引起群体内的田间小气候如光、温、湿、气等条件发生变化，这种群体内环境的变化，影响着各个个体的生长发育和产量，同时又影响着群体的发展和产量。低密度种植虽然有利于个体生长环境的改善和单株生产力的充分发挥，但群体产量的构成必须综合考察个体生产力与个体数量的关系。在一定种植密度范围内，作物群体产量随密度的增加而增加，超过一定范围，作物就会由增产向减产方向转化。因此，在玉米、芸豆间作种植方式中，除了配置合理的玉米种植密度外，还应该合理安排芸豆种植密度，除保证主作玉米正常生长发育外，还得使芸豆在生长过程中有良好的通风透光条件，以利于芸豆花荚的形成和籽粒的充实，获得最高群体产量。

芸豆作为攀西地区出口创汇主要农产品之一，品质对它在国际市场上的竞争力有重要作用，因此，在生产上应注重品质和产量并重。试验结果表明，种植密度对芸豆籽粒的外观品质影响较大，较大的种植密度对芸豆籽粒外观品质会产生不利影响，特别是对籽粒的商品率影响较大，随着种植密度的增大，籽粒外观品质变劣程度加剧。同时，种植密度对芸豆籽粒营养品质也有较大影响，随着种植密度的增大，籽粒淀粉、脂肪含量显著降低，而粗蛋白质含量则极显著增加。由于芸豆产量和品质差异是由复杂的生理生化过程引起的，这些过程每一个内部因素都受到一个或一组基因控制，环境条件、栽培措施对其表达有不同的影响。因此，芸豆种植最适宜密度还应根据当地气候条件、土壤肥力、品种特性、管理水平等因素进行调整。

第五节　芸豆花荚期不同层次叶片对产量的贡献

叶片是进行光合作用的主要器官，在芸豆花荚期去除植物部分叶片，以模拟外界环境如病虫害、冰雹及牲畜践踏等引起的叶面积损失，或为达到田间通风透光人为去除部分叶片，研究其对产量的影响，借以阐明芸豆不同层次叶片对产量的贡献。

一、材料与方法

（一）试验材料与设计

试验材料为矮生型品种"会东红腰子豆"（G0438），试验地点西昌学院作物生产实训基地，海拔高度 1 560 m，土壤黏性适中，肥力均匀，pH 6.0，前作蚕豆。4 月 12 日分小区挖穴点播，行距 0.45 m，株距 0.4 m，5 月 3 日定苗，每穴定苗 2 株，7 月 8 日收获。

试验设 9 个处理，3 次重复，27 个小区，小区面积 14.4 m²，随机区组排列。试验将植株叶片按着生位置分为上、中、下三层，每层各占 1/3。各处理分别为初花期（播种后 41 d）去除植株上层叶片；初花期去除植株中层叶片；初花期去除植株下层叶片；初花期去除整株叶片；始荚期（播种后 49 d）去除植株上层叶片，始荚期去除植株中层叶片；始荚期去除植株下层叶片；始荚期去除整株叶片；以不去叶为对照。始荚期去叶时摘除幼尖（2 cm 左右），以阻止顶端生长。

（二）测定项目

从去叶处理第 2 天开始，每间隔 4 d 用 CI－310 型便携式光合测定仪（美国 CID 公司生产）于晴天上午 9～11 时测定各处理叶片的光合速率，并用 CCM－200 型活体叶绿素测量仪（美国 CID 公司生产）测定相同部位叶片的叶绿素含量，每个处理测量叶片 20 片，求其平均值，再将去叶后两层叶片测定数据的平均值与对照相应两层测定数据的平均值作比较，连续测量 5 次。成熟时每小区取样 15 株考种，测定植株形状特征、产量及其构成。

二、结果与分析

（一）去叶对芸豆植株特性的影响

芸豆花荚期去叶会造成单株荚数和粒数减少，程度顺次为初花期去全叶＞

去上层叶＞去中层叶＞去下层叶（表4-8），此期是植株花、荚形成及生长最旺盛时期，去除叶片，特别是上中层叶片，使植株花荚发育受阻，空花秕荚率增大。始荚期去全叶＞去中层叶＞去上层叶＞去下层叶，此期花荚已基本形成，但需要有足够的营养物质保证花荚的正常生长，此时去叶会造成植株光合能力下降，光合产物减少，出现大量落花落果，尤其是去中上层叶片表现得更为突出。

表4-8　去叶对芸豆特性和干物质分配的影响

处理		对照	初花期去叶				始荚期去叶			
			去上层叶	去中层叶	去下层叶	去全叶	去上层叶	去中层叶	去下层叶	去全叶
植株特性	株高	37.1	36.6	38.4	39.9	36.1	40.3	37.7	44.2	41.0
	分枝数	7.0	6.7	5.5	6.2	7.4	7.1	6.3	6.4	7.2
	单株荚数	10.5	5.6	6.8	8.9	3.1	7.7	6.0	8.4	5.5
	单株粒数	20.9	11.4	12.3	15.2	2.3	12.1	9.0	16.2	4.6
	百粒重（g）	48.4	47.6	45.1	50.1	24.9	44.6	43.9	49.6	39.4
干物质重量（g/株）	单株干物重	17.58	9.90	9.61	13.43	5.50	10.67	8.48	14.71	4.10
	根茎叶	3.66 (20.82)	2.07 (20.91)	2.02 (21.02)	3.02 (22.49)	2.85 (51.82)	3.15 (29.52)	3.45 (40.68)	3.62 (24.61)	1.56 (38.05)
	荚壳	3.33 (18.94)	1.92 (19.39)	1.94 (20.19)	1.64 (19.65)	0.75 (13.64)	2.03 (19.03)	1.83 (21.58)	2.81 (19.10)	0.73 (17.80)
	籽粒	10.59 (60.24)	5.91 (59.70)	5.65 (58.79)	7.77 (57.86)	1.90 (34.54)	5.49 (51.45)	3.20 (37.74)	8.28 (56.29)	1.81 (44.15)
单株籽粒产量较ck±（%）		/	-44.2 **	-46.6 **	-26.6 **	-68.7 **	-48.2 **	-69.8 **	-21.8 **	-82.9 **

注：表中数字为各处理45株平均值，括号内数字表示该器官占单株总干物质重量百分比。**表示差异显著性达0.01%水平。

除了去除全叶处理外，其他处理百粒重变幅不大，初花期和始荚期去下层叶，粒重还有所增大。这表明去叶在一定程度上能缓解植株营养生长和生殖生长对能量和养分的争夺，使光合产物更多地向繁殖器官方向分配，以保证生殖生长对养分的需求。去叶后，植株的高度和分枝数部分增加，通过对植株各部分干物质重量分析，去叶使芸豆单株干物质和繁殖器官（籽粒和荚壳）比值降低，初花期去叶降低顺次为去全叶＞去上层叶＞去中层叶＞去下层叶；始荚期去叶降低顺次为去全叶或去中层叶＞去上层叶＞去下层叶，但去叶使干物质分配到营养器官（根、茎、叶）比值增大，这是为了提高光合速率（补偿）所必要的。

（二）不同层次叶片对芸豆籽粒产量的贡献

试验结果表明，不同时期芸豆不同层次叶片对单株籽粒产量的贡献不同，初花期去中层叶片单株产量比对照下降 46.6%，去上层叶片单株产量下降 44.2%，去下层叶片单株产量下降 26.6%。始荚期去中层叶片单株产量比对照下降 69.8%，去上层叶片单株产量下降 48.2%，去下层叶片单株产量下降 21.8%，各处理均与对照达极显著差异。以上结果表明，芸豆花荚期，以中层叶片对产量贡献最大，上层叶次之，下层叶再次之。通过对其产量构成因素分析，单株荚果数、粒数是对去叶较敏感的产量构成因素，与产量呈极显著的正相关，其相关系数 r 分别为 0.904 5、0.978 9。百粒重对产量影响较小，究其原因，除剩余叶片的光合补偿作用和光合产物偏重繁殖器官分配外，茎秆和荚壳对籽粒充实也起着重要作用。

初花期去全叶产量减少 68.7%，由于有新叶发生，使 30% 左右的产量得以补偿，始荚期去全叶减产 82.9%，由于去除了幼尖，新叶没有产生，因此该 17.1% 的产量完全由茎秆和荚壳所提供。存留叶片的补偿作用不能完全弥补去叶的损失，因此去叶总是导致产量降低，去全叶的籽粒产量减少 80% 左右，这种降低主要是由荚数和籽粒数减少引起的。

试验中还可以看出，两个去叶时期相比，以始荚期去叶对产量的影响较大，特别是去除中层叶片影响最大，因此在栽培上，维持此期叶片功能对提高芸豆产量具有重要意义。

（三）不同层次叶片的光合生产力变化

芸豆不同生长期，不同层次叶片光合速率不同，试验结果表明，未去叶处理，初花期上层叶＞下层叶＞中层叶，三层次叶片光合速率分别为 4.70 $\mu mol/(m^2 \cdot s)$、3.78 $\mu mol/(m^2 \cdot s)$、2.77 $\mu mol/(m^2 \cdot s)$，该层次间差异和当时上层处于营养及生殖生长旺盛代谢进程相一致。始荚期中层叶＞上层叶＞下层叶，三者分别为 5.14 $\mu mol/(m^2 \cdot s)$、4.53 $\mu mol/(m^2 \cdot s)$、2.60 $\mu mol/(m^2 \cdot s)$，该差异也和当时代谢进程相一致，始荚期植株中层着生荚果，并有大量花蕾开放，因此中层叶片代谢旺盛。去叶后，留下的叶片光合速率均有不同程度提高，意味着存在光合补偿作用。但不同时期及不同层次叶片补偿程度不一样，初花期去上层叶光合补偿作用＞去中层叶光合补偿作用＞去下层叶光合补偿作用；始荚期去中层叶光合补偿作用＞去上层叶光合补偿作用＞去下层叶光合补偿作用。

芸豆花荚期叶绿素含量测定结果表明，芸豆不同层次叶片对产量的贡献及光合速率与其叶绿素含量差异有关，始荚期中层叶片（60.8 CCI unit）＞上层叶片（55.1 CCI unit）＞下层叶片（40.4 CCI unit）。去叶后，各层次叶片叶绿素含量变化很小，说明去叶后叶片光合补偿作用可能与叶绿素含量变化关系不大。

三、结论

1. 初花期和始荚期相比，后者与产量的关系更为密切，始荚期中层叶片对产量贡献最大，其次是上层叶，再其次是下层叶。不同层次叶片对产量贡献的差异与各层叶片光合速率相关。

2. 存留叶片可以部分补偿去叶引起的损失，光合作用加强，这种补偿作用在不同层次叶片间表现不一样。

3. 存留叶片的补偿作用不能完全弥补去叶的损失，因此去叶总是导致产量降低，去全叶的籽粒产量减少 80％左右，这种降低主要是由荚数和籽粒数减少引起的。

4. 去叶后，叶绿素含量变化不大，不表现出补偿作用。

第五章　攀西地区芸豆逆境生理研究

作物生产的目的是为了获得高产值的农产品，以满足人类生存的需要。作物生产是在了解和掌握作物生长发育、产量和品质形成规律及其与环境关系的基础上，通过田间栽培管理为作物创造可以进行良好生长发育的环境条件。然而在世界范围内，由于各地环境因素复杂，生态条件各异，且气候呈周期性变化，使得作物在生长发育过程中始终受气候、生物、土壤等环境条件的影响。同野生植物相比，人类广泛栽培的作物经人工选择后，对人类的依赖性增强，已不能适应自然界的各种环境胁迫，栽培作物的逆境胁迫问题被越来越多的学者所关注。

我国人口众多，土地和水等资源有限，农业环境问题日趋突出，各种环境胁迫制约着农业可持续发展，作物生产所面临的逆境问题越来越多。作物在生产中经常会遇到生物逆境和非生物逆境，影响作物生长发育和产量、品质形成，甚至造成作物死亡绝产。生物胁迫主要来自病、虫、草、鼠等，其对作物的栽培生产管理和商品品质的影响很大，筛选具有稳定抗性的作物种质资源，发掘并利用优异的抗病基因，改良作物抗病性，是提高作物生产经济效益的最有效途径。非生物环境因素包括温度、光照强度、水分、矿物质、CO_2 等，是作物生长发育的基础，作物不受任何保护地持续暴露于各种环境因素下，很难摆脱非生物因素的影响，某一非生物因素引起的胁迫往往会改变作物代谢，从而对其生长、发育和繁殖产生负面效应，如果胁迫变得严重或持续很长时间，会形成细胞难以承受的代谢负荷，延缓生长发育，甚至造成植株死亡。因此，认识和掌握作物逆境原理、作物对逆境的反应机制，培育抗逆、耐逆、对环境适应性广的品种，研究合理适宜的抗逆措施具有重要的理论意义和实践价值。

第一节　攀西地区作物逆境及抗逆途径

作物逆境和抗逆性是极为复杂的科学。作物对逆境的适应机理和逆境对作物的伤害机理是多方面的。本节主要根据近年来国内外作物抗逆性研究，结合攀西地区作物自然灾害现状，就有关逆境的类型、机制和提高作物抗逆性的措施等方面进行一些讨论。

一、作物逆境及抗逆性

作物生产是一个开放系统，不断地与外界环境进行着物质、能量和信息的交流。与此同时，作物也受到各种环境因子的影响。只有在它已适应的环境条件下，才能进行正常的生长发育。由此可见，决定作物生存的条件应该有两大因素：遗传潜力和外界环境。前者控制着作物内部代谢过程及状态，后者控制着生长发育强度和方向。

$$\left.\begin{matrix}遗传潜力 \\ 外界环境\end{matrix}\right\}内部代谢过程和条件 \to 生长发育$$

作物环境由许多生态因子组成，其中包括物理、化学、生物和地形因子等（图5-1），这些因子相互制约，相互补偿，综合地对作物产生作用。这些因子都有一个最高、最低和最适的范围，在最适范围内，作物生长发育最好，高于或低于最适范围，对其生长发育都不利，轻则产生一定的抑制作用，重则导致作物死亡。

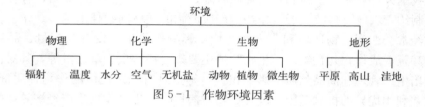

图 5-1 作物环境因素

（一）作物逆境成因

所谓逆境，即凡在自然环境中作物所需的上述环境因子发生亏缺或超越作物所需的正常水平，并对作物生长发育产生伤害效应的环境因子，都称之为逆境（adversity）。限制作物生产力或导致生物产量减少的环境因素，都称为胁迫（stress）。

攀西地区地域辽阔，环境条件极为复杂，自然变异强烈，逆境伤害时有发生，发生原因多种多样，概括起来有以下几种类型：①因气候恶劣而造成的逆境。如冬春干旱，小春作物成熟期高温高热，早春低温冷冻，大春作物生育期相对低温以及冰雹、泥石流等。②因地理位置和海拔高度造成的逆境。如土地瘠薄，坡陡，下湿黏重，盐分过多或不足，海拔过高等。③病害、虫害、杂草等生物因素所造成的逆境。④因天然或人为产生的有害物质所造成的逆境。如工业的"三废"污染，化肥和农药施用不当，以及大气、水域和土壤污染等。⑤由于某些或某种矿质元素的亏缺所造成的逆境。

上述众多逆境并非孤立存在，而是相互联系。如攀西地区往往是高温与干旱伴随发生，涝害和低温同时发生，而山地土薄坡陡与低温、缺肥、水土流失等相遇，因而使防治灾害的难度加大。防治对策多采用综合治理。

尽管成灾原因多种多样，但大致可以归为两大类：生物胁迫和非生物胁迫。生物胁迫包括感染（如病虫）、生物竞争、人为破坏等。非生物胁迫如低温、高温伤害，干旱和水涝等，以及化学胁迫造成的盐碱、杀虫剂和杀菌剂污染等（图 5-2）。

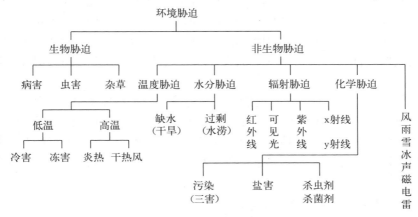

图 5-2　作物胁迫种类

虽然暂时还无法消除作物遭受到的所有逆境侵袭，但有可能减轻上述危害或减轻受胁迫的程度。当胁迫程度较小时，解除胁迫后能恢复原状，但当胁迫较大时，解除胁迫后也不能恢复原状。如果胁迫加剧且时间延长，则会导致作物死亡。

（二）作物抗逆性

作物采用各种不同方式抵抗各种胁迫的能力，称为抗逆性（stress resistance），简称抗性。作物自身对逆境又有适应性，这种适应既是自然选择的结果，又是长期人工选择的结果。作物的抗逆性主要有两个方面。

1. 避逆性（stress resistance）　即对胁迫的避性。作物通过各种方式抗拒逆境对组织施加的影响，从而无须在能量或代谢上对逆境产生相应的反应。例如，通过最佳播期的选择，使攀西地区小麦避开 1～2 月低温冻害和灌浆后期干热风危害。又如小麦遭受低温危害，体细胞含水量下降，细胞液由溶胶变成凝胶，冰点降低，以避免低温胁迫的伤害作用；在高温时，作物蒸腾作用旺盛，迅速降低体温，从而避免高温胁迫的伤害。

2. 耐逆性（stress tolerance）　即对胁迫的耐性。作物尽管遭受到一定的胁迫，但可以全部或部分地忍受，而不致或只引起较小的伤害。耐性是通过与胁迫达到平衡而不受严重伤害的能力。例如，有的作物在极度干旱环境中仍能生存，一旦水分供应充足，即可旺盛生长；又如有的作物可以在极度微弱的光照下生存，忍耐这种弱光的胁迫。

应当指出，这两种抗性方式并非截然不同，一般抗性是两种抗性方式的混称。从生物进化论观点考虑，作物的耐逆性是一种比较原始的适应性，而避逆性是相对进化的。

作物之所以能产生抗逆性，实际上是作物对不良环境适应的结果。当某种胁迫施加到作物上时，作物即产生反应，如干旱时气孔关闭，高温时蒸腾加强等。同时作物还能够通过主动代谢消耗能量来补偿这种反应。例如，干旱时作物体内蛋白质合成降低，而分解加强，只有当代谢补偿不可逆转时，作物即死亡。

此外，作物具有一定的适应能力，当它遭受一定环境胁迫时，能够用一种或几种方法逐渐减少或阻止胁迫反应的发生。这种适应性可能是稳定的，可以通过若干代进化来增强这种适应性，从而形成作物遗传性；也可能是不稳定的，但可以通过进化来提高。这些机制为人类制定提高作物抗逆性的农艺措施奠定了基础。

（三）提高作物抗逆性的途径

人类自从进入农业社会，就与自然灾害进行长期持续的斗争。其斗争形式有两方面：一方面适度改变环境条件，尽可能减少逆境；另一方面提高作物抗逆性。就后者而言，途径很多，方式各异，但概括起来有长期行为和短期行为两大类（图 5-3）。

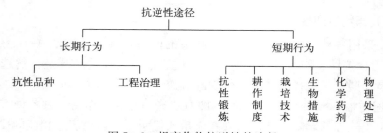

图 5-3　提高作物抗逆性的途径

1. 长期行为　培育抗逆能力强的品种，是提高作物抗逆性的根本途径之一，既经济有效，又不致产生环境污染。无论其他农业技术措施多么有效，都无法代替通过在作物体内创造高度抗逆遗传基因以提高抗逆能力的方法。实践证明，通过杂交育种法、连续选种法、人工诱变和突变筛选以及遗传工程等方法培育具有一定抗逆力的新品种，具有无限广阔的前途。另外，采用工程治理，如开发水源、兴修水利发展灌溉，也是作物人工防旱的重要途径；盐碱地改造，中低产田地的改良等也是从根本上解决作物盐害、元素缺乏的长期措施。

2. 短期行为　除培育抗逆品种和工程治理等以外的措施，即使很有效，也只限于当代或临时有效，这种效应是不能遗传，需要代代进行处理。如对植株、种子、组织进行逆境锻炼；利用化学药剂激素处理；采用适当的耕作栽培措施等。这些措施尽管不能遗传，但简单易行，经济有效，使用得当的情况下可达到事半功倍的效果，是提高作物抗逆性的常用方法。

二、攀西地区作物逆境及防治措施

攀西地区由于地形复杂，垂直气候明显，农业自然灾害随地区、作物种类及品种不同有很大差异。首先，因全年降水量分布不均，全区性冬干春旱对小春作物中后期生长不利，春旱和夏旱又直接影响大春作物的播种和水稻移栽等工作。夏季降水强度大，加之地形地质因素，使有些地区洪涝、泥石流等造成良田淹没，田土、房屋、水利工程、公路交通被冲毁等灾害。秋季阴雨低温常影响大春作物成熟和适时收获以及小春作物的适时播种。大、小春作物生长期内，特别是成熟到收获期间，局部地区的冰雹、大风灾害性天气常造成农业上的重大损失。干旱、洪涝、阴雨低温、冰雹、大风、秋绵雨、下湿黏重、病虫害等是攀西地区主要农业自然逆境。

（一）干旱

从农业气象角度来说，干旱是指农业生产在现有的技术条件下，作物对水分的需求和作物从土壤中所能吸收到的水量之间失去了平衡（供小于求）而使作物生长发育不良，最终导致产量下降的一种水分短缺现象。

在作物整个生长发育过程中，任何时期的干旱都会给作物生育造成不良影响甚至危害。干旱对农作物的危害主要表现在破坏植物的水分平衡，使作物的生长过程不能正常进行，甚至停止生长或死亡，使结实条件变差，导致产量大幅度下降，严重者甚至颗粒无收。

1. 攀西地区干旱的时空分布　因受季风气候影响，干湿季十分明显。干旱从时间分布上看大致分为冬干、春旱、夏旱和伏旱四种。为叙述方便，冬干以四季降水量占年降水量的百分比来衡量；春旱标准：4～5月任意连续15 d降水量≤10.0 mm为偏旱，持续≥25 d为大旱；夏旱、伏旱标准：6～8月任意连续10 d，降水量≤10.0 mm为偏旱，持续≥20 d为大旱。

（1）冬干　从攀西地区四季降水量分布情况看，全区冬季（12月～翌年2月）降水量，平均占年总降水量的1%～5%，有的县有些年份占比为0。从全区角度看，冬干普遍存在。由于此时雨季结束不久，土壤墒情较好，同时也不是处于小春作物的需水敏感期，灾情不甚突出。

（2）春旱 4～5月是全区春播关键时期，全区常因雨季推迟影响水稻移栽和其他作物播种工作。此时也是小春作物乳熟—黄熟期，需水量较多，常因春旱影响小春作物的产量。春旱地区分布情况：攀西地区西部的木里、盐源、盐边和南部的宁南、米易、会理、会东，干旱年出现频率为100%（即年年都是干旱），随着向东北推移，频率逐渐下降，甘洛县是全区春旱最少的县，但其出现频率也达36%，从大旱频率看，西南部各县（盐源、木里、西昌、德昌、普格、宁南、会理、会东）达50%以上，最少的美姑、越西、甘洛等县在10%以下。全区总的趋势：西南部春旱比东北部严重，加之前期的冬干，各旬平均空气相对湿度多在45%以下，米易县3～5月最小相对湿度一般在10%以下。此期太阳辐射强，温度高，风速大，故春旱是影响攀西地区农业产量的主要农业灾害之一。

（3）夏旱 指6月出现的干旱。这时全区各地雨季先后开始，因此干旱不甚严重。出现频率一般都在30%以下，仅雷波县达40%。但米易县从1965—1980年，有13年出现不同程度的夏旱，其频率达81%。大部分县没有大旱年份，仅美姑、金阳、会东县存在大旱年份，仅为4.5%。

（4）伏旱 指7～8月出现的干旱。此时为大多数大春作物需水的敏感期，如果这个时候出现干旱，常使其颗粒不饱满、空壳率升高、千粒重降低，造成农业减产。从出现干旱频率看，攀西地区西部（木里、盐源、盐边、冕宁、喜德、越西）不如东部严重，出现频率均在70%以下，其余各县都在70%以上，其中宁南、美姑、昭觉、金阳、会东县在80%以上。大旱年份一般都在20%以下，仅宁南县达31.8%。此时干旱最严重的是沿金沙江河谷地带（即攀西地区干热河谷地带），由于这些地区水热失衡，使丰富的热量资源无法发挥其应有的优势作用。

冬干春旱是影响攀西地区小春作物产量的主要农业自然灾害，伏旱则是影响大春作物产量的主要农业灾害。从地区分布范围看，前者是全区性的，后者影响范围稍小，但在沿金沙江河谷地区特别严重。

2. 抵御干旱的途径 攀西地区旱季长达200 d左右，尽管光热条件足以供应作物充分生长，但由于缺水使大量土地休闲。区内虽有丰富的水源，但因缺乏必要的水利设施，水利资源利用率仅0.2%。有效灌溉面积45%，保灌面积不足35%，严重制约着本区农业发展。为此，开发攀西地区，水利必须先行，坚持大、中、小型工程结合，蓄、引、提水结合，兴建蓄水骨干工程，以蓄丰补枯，增加供水能力。这将是克服干旱对作物胁迫的主要途径，也是开发利用攀西地区丰富的气候资源关键的一环。

除发展灌溉农业以外，其他人工防旱抗旱措施主要有：

（1）选择适宜品种　根据不同区域干旱类型和强度，引种、选育抗旱作物及抗旱品种。

（2）研究、改进、推广旱地作物耕作栽培制度和方法　原则是尽可能地保存和利用天然降水，减少无益耗水，进行节水栽培。例如耙耱保墒、早间苗定苗、及时除草、使用土壤覆盖等。

（3）抗旱锻炼　包括植株锻炼和播种前种子锻炼。如作物的"蹲苗""烤田""断根"均属于植株锻炼。种子抗旱锻炼是指播种前将种子浸水 2 d，然后风干，如此反复，干干湿湿，而后再播种。

（4）利用化学药剂增强植株抗旱能力　采用 0.25% 氯化钙溶液浸种 20 h，或用 0.05% 的硫酸锌喷洒叶面，都有增强作物抗旱抗热能力的作用。生长延缓剂，如 ABA 和 CCC 等也有明显提高作物抗旱性的作用。抗蒸腾剂，如成膜物质，喷于叶面形成薄膜，以阻止水分散失。反射剂，如高岭土可以提高冠层光能的反射，减少叶面蒸腾。气孔开度抑制剂，如光呼吸抑制剂可以降低气孔开度，减少水分消耗。蓄水保墒物质施于土壤可保持大量水分，减少水分散失。

（5）矿质元素　实践证明，磷钾肥可增强作物抗旱性，如在麦类孕穗前追施磷肥能显著增强其抗旱性。有的地方用磷酸二氢钾预防小麦干热风。另外，硼、铜等微量元素也有助于作物抗旱，如在土壤水分只有 13% 时，播种前施铜的燕麦花粉生活力由 60% 提高到 91%，在水分临界期施铜也有 89% 的花粉保持生活力。

（二）洪涝

洪涝是洪灾和涝灾的通称。洪灾指由于河流泛滥或山洪暴发而冲毁或淹没河流附近的大片田地所造成的灾害；涝灾则是指由于长期雷雨或暴雨后，在地势低洼，地形闭塞的地区，由于雨水不能迅速排泄而造成的农田积水或土壤水分过饱和所造成的灾害。

1. 攀西地区洪涝灾害分布和成因　攀西地区地域辽阔，区内地形起伏，高低悬殊，加之地质原因，经常因较大的降水造成山洪暴发和泥石流等灾害。

全区夏半年（5～10 月）降水量占全年总降水量的 83%～95%，其中冕宁、喜德、西昌、木里、德昌、盐源、宁南、米易、会东、会理、攀枝花等县（市）降水量占全年总降水量的 90% 以上，因此，区内洪涝灾害基本上出现在这段时间内。

据气象部门分析，日雨量 >100.0 mm 的地区较少，主要在南部各县（米易、仁和、会理、西昌、宁南、会东、德昌），越西、雷波县曾在 8 月出现过100.0 mm 以上的日降水量，大暴雨出现时间都在 6～9 月，故这段时间是攀西地区洪涝灾害最为严重的时段。8～9月有一个月以上出现日雨量≥50.0 mm，平均日数在0.3 d或以上的有普格、宁南、米易、会理、会东、西昌、德昌、冕宁、喜德、雷波、越西、昭觉、金阳等县，米易、会理、会东等县，7月出现平均日数最多。因此，6～9月是攀西地区出现洪涝灾害的主要时段，南部各县比北部各县发生严重。

综上所述，5～10月是攀西地区产生洪涝灾害的关键时期，而6～9月则是出现洪涝灾害的主要时段。从地区分布来看，南部各县比北部各县灾害严重而且持续时间长。由于暴雨天气常因地质、地理、地貌以及生态环境等原因，诱发泥石流灾害。同时，暴雨雨滴大，下降速度快，会形成地面径流，冲刷土壤，破坏土壤团粒结构，造成土壤板结，肥力下降。

2. 抵御洪涝的措施　攀西地区暴雨天气常因地理、地质、地貌以及生态环境等原因，诱发泥石流灾害，故防止或减少洪涝灾害应采用综合治理措施。从长远发展来看，应从大农业观点出发，调整好内部生产结构，以保持生态平衡，有计划地为防止土壤流失兴建防治工程。

防治水涝可以从提高作物抗涝和防涝、治涝两方面入手。

（1）提高作物抗涝性的途径　①增施矿质肥。从理论上讲，水涝通过缺氧和淋溶而造成某些矿质元素亏缺，因此，施入矿质肥料可以预防和补偿上述损失。田间试验也证实这是一种有效的措施。②培育抗涝品种。利用常规育种、遗传工程等方法培育抗涝品种是有效的途径之一。③采用防涝种植方式，如高垄种植，既提高地温，又保墒保苗，排水解涝；台田栽培，即在一定面积上，四周开沟排水，作高畦，作物以带状种植于高畦上，既避免地段积水，也通风透光。

（2）防涝、治涝　在攀西地区防涝的根本措施是封山造林，植树种草、滞渗径流，保持水土，防治山洪，严禁坡地开荒，维持生态平衡，减少泥石流；其次是加固危险地段，提高抗洪能力，修筑水库拦蓄洪水，整治江河，利用洼地承泄排水，挖沟拦截水流，分段治理。

当水涝已经发生时，治涝是首要问题。①加速排水，争取作物顶部及早露出，以免窒息死亡。②耙松土地，增大土壤透气性，尽快恢复作物正常生长。③改种耐涝作物。

（三）低温冷害

低温冷害指温度在0℃以上，有时甚至在20℃条件下对作物产生的危害。这种温度之所以危害作物，是因为不同作物在其不同生育阶段，生理上要求的适宜温度与能忍受的临界低温大不相同。一般在苗期和生育后期生理上要求的适温相对低些，当繁殖器官开始分化，到抽穗、开花、授粉、受精的过程中，以及灌浆初期，要求的适温及能忍受的临界低温则是相当高的。此时若发生不适于作物生理要求的相对低温，就会延缓作物一系列生理活动的速度，甚至破坏其生理活动机能，以致抽穗开花延迟，花器官发育异常，灌浆成熟过程延缓，造成不育或灌浆不饱满而导致减产。

1. 攀西地区低温冷害的分布 攀西地区的社会活动区海拔多在 1 300～2 500 m，热量成为农业生产中第一重要条件，全区粮食产量不稳与热量关系密切，低温成灾的问题较为突出，从北至南都有不同程度发生，如果作物品种布局不当，灾害尤其严重。从攀西地区农业气象来看，严重影响作物产量的低温冷害主要有 3 月春播时的阴雨低温、6 月雨季开始时的阴雨低温、9 月雨季结束后的绵雨低温，另外还有冬季的寒潮低温。

（1）春播期间（3～4 月）的低温冷害 在 1 月以后，西南部气温回升，多偏南风，风力强。热量的南北平衡过程促进了北部四川盆地和西北部高原区冷空气南溢，向东南侵入本区的频次和强度增大，常给本区春播带来低温危害。通常年份水稻烂秧面积在 5％以上，严重时受害面积达 30％，过去农民采取加大用种量，以多取胜的办法，用种量有的高达 2 250 kg/hm² 以上，仅此一项每年浪费稻种达 3×10⁶ kg，同时给小春作物后期生长，以及果树正常开花带来不利影响。

（2）返青、分蘖期的冷害（5 月下旬～6 月中旬） 雨季开始后，气温急剧下降，大春作物主产区的西昌、德昌、冕宁、会理、会东、盐源、宁南、普格等县市，6 月上、中旬平均气温反而低于 5 月下旬，而且多阴雨、寡日照天气，不利水稻返青分蘖。常年全区有 30％左右面积的迟栽水稻因低温阴雨的危害分蘖不佳或感染纹枯病，发生坐蔸、僵苗，常因有效穗不足造成产量不高，或感染稻瘟病而严重减产。

（3）抽穗扬花期的低温冷害（7 月下旬～8 月下旬） 该期低温危害常造成空壳率显著增高，结实率下降，从而减产，低温连阴雨严重年份常因穗颈瘟流行而严重减产。

（4）灌浆结实期的低温连阴雨危害（9 月中旬～10 月上旬） 此期处于大春作物生长后期，阴雨使气温快速下降（表 5-1）。往往给大春作物后期生殖生长带来不利影响，甚至严重减产。该期是攀西地区出现连绵阴雨频率最高的时段。以西昌市为例，常年 9 月中、下旬出现连阴雨天气概率为 50％以上，即两年一遇。低温、连绵阴雨、寡日照天气，不利作物正常结实，常因秕粒增多而减产。

（5）冬季寒潮低温 冬季寒潮冷空气从四川盆地溢出进入攀西地区腹心地区，流入黑水河和金沙江河谷，有时也从北部流入安宁河谷，对小春作物及河谷区多年生亚热带植物造成冻（冷）害。

表5-1　攀西地区部分县（市）大春作物抽穗扬花和灌浆结实期气温（℃）

县(市)	7月		8月				9月				10月	
	下旬	月均	上旬	中旬	下旬	月均	上旬	中旬	下旬	月均	上旬	月均
西昌	22.5	22.6	22.4	22.2	21.6	22.2	21.6	19.4	18.8	19.9	17.8	16.6
冕宁	21.1	21.1	21.0	20.5	20.1	20.5	18.0	17.8	17.2	17.8	15.7	14.6
德昌	22.9	23.1	22.9	22.5	22.4	22.6	21.7	20.2	19.0	20.2	18.6	17.4
会理	20.7	21.0	20.6	20.3	20.1	20.3	19.8	18.4	17.6	18.6	16.9	15.5
会东	21.6	21.8	21.5	21.1	20.9	21.2	20.4	19.0	17.9	19.1	17.6	16.0
宁南	25.2	25.2	25.0	24.5	24.7	24.7	24.2	22.0	21.5	22.3	20.0	18.8
昭觉	19.4	19.2	19.0	18.5	18.2	18.6	17.2	16.1	12.9	15.4	12.3	11.0
盐源	17.9	17.8	17.5	17.2	17.2	16.8	16.7	16.0	15.3	16.0	14.2	12.9

2. 抵御低温冷害的措施

（1）选择适宜品种　搞好品种布局，做到早中晚熟品种配套。

（2）调节播期　使作物低温敏感临界期与低温冷害气温错开。

（3）加强管理，改进栽培技术　如提高下湿田播种质量，开沟排水，降湿增温；改进施肥技术，增施有机物、磷、钾和铜、锰等微肥。

（4）低温锻炼　如在露天移栽之前，降低苗床温度，可提高秧苗大田抗冷性。

（5）化学诱导植株抗冷性　如叶面喷施 2,4-D、NH_4NO_3、硼酸。另据报道，用植物生长调节剂处理也有增强抗冷性的作用。

（四）大风

1. 攀西地区大风灾害及分类分布　攀西地区造成灾害的大风有 4 月小麦乳熟中后期的干热风，6～9 月的雷雨大风和冬季（12 月～翌年 2 月）的寒潮大风。

（1）干热风　根据田间观测资料，小麦乳熟中后期是干热风危害严重的时期。每年干热风常使小麦逼熟，影响产量。全区小麦的乳熟期大部分在 4 月，故以 4 月最高气温≥30 ℃，14 时相对湿度≤30％（或日平均相对湿度≤40％或日最小相对湿度≤30％），14 时风速＞3 m/s（或日平均风速＞2 m/s）为干热风日。

干热风影响最为严重的是德昌、米易、宁南、普格县，平均日数为 7.5～8 d，米易县白马镇高达 10.7 d，湾丘镇 7.1 d。其次是甘洛、西昌、金阳县为 2.3～3.3 d，其余各县平均日数都在 2 d 以下。

（2）雷雨大风　雷雨大风的主要危害是使高秆作物倒伏折断，吹掉幼果。攀西地区水稻、玉米以及甘蔗等高秆作物在6～9月先后生长成林，并处于成熟中后期，大风常伴雷雨、冰雹等天气，对农业生产影响极大。

受雷雨大风影响最大的是甘洛、美姑、德昌县，平均大风日数都在10 d以上，其次是普格、冕宁、宁南县平均大风日数为5.4～8.1 d，其余各县平均大风日数都在4 d以下。

（3）冬季寒潮大风（12～翌年2月）　寒潮大风伴随大雪天气，对畜牧业生产影响很大，有时大雪封山影响人畜活动，造成牲畜大量死亡。这些灾害主要分布在海拔2 000 m以上的牧区。

综上所述，4月干热风主要影响安宁河两岸各县（市）；6～9月雷雨大风在攀西地区西南部危害较东北部严重；寒潮大风则对高海拔地区畜牧业生产影响很大。据此各地应结合具体情况，采取不同措施，避免大风等灾害性天气对生产带来的危害，其中以防御干热风最为重要。

2. 抵御干热风的措施　干热风实质是高温干旱综合危害，它们互为结果，强风缺水可降低蒸腾而使作物体温升高，气温过高则加速失水而造成干旱，在伤害及适应机理方面也有相似之处。因此，在农业上防御干热风常和抗旱相结合。

（1）选择适宜品种　根据不同生态下温热状况，选择、引用、培育、配套适宜的抗热作物和品种，是迄今最经济有效的方法。应特别注意选择灌浆成熟期抗干热风的品种，也可选育生育期短的品种，以避开生长后期可能遇到的干热风。

（2）采用适当的栽培技术　如调节播种期等，另外，适时灌水促进蒸腾，可增加降温效果；实行间套作，高低作物配合，可通风透气，减少干热风的危害。

（3）药剂处理　利用特殊化学药剂处理可防止短期不定时干热风的危害。据报道，喷施$CaCl_2$，可增加作物热稳定性，喷施KH_2PO_4可防止干热风危害，喷施10％尿素可延缓作物衰老，改善麦类籽粒的灌浆。

除上述气象灾害外，攀西地区常见的还有冰雹危害。它出现的范围虽然较小，不如干旱那样普遍，时间较短，但来势猛，强度大，且一般降雹伴有大风大雨，常给局部地区作物以及人民生命财产造成严重损失。总体而言，攀西地区全年冰雹危害以米易、仁和、美姑、布拖、冕宁、木里、会东等县较严重，年平均降雹日数为1.8～2.2 d，宁南、金阳、雷波县最少，一般为0.1～0.3 d。一年四季均可发生，出现冰雹最多的月份是4～5月和10～11月，以4～5月最严重，此时正值小春作物收获和大春作物播种幼苗期。

（五）低产田土

1. 攀西地区低产田土对作物的危害 攀西地区农业基础比较薄弱，中低产田土面积约 19.47 万 hm^2，这些耕地保水、保肥、保土能力差，抗灾能力弱，单产水平低，绝大部分常年冬闲或轮歇，严重制约着大面积平衡增产和复种指数的提高。本区中低产田土对作物产量的影响实际上是一种综合性逆境危害。例如冷湿型下湿田土，主要是水多气少，低温冷浸，有害物质含量高，有机质少；而瘦板田则多是质地黏重，结构不良，通透性差，养分贫乏；坡薄地水土流失严重，保水保肥力差，养分贫乏，土层瘦薄；漏沙田土易遇干旱和洪水威胁，土温变化大，肥力低下。因此，多采用工程治理和农业技术措施相结合的方法进行综合治理。

2. 改造中低产田土措施

（1）耕作改造 针对不同类型田土，开沟排水，降低水位；掺沙面土，客土掺泥，加厚土层；合理轮作，种养结合，大力发展绿肥，翻压培肥。

（2）栽培技术 如适当晒田，浅水栽秧，提高土温和土壤通透性；聚土垄作，立体种植，防蚀防旱；带状种植，地膜覆盖，增温保湿等。

（3）增施肥料 特别注意增施有机粪肥，配施磷钾锌肥，烂泥田加施石灰。

（六）病虫害

1. 攀西地区作物主要病虫害 在攀西地区优越的自然环境条件下，有益生物生长良好，同时病虫害也极为猖獗。小春作物的主要病虫如小麦锈病、白粉病、腥黑穗病，小麦、油菜、绿肥的蚜虫等；大春作物主要病虫如稻螟、稻苞虫、稻飞虱、稻瘟病、叶枯病、纹枯病等；玉米地老虎、玉米螟、大斑病、小斑病、纹枯病等。

2. 防治措施 防治病虫害要立足"预防为主，综合防治"的植保方针和本地实际，采用以下主要途径：

（1）选育推广抗病虫品种 作物抗病虫性的大小、抗性范围都是由遗传性决定的。因此，提高作物抗病虫性的根本措施应从选育抗病虫品种入手。不论采用何种方法，基本作用都是通过系统选择抗性植株，通过杂交传递和累加抗性基因或通过人工诱变使作物发生突变。这已在实践中得到广泛应用。

（2）加强田间管理 田间管理的许多措施都与作物抗病虫有关。如合理轮作，可消除土壤中有毒物质，减少病虫和田间基本危害；选择适宜播期可降低病原生物的致病性及避开害虫临界期；合理施用氮、磷、钾肥可减轻稻瘟病、小麦锈病等，及时追肥也可增强水稻抗病性。

（3）播前处理　种子消毒是预防作物病虫害的重要环节之一，因为不少病虫害主要通过种子传播，如稻瘟病、白叶枯病、油菜霜霉病、白锈病等。经消毒可将病虫害消灭在播种之前。常用方法如石灰水浸种，抗菌剂浸种，福尔马林浸种，硫酸处理种子等。

（4）综合防治　防治作物病虫害方法颇多，主要通过以下三条途径：一是通过检疫方法防治病虫害传入和蔓延；二是创造不利于病原物和害虫生长发育的环境条件；三是直接杀死病虫。具体方法按性质可分为下列几类：①农业防治法。在栽培过程中采用先进的农业技术，科学种田，创造不适于病虫发生的环境条件。此法简单易行，有防患于未然之功效。②生物防治法。利用有益生物抑制或消灭病虫害，如利用瓢虫防治蚜虫，选用井冈霉素防治纹枯病等。③化学防治。采用农药防治病虫害，作用快，效果好，是目前防治病虫害的重要手段。目前国内外为了消除农药的有害副作用，多采用高效低残留低毒代替剧毒高残留农药；在国外，高浓度制剂、混合制剂、颗粒剂、超低量喷雾剂等已普遍使用；机械上已采用微型喷雾器和飞机喷药。④物理防治。用各种物理因素如电、光、热、声等作用来消灭病虫害，黑光灯诱蛾，高温灭菌，盐水选种，人工捕杀等。此法作用快，效果稳。

其他途径如植物检疫，防治危险性病虫杂草传播，以及不育治虫、遗传防治、外激素、拒食剂防治等新途径。

第二节　弱光逆境对芸豆光合特性及产量的影响

光是植物合成有机物质的能源，其强度大小直接影响植物光合生理特性及干物质的形成。不同地区、不同作物，甚至作物的不同生育时期对光环境的反应都有所差异，每一种作物都存在着限制其生存和生长的弱光逆境。前人已对部分禾本科作物、经济作物在不同光照强度下的生理生化特性、性状变化及产量形成等方面进行了研究，认为减少太阳辐射可明显改变植物的生长环境，进而对其生理生化特性及产量产生较大的影响，植物为适应荫蔽的环境，在光合作用单位、电子传递、光合色素含量、内源激素及酶活性、植株形态结构、营养物质的分配等方面发生改变，以保证在弱光逆境下仍能充分利用光能，维持生长所需的能量平衡，从而进行正常的生命活动。弱光逆境常常是由于季节性不良气候环境条件造成的，攀西地区芸豆生长季节常会遇到低温寡日照天气，同时芸豆在与高秆作物间套作和进行设施栽培时，也会存在弱光逆境。为此，西昌学院高原及亚热带作物研究所通过田间芸豆遮光试验，探讨了不同光照强度与芸豆光合特性及产量性状形成的关系，以期为芸豆的弱光逆境预防及间套混作群体合理结构提供理论依据。

一、材料与方法

(一) 试验材料及地点

以直立型品种"北京小黑芸豆"为试验材料，试验地点海拔高度 1 550 m，前作洋葱，土壤类型为细沙壤土，pH 6.9。

(二) 田间试验设计

小区采用大田随机区组设计，重复 3 次。遮光采用木架搭棚，外用不同质地的白布覆盖进行不同强度的遮光处理，遮光棚规格 2.2 m×2 m×2 m（长×宽×高），北面开口。用 ST-Ⅱ型照度计测定遮光棚内平均光照强度分别为自然光照的 75.7%、50.3% 和 24.5%，用干湿温度计测得棚内外温度相差 0.2～0.4 ℃，湿度相差 4.06% 左右，即设 4 个光照强度处理，分别为Ⅰ：100% 自然光照（CK）；Ⅱ：75.7% 自然光照；Ⅲ：50.3% 自然光照；Ⅳ：24.5% 自然光照。每个小区 4 行，行距 0.5 m，穴距 0.3 m，第 2 对真叶长出时（5 月 7 日）进行定苗，每穴留苗 2 株。

(三) 调查项目及测定方法

遮光处理从植株第 3 片真叶长出时开始，每间隔 15 d 用 CCM-200 型活体叶绿素测量仪（美国 CID 公司生产）于晴天上午 9:00—11:00 测定植株顶尖以下第 3～4 节位叶片的叶绿素含量，并用 CI-310 型便携式光合作用测定系统（美国 CID 公司生产）测定相同部位叶片的光合特性指标；开花后，用红漆标记花瓣和荚果，测定单株开花总数和结荚数；收获时，每个小区随机取样 10 株进行考种，并测定各器官干物质重量。

二、结果与分析

(一) 光照强度对叶片叶绿素含量的影响

5 月 22 日（幼苗期）、6 月 6 日（开花期）、6 月 21 日（花荚期）、7 月 6 日（鼓粒期）、7 月 21 日（成熟期）分别测得各处理叶片叶绿素含量（SPAD）如图 5-4 所示。由图可以看出，叶片叶绿素含量在整个生育时期变化呈苗期逐渐升高，到开花结荚期达到最高点，然后逐渐降低的趋势。同时，图 5-4 也显示出在遮光初期，各遮光处理的叶片叶绿素含量均高于对照，表明遮光短期内叶片叶绿素含量有所提高，但随着遮光时间和遮光强度的增加，叶片叶绿素含量下降，且遮光强度越大，叶绿素含量越低。其原因是光照强度减弱后，对叶绿素合成有促进作用，降低了强光下对叶绿素的破坏，但随着长期遮光，合成叶绿素的物质相对减少，引起叶片退绿。

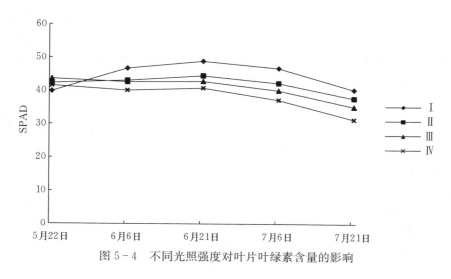

图5-4 不同光照强度对叶片叶绿素含量的影响

（二）光照强度对叶片光合特性的影响

从表5-2可以看出，各生育时期芸豆叶片的净光合速率（Pn）、气孔导度（Gs）、蒸腾速率（Tr）均随光照强度的增加而增大，而胞间CO_2浓度（Ci）则随光照强度的增加而减小，各项指标均以100%自然光照处理最优，而且随着植株的生长发育，各遮光处理间差异程度加大，表明在芸豆整个生长期，强光照能提高叶片的光合能力和光合效率，强光照条件下，气孔导度（Gs）的增大有利于CO_2的供应，胞间CO_2浓度（Ci）较低则表明叶肉细胞对CO_2的吸收利用能力较强，同时叶片蒸腾速率（Tr）也加强，植物体内水分运转加快，叶肉细胞具有较强的活力，而且过度遮阴还可能造成气孔部分关闭及生理功能减弱。芸豆在遮光后，在一定光照强度范围内，100%自然光照处理下芸豆叶片的光合速率等光合特性指标均不同程度地优于75.7%、50.3%和24.5%自然光照处理，表明芸豆对光照强度要求较高，强光照有利于芸豆植株的光合作用。

表5-2 不同光照强度对芸豆光合特性的影响

测定日期	处理	净光合速率（Pn）[$CO_2\mu mol/(m^2 \cdot s)$]	蒸腾速率（Tr）[mmol $H_2O/(m^2 \cdot s)$]	气孔导度（Gs）[$mmol/(m^2 \cdot s)$]	胞间CO_2浓度（Ci）（$\mu mol/mol$）
5月22日	I	2.34 aA	22.7 aA	0.56 aA	272.8 bB
	II	2.24 aA	21.9 aAB	0.49 abA	297.1 abAB
	III	2.12 aA	18.4 bB	0.41 bA	332.8 aA
	IV	1.27 bB	15.2 cC	0.21 cB	374.3 aA

（续）

测定日期	处理	净光合速率（Pn）[$CO_2 \mu mol/(m^2 \cdot s)$]	蒸腾速率（Tr）[$mmol\ H_2O/(m^2 \cdot s)$]	气孔导度（Gs）[$mmol/(m^2 \cdot s)$]	胞间CO_2浓度（Ci）（$\mu mol/mol$）
6月6日	I	3.76 aA	23.1 aA	1.12 aA	221.9 cB
	II	3.42 aA	20.4 bA	0.97 bA	276.5 bA
	III	3.14 bA	18.5 bA	0.78 cB	312.7 abA
	IV	2.42 cB	13.0 cB	0.61 dB	394.5 aA
6月21日	I	4.67 aA	20.6 aA	1.53 aA	157.8 cB
	II	4.22 bAB	17.4 bB	1.23 bB	188.4 bB
	III	3.93 cB	15.0 cBC	1.19 bB	236.6 aA
	IV	2.79 dC	12.9 dC	0.93 cC	323.2 aA
7月6日	I	4.45 aA	27.3 aA	1.71 aA	158.2 cC
	II	3.93 bA	25.8 bA	1.21 bB	197.9 bB
	III	3.02 cB	21.1 cB	0.84 cC	282.1 aA
	IV	2.28 dC	17.0 dC	0.63 dC	375.0 aA
7月21日	I	3.48 aA	22.0 aA	1.50 aA	167.2 dC
	II	2.96 bA	17.7 bB	0.99 bB	207.4 cB
	III	2.51 cB	13.3 cC	0.76 cB	263.0 bA
	IV	2.11 dC	10.2 dD	0.32 dC	397.6 aA

注：表中数据为3次重复平均值，纵列不同大小写字母分别表示差异为0.01和0.05显著水平。

（三）光照强度对芸豆产量性状的影响

1. 单株开花数和成荚数的变化 从表5-3中可知，50.3％和24.5％自然光照处理下，芸豆单株开花总数明显减少，极显著低于对照，分别比对照减少17.9％和35.3％。由于形成的花朵太少，花荚脱落较多，单株结荚数极显著低于对照，仅有对照的67.7％和34.9％。75.7％自然光照处理下虽然单株开花总数与对照相差较小，但花荚脱落率增大，使得单株结荚数量显著低于对照。由此可见，植株过度遮光，会阻碍繁殖器官的发育，当光照强度为自然光照的50.3％左右时，芸豆花荚发育会受到极显著影响。

表5-3 不同光照强度对芸豆花荚形成的影响

处理	单株开花总数	单株结荚数	花荚脱落率（％）	结荚率（％）
I	106.9 aA	23.2 aA	78.3 cC	21.7 aA
II	102.5 aA（-4.1）	20.3 bA（-12.5）	80.2 bBC（2.4）	19.8 bA（-8.8）

（续）

处理	单株开花总数	单株结荚数	花荚脱落率（%）	结荚率（%）
Ⅲ	87.8 bB （－17.9）	15.7 cB （－32.3）	82.1 bB （4.9）	17.9 cB （－17.5）
Ⅳ	69.2 cC （－35.3）	8.1 dD （－65.1）	88.3 aA （12.8）	11.7 dD （－46.1）

注：括号内数值＝（处理－CK）/CK×100，纵列不同大小写字母分别表示差异为0.01和0.05显著水平。

2. 单株荚果性状的变化 遮光后单株粒数较对照显著或极显著减少，75.7%、50.3%和24.5%自然光照处理的单株粒数分别比对照减少了29.0%、60.4%和82.1%（表5－4）。造成75.7%自然光照处理的单株粒数减少的主要原因是秕荚数和秕粒数增多，而50.3%和24.5%自然光照处理的除秕荚数和秕粒数增多外，由于开花结荚数少，使得单株粒数极显著低于对照。同时，光照强度下降，光合产物积累下降，源库矛盾突出，结实器官得不到充足的养料供应，籽粒干物质积累量下降，导致粒重下降，尤其是50.3%和24.5%自然光照处理极为显著，百粒重分别比对照下降了51.5%和54.1%。光照减弱最终使得单株经济产量下降，75.7%、50.3%、24.5%自然光照处理的单株平均产量分别比对照下降了43.4%、80.8%、91.8%，其小区平均产量分别比对照下降了42.4%、79.3%、91.3%，各处理间均达极显著水平。结果表明，遮光后芸豆开花数、单株结荚数、有效结荚数、单株实粒数及粒重均显著下降，24.5%自然光照处理下，单株结荚数仅为自然光照处理下的34.9%。遮光使芸豆花荚果实形成减少的主要原因是光合同化物受到限制，这种效应的发生是由于光照不足，使叶绿素含量降低，光合功能减弱，光合产物不足，从而导致花器官和胚败育，同时也可能由于强烈削弱了生长素的供应，发生脱落或果实发育停滞（秕粒）。遮光造成芸豆花荚形成受到障碍，成荚数显著下降，24.5%自然光照处理下，单株结荚数仅为自然光照处理下的34.9%，对产量构成具有很大影响。

表5－4 不同光照强度对芸豆荚部性状的影响

处理	实荚数 （粒）	单荚粒数 （粒）	单株粒数 （粒）	百粒重 （g/百粒）	单株平均 产量（g）	小区平均 产量（kg）
Ⅰ	20.5 aA	4.75 aA	97.38 aA	16.72 aA	16.28 aA	0.92 aA
Ⅱ	17.2 bA （－16.1）	4.02 bA （－15.4）	69.14 bA （－29.0）	13.32 bA （－20.3）	9.21 bB （－43.4）	0.53 bB （－42.4）

（续）

处理	实荚数 （粒）	单荚粒数 （粒）	单株粒数 （粒）	百粒重 （g/百粒）	单株平均 产量（g）	小区平均 产量（kg）
Ⅲ	12.1 cB （−41.0）	3.19 cB （−32.8）	38.6 cB （−60.4）	8.11 cB （−51.5）	3.13 cC （−80.8）	0.19 cC （−79.3）
Ⅳ	6.2 dD （−69.8）	2.82 dB （−40.6）	17.46 dD （−82.1）	7.67 dB （−54.1）	1.34 dD （−91.8）	0.08 dD （−91.3）

注：括号内数值＝（处理−CK）/CK×100，纵列不同大小写字母分别表示差异为 0.01 和 0.05 显著水平。

（四）光照强度对芸豆光合生产量的影响

遮光减小了太阳总辐射量，作物同化 CO_2 的数量随之降低，遮光后芸豆植株光合生产量均出现不同程度的下降（表 5−5），相比之下，50.3%、24.5% 自然光照处理对光合生产量影响最大，其单株叶片、根系、茎秆、荚果干重都较对照有显著下降；75.7% 自然光照处理总光合生产量下降不显著，除茎秆干重增加外，其余器官（叶片、根系、荚果）均不同程度降低，尤其以荚果干重减少最多。从表中还可以看出，遮光后荚果占全株干物重的比率大幅下降，75.7%、50.3% 和 24.5% 自然光照处理较对照分别下降了 5.2%、8.7% 和 18.3%，可见，遮光影响植物生物量的分配，芸豆的各器官（叶片、根系、荚果）光合生产量在遮光条件下都显著下降，尤以荚果下降的幅度最大，使得荚果占全株干物重的比率下降，最终使得单株经济产量显著下降。

表 5−5　不同光照强度对芸豆光合产量的影响

处理	单株总光合生产量（g，干重）				
	叶片	根系	茎秆	荚果	单株重
Ⅰ	9.4 aA	4.1 aA	18.6 aA	25.8 aA	57.9 aA
Ⅱ	8.6 aA （−8.5）	3.2 aAB （−22.0）	20.8 aA （11.8）	21.2 bA （−17.8）	53.8 aA （−7.1）
Ⅲ	7.2 bAB （−23.4）	3.0 bAB （−26.8）	17.2 bAB （−7.5）	15.3 cB （−40.7）	42.7 bB （−26.3）
Ⅳ	6.2 cB （−34.0）	2.7 cC （−34.1）	15.3 cB （−17.7）	6.6 dD （−74.4）	30.8 cC （−46.8）

注：括号内数值＝（处理−CK）/CK×100，纵列不同大小写字母分别表示差异为 0.01 和 0.05 显著水平。

综上所述，弱光逆境主要是通过影响作物的光合作用等一系列生理生化代谢过程进而影响作物正常生长发育，为适应弱光逆境，作物会产生一系列生理生态反应，同时形态结构也会发生改变，弱光逆境发生在作物的营养生长期，植株主要表现为茎秆纤细、生长量降低；而发生在生殖生长期，则主要表现为花芽发育迟缓、坐果率下降，最终影响产量。因此，在芸豆间套作和设施栽培中，应选用耐弱光品种，合理安排种植密度，控制间套作后期作物的高度，适当去除其他作物叶片，或者合理地调节群体共生期和畦宽，或者在栽培设施内地面铺设高反光膜等措施，以保证芸豆生长所需的较强的光照条件，以利于芸豆花荚的形成和籽粒的充实，从而提高产量。

第三节　遮光率与芸豆叶片气孔密度及单株产量相关性研究

群体结构和群体生态环境对作物生长发育影响很大，其中小气候尤其是光照条件与作物生长发育关系更为密切。光照强度的变化影响农田小系统的生态环境，从而引起田间小气候特征在空间分布上的变化。这些变化必然影响到田间作物形态建成和产量的形成。叶片气孔作为光合作用中 CO_2 进入植物体的重要门户，其数量、密度、开度直接影响着植物的蒸腾速率、光合速率及有机物的积累，以下试验研究了不同遮光率与芸豆叶片下表皮气孔密度、单株产量的相关性。

一、材料与方法

试验以直立型品种红腰子豆（A）、小黑芸豆（B）为试验材料，于2007年在西昌学院高原及亚热带作物研究所试验地中进行（海拔高度 1 560 m）。试验地土壤为泥炭土，肥力中等偏上。

小区面积 4.4 m²，穴播，30 穴/小区，每穴定苗 3 株。选用不同质地的纱布搭建遮光棚，遮光棚规格为 2.2 m×2 m×2 m（长×宽×高），从播种后 28 d（三叶一心）时至收获进行遮光处理。用 ST-Ⅱ型照度计测定各小区自然光照强度和遮光网内光照强度，计算出各处理遮光率（％）=（1－遮光网内光照强度/自然光照强度）×100，作为不同遮光处理。每个品种设 4 个遮光处理，随机区组试验方法，3 次重复。各品种遮光处理分别为处理 1：遮光 0％（CK）；处理 2：遮光 30.3％；处理 3：遮光 51.7％；处理 4：遮光 79.5％。

分别在芸豆分枝期、现蕾期、初花期、花荚期、鼓粒期测定叶片下表皮气孔密度，气孔密度采用火棉胶印痕法测定，选取顶尖以下 4～5 节位叶片下表皮避开主脉用软毛刷，刷去灰尘然后用排笔涂抹一薄层火棉胶液（约 1 cm²），待其干后撕下，于 16×10 倍显微镜下观察记数气孔数量并计算气孔密度（个/mm²）。

收获时，每小区随机取样 15 株进行考种，测定单株荚果重量。

二、结果与分析

（一）遮光率与叶片气孔密度间的关系

遮光 0％、遮光 30.3％、遮光 51.7％、遮光 79.5％处理对芸豆叶片下表皮的气孔密度的影响存在极显著差异（表 5 - 6）。遮光 0％（自然光照）处理的芸豆叶片下表皮的气孔密度极显著高于遮光 30.3％、遮光 51.7％、遮光 79.5％处理；遮光 30.3％处理的芸豆叶片下表皮的气孔密度极显著高于遮光 51.7％处理、遮光 79.5％处理；遮光 51.7％处理的芸豆叶片下表皮的气孔密度极显著高于遮光 79.5％处理。即随着遮光率增大，芸豆叶片下表皮气孔密度下降程度增大。在同一遮光水平下，小黑芸豆叶片下表皮的气孔密度显著高于红腰子豆。

表 5 - 6 各处理气孔密度的差异显著性分析

处理	气孔密度（个/mm²）	差异显著性	
		0.05	0.01
B1	89.8	a	A
A1	87.6	b	A
B2	77.1	c	B
A2	77.0	c	B
B3	69.8	d	C
A3	66.5	e	D
B4	63.8	f	E
A4	63.0	f	E

注："处理"纵列中，字母代表品种，数字代表不同遮光处理。

通过对表 5 - 7 红腰子豆气孔密度（D_A）、小黑芸豆气孔密度（D_B）与遮光率（L）的相关回归分析，气孔密度与遮光率两者间存在显著负相关关系。红腰子豆气孔密度（D_A）与遮光率（L）的回归方程为：$D_A = 86.6 - 0.318L$（$r = -0.976^*$；$0 < L < 82$），$F = 40.48 > F_{0.05}$，即红腰子豆叶片气孔密度（D_A）与遮光率（L）的直线回归关系显著，遮光率在 0～82％范围内每增加 10％，叶片气孔密度减少 3.18 个。小黑芸豆气孔密度（D_B）与遮光率（L）的回归方程为：$D_B = 88.5 - 0.324L$（$r = -0.989^*$，$0 < L < 82$），$F = 91.39 > F_{0.05}$，即小黑芸豆叶片气孔密度（D_B）与遮光率（L）的直线回归关系显著，遮光率在 0％到 82％范围内遮光率每增加 10％，叶片气孔密度减少 3.2 个。

表5-7 不同遮光处理的芸豆气孔密度（个/mm²）

遮光率 L（%）	红腰子豆气孔密度 D_A	小黑芸豆气孔密度 D_B
0	87.6	89.8
30.3	77.0	77.1
51.7	66.5	69.8
79.5	63.0	63.8

注：表中 A、B 代表不同品种。

（二）遮光率与单株产量的关系

红腰子豆和小黑芸豆的单株产量均在遮光 0%（自然光照）处理下最高，遮光 30.3% 处理的芸豆单株产量极显著高于遮光 51.7%、遮光 79.5% 处理；遮光 51.7% 处理的芸豆单株产量极显著高于遮光 79.5% 处理（表5-8）。即随遮光率的增大，芸豆单株产量趋于下降。同一光照强度下小黑芸豆单株产量显著高于红腰子豆。通过对芸豆单株产量与遮光率（表5-9）的相关回归分析，表明芸豆单株产量与遮光率呈显著负相关，计算得到红腰子豆单株产量（Y_A）与遮光率的回归方程为：$Y_A = 22.7 - 0.166L$（$r = -0.967^*$，$0 < L < 82$），$F = 29.46 > F_{0.05}$，即遮光率在 0~82% 范围内每降低 10%，红腰子豆单株产量增加 1.7 g。小黑芸豆单株产量（Y_B）与遮光率（L）的回归方程为：$Y_B = 23.5 - 0.179L$（$r = -0.962^*$，$0 < L < 82$），$F = 25.04 > F_{0.05}$，即遮光率在 0~82% 范围内每降低 10%，小黑芸豆单株产量增加 1.8 g。

表5-8 各处理单株产量差异显著性分析

处理	产量（g/株）	差异显著性	
		0.05	0.01
B1	25.0	a	A
A1	23.8	b	B
B2	15.6	c	C
A2	15.2	c	C
A3	14.5	d	D
B3	13.4	e	E
B4	10.2	f	F
A4	9.7	g	F

注："处理"纵列中，字母代表品种，数字代表不同遮光处理。

表 5-9　不同遮光处理芸豆的单株产量（g/株）

遮光率 L（%）	红腰子豆单株产量 Y_A	小黑芸豆单株产量 Y_B
0	23.8	25.0
30.3	15.2	15.6
51.7	14.5	13.4
79.5	9.7	10.2

注：表中 A、B 代表不同品种。

（三）叶片气孔密度与单株产量的关系

通过对芸豆不同时期叶片下表皮气孔密度与单株产量分析，发现芸豆单株产量（Y_A）与花荚期叶片的气孔密度（D'_A）呈显著正相关（表 5-10）。对红腰子豆单株产量（Y_B）与花荚期叶片气孔密度（D'_B）的相关回归分析得出两者间的回归方程为：$Y_A = -9.8 + 0.368D'_A$（$r = 0.967^*$，$54 < D'_A < 90$），$F = 29.09 > F_{0.05}$，即红腰子豆单株产量（Y_A）与花荚期叶片气孔密度（D'_A）的直线回归关系显著。花荚期叶片气孔密度在 $54 \sim 90$ 个/mm^2 范围内每平方毫米气孔增加 10 个，红腰子豆单株产量增加 3.7 g。对小黑芸豆单株产量（Y_B）与花荚期叶片气孔密度（D'_B）的相关回归分析得出其回归方程为：$Y_B = -11.6 + 0.390D'_B$（$r = 0.994^*$，$56 < D'_B < 94$），$F = 155.46 > F_{0.01}$，即小黑芸豆单株产量（Y_B）与花荚期叶片气孔密度（D'_B）的直线回归关系极显著。花荚期叶片气孔密度在 $56 \sim 94$ 个/mm^2 范围内每平方毫米增加 10 个，小黑芸豆单株产量增加 3.9 g。

表 5-10　不同遮光处理芸豆花荚期叶片气孔密度和单株产量

遮光处理	红腰子豆		小黑芸豆	
	气孔密度 D'_A（个/mm^2）	产量 Y_A（g/单株）	气孔密度 D'_B（个/mm^2）	产量 Y_B（g/单株）
处理 1	89.7	23.8	93.3	25.0
处理 2	72.4	15.2	72.3	15.6
处理 3	61.1	14.5	62.3	13.4
处理 4	54.5	9.7	56.3	10.2

注：表中 A、B 代表不同品种。

研究结果表明，遮光处理使芸豆叶片气孔密度降低，并随着遮光率的增大而降低程度加剧。遮光后气孔密度降低，导致 CO_2 进入植株体内的数量减少，光合作用效率降低，有机物的积累速率降低，芸豆产量较自然光照降低。通过对芸豆不同时期叶片下表皮气孔密度与单株产量分析，发现芸豆单株产量与花荚期的叶片气孔密度呈极显著正相关，这可能与花荚期是芸豆有机物合成、转移、积累的最大效率期及产量形成的关键时期有关，但用某一时期叶片气孔密度和单株产量的相关性来预测单株产量尚未见报道，需作进一步的研究和生产验证。遮光使芸豆光合生产量下降，因此，在芸豆种植中，应通过合理安排种植密度，控制间套作后期作物的高度，适当去除其他作物叶片，或者合理地调节群体共生期和畦宽等措施，以保证芸豆生长所需的较强的光照，以利于芸豆产量的提高。

第四节　遮光对芸豆籽粒生长及品质的影响

在农业生产中，常常存在作物某一生育时期多阴雨寡日照天气，或因间套作种植，植株相互遮光，引起一定时期植株光照强度减弱，影响田间作物形态建成、产量形成和产品品质。本试验采用人工遮光研究光照强度对芸豆籽粒生长及品质的影响。

一、材料与方法

（一）试验设计

试验品种为直立粒用型芸豆品种"小黑芸豆"，试验地设在西昌学院高原及亚热带作物研究所试验农场，2009 年 4 月 23 日播种，盆栽，盆钵直径 32 cm，高 28 cm，每个盆钵装入湿度适中的细沙壤土 14 kg，土壤有机质含量 27.8 g/kg、全氮 2.12 g/kg、碱解氮 134 mg/kg、全磷 0.577 g/kg、有效磷 15.3 mg/kg、全钾 11.2 g/kg、速效钾 51.2 mg/kg，pH 6.9。播种前浸种 20 h，苗期每盆定苗 3 株，分枝期施清粪水一次。遮光采用木架搭棚，外用不同质地的白布覆盖，在芸豆分枝期至成熟期进行遮光处理，设 4 个遮光处理，分别为Ⅰ：100%自然光照（CK）；Ⅱ：77.3%自然光照；Ⅲ：56.8%自然光照；Ⅳ：28.7%自然光照。用干湿温度计测得棚内外温度相差 0.2～0.4 ℃，湿度相差 1.7%～2.8%。每个处理 20 盆，随机区组排列，重复 3 次。

（二）测定项目与方法

1. 籽粒生长动态 当第 3～6 节位开花时，标记每个花簇第 1～2 基位同一天开放的花朵，以后每 5 d 取 1 次样，直至成熟，每处理每重复每次取样 2 盆，共 6 株，剪取标记的荚果，统计籽粒数，烘干称重，求平均粒重。数据分析采用莫惠栋（1992）方法，用 Logistic 曲线方程 $Y = K/(1 + ae^{-bt})$ 拟合，其中，Y 为充实过程中籽粒干物质累积增长量，t 为充实开始后持续天数，K

为籽粒干物质累积最大值，a、b 为参数。

2. 结实性指标测定 成熟后每处理每重复取样 10 株，考察单株结荚数、单株空荚数、实粒数、空秕粒、百粒重。

3. 品质测定 收获后贮藏 60 d，每处理随机取籽粒若干，测定籽粒的商品品质（商品率、籽粒密度、籽粒均匀度）和营养品质（蛋白质含量、淀粉含量和脂肪含量）。籽粒商品率、籽粒密度、籽粒均匀度测定方法参照陈云波等（2008）方法，商品率＝有商品价值的籽粒重/（有商品价值的籽粒重＋无商品价值的籽粒重）。合格籽粒标准：籽粒中破碎粒、极小粒、秕粒和虫蛀霉烂粒为无商品价值的不合格籽粒，其余为有商品价值的合格籽粒。籽粒密度＝籽粒重/籽粒体积。籽粒均匀度用籽粒重的极差表示。蛋白质含量用 UDK152 全自动凯氏定氮仪测定，淀粉含量用旋光法测定，脂肪含量用上海新嘉电子有限公司生产的 SZF－06G 脂肪测定仪测定。

二、结果与分析

（一）遮光对芸豆籽粒生长的影响

1. 遮光对芸豆结实性的影响 芸豆遮光后单株空荚数显著增加（表 5－11），在 100% 自然光照（Ⅰ）条件下单株平均空荚率为 10.17%，而 77.3% 自然光照（Ⅱ）、56.8% 自然光照（Ⅲ）、28.7% 自然光照（Ⅳ）处理的单株平均空荚率分别达到了 20.13%、46.59%、55.83%，特别是低光照处理Ⅲ和Ⅳ比处理Ⅰ增加了 36.42 和 45.66 个百分点。由此可见，遮光影响芸豆的籽粒结实性，并随遮光程度的增加而加剧。其主要原因在于遮光不仅减少了源，而且影响了库的活性，使部分籽粒失去了充实活性，同时也使物质运输受到阻碍，降低了运输效能。

表 5－11　各处理间芸豆结实状况比较

处 理	单株结荚数	单株实荚数	单株空荚数	有效荚粒数
Ⅰ	32.75aA	29.42aA	3.33dD	4.61aA
Ⅱ	30.85bA (−5.80)	24.64bA (−16.25)	6.21cC (86.49)	4.10bA (−11.06)
Ⅲ	27.54cB (−15.91)	14.71cB (−50.00)	12.83bB (285.29)	4.06bA (−11.93)
Ⅳ	27.44cB (−16.21)	12.12dB (−58.80)	15.32aA (360.06)	4.17bA (−9.54)

注：括号内数值＝（处理－CK)/CK×100。表中数据为 3 次重复平均值，纵列不同大小写字母分别表示差异为 0.01 和 0.05 显著水平。

从表 5 - 11 中还可以看出，不同光照强度处理的有效单荚粒数变化不显著，表明有效单荚粒数这一性状主要受品种遗传特性决定，比较稳定，低光照条件下作物主要是通过减少结荚数和粒重的方式来协调光合产物的不足。

2. 遮光对芸豆籽粒充实的影响

（1）各处理的 Logistic 模型　各处理籽粒充实模型参数见表 5 - 12，籽粒物质累积曲线见图 5 - 5。各模型的 r 均在 0.97 以上，其相关测定达极显著水平，表明所测材料符合 Logistic 模型。

表 5 - 12　籽粒充实过程的 Logistic 方程参数估值

处理	K	a	b	r
Ⅰ	195. 607	3 280. 598 6	0. 396 8	0. 987 56
Ⅱ	164. 047	1 654. 020 9	0. 359 2	0. 989 63
Ⅲ	103. 169	2 212. 205 2	0. 377 0	0. 989 92
Ⅳ	70. 571	1 144. 285 0	0. 342 2	0. 979 03

各处理籽粒增重的 Logistic 曲线方程分别为：

处理Ⅰ：$Y = 195.607/(1 + 3\,280.598\,6e^{-0.396\,8t})$；

处理Ⅱ：$Y = 164.047/(1 + 1\,654.020\,9e^{-0.359\,2t})$；

处理Ⅲ：$Y = 103.169/(1 + 2\,212.205\,2e^{-0.377\,0t})$；

处理Ⅳ：$Y = 70.571/(1 + 1\,144.285\,0e^{-0.342\,2t})$。

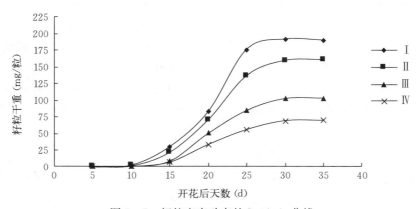

图 5 - 5　籽粒充实动态的 Logistic 曲线

（2）不同光照强度下籽粒增重分析　不同光照强度条件下，籽粒充实过程中干物质累积增长均呈现出"慢-快-慢"的"S"形变化过程。各处理的充实特征参数见表 5 - 13，同时，将籽粒生长的全过程划分为始盛期（$Y = 15.9\%$）、高峰期（$Y = 50\%$）、盛末期（$Y = 80.1\%$），并推导出各处理进入的时间和充实速率。

表 5 - 13　不同处理的籽粒充实特征参数

处理	籽粒最终干物质累积量 K (mg/粒)	充实持续日数 t (d)	平均速率 V_a [mg/(d·粒)]	最大充实速率 GR_m [mg/(d·粒)]	始盛期		高峰期		盛末期	
					开花后日数 t_1 (d)	充实速率 V_1 [mg/(d·粒)]	开花后日数 t_2 (d)	充实速率 V_2 [mg/(d·粒)]	开花后日数 t_3 (d)	充实速率 V_3 [mg/(d·粒)]
Ⅰ	195.607	30.29	6.46	19.40	14.21	10.38	20.40	19.40	23.91	12.37
Ⅱ	164.047	31.97	5.13	14.73	15.99	7.88	20.63	14.73	24.51	9.39
Ⅲ	103.169	36.11	2.86	9.72	16.01	5.20	20.43	9.72	24.13	6.20
Ⅳ	70.571	34.11	2.07	6.04	15.71	3.23	20.58	6.04	24.65	3.85

从表中可以看出，遮光对籽粒最终干物质累积量影响很大，各遮光处理均低于自然光照处理，特别是处理Ⅳ，仅为自然光照处理的 36.08%。从籽粒充实持续日数来看，遮光处理相对延长了粒籽充实天数，并随光照强度的减小呈增加的趋势，从籽粒充实速率来看，处理Ⅱ、Ⅲ、Ⅳ分别比对照下降了 20.59%、55.73%、67.96%。所以，遮光虽然使籽粒充实持续时间有所延长，但充实速率却明显下降，且下降幅度较大，最终导致籽粒最终干物质累积量减小。

通过对各处理籽粒充实进入始盛期、高峰期、盛末期的时间和各个时期的充实速率分析，各处理籽粒充实始盛期之前约占籽粒充实总日数的 44.34%~50.02%，此期籽粒充实速率较低；始盛期至盛末期约占充实总日数的 22.49%~32.02%，此期籽粒充实速率较高；盛末期之后约占充实总日数的 21.06%~33.17%，此期籽粒充实速率较低。各遮光处理进入充实始盛期时间均比对照推迟，而进入高峰期和盛末期的时间相差不大，处理Ⅱ、Ⅲ、Ⅳ籽粒充实盛期持续时间分别为 8.52 d、8.12 d、8.94 d，均比对照短，而且各时期的充实速率较对照均有不同程度降低，最大充实速率分别仅为对照的 75.93%、50.10%、31.13%。

（二）遮光对芸豆籽粒品质的影响

1. 对籽粒商品品质的影响　不同遮光处理的芸豆籽粒商品品质变化情况如表 5 - 14。分析结果表明，各处理间籽粒商品率差异达极显著水平（$F=16.12 > F_{0.01}$），商品率随着遮光强度的增加而迅速降低，处理Ⅱ、Ⅲ、Ⅳ分别比对照下降了 3.82%、33.14%、60.92%，在不合格籽粒中，秕粒对商品品质影响最大，其次是霉烂粒。这主要是因为弱光降低了繁殖器官的生物量分配，增加了对支持结构（包括茎、叶和叶柄）的生物量分配，使籽粒充实不充分，成熟度降低，同时，遮光相对促进了茎和叶的生长，造成植株间相互遮阴或倒伏，田间通风透光性不良，湿度较大，发霉粒所占比例增大。数据分析结果还表明，各处理间芸豆籽粒密度差异达显著水平（$F=4.95>F_{0.05}$），籽粒密度随遮光强度的增加而降低，各处理间芸豆粒重极差差异不显著（$F=3.61<F_{0.05}$），但百粒重变化幅度较大，籽粒均匀度随遮光强度的增加呈递减的趋势。

表 5-14　各处理籽粒商品品质的变化

处理	商品率 （%）	秕粒 （%）	发霉粒 （%）	籽粒密度 （g/cm³）	粒重极差 （g）	百粒重 （g/百粒）
Ⅰ	93.26aA	2.77dD	2.10cC	1.31aA	0.12aA	18.62aA
Ⅱ	89.44bB	7.37cC	1.98dC	1.29aA	0.14aA	15.23bA
Ⅲ	60.12cC	33.44bB	4.72bB	1.22bA	0.13aA	9.41cB
Ⅳ	32.34dD	56.32aA	7.13aA	1.15bA	0.15aA	6.67dB

注：表中数据为 3 次重复平均值，纵列不同大小写字母分别表示差异为 0.01 和 0.05 显著水平。

2. 对籽粒营养品质的影响　各处理籽粒营养品质测定结果见表 5-15。对籽粒淀粉含量数据进行分析，结果表明：不同光照强度下籽粒中淀粉含量差异显著（$F=12.90>F_{0.05}$），籽粒淀粉含量随光照强度的降低而减少，处理Ⅱ、Ⅲ、Ⅳ分别比对照下降了 0.69%、1.05%、1.70%，籽粒淀粉含量与光照强度呈极显著正相关（$r=0.987\,0^{**}$）。

表 5-15　各处理的籽粒营养品质测量结果

处理	淀粉含量（%）	脂肪含量（%）	蛋白质含量（%）
Ⅰ	49.62aA	2.842aA	24.727dC
Ⅱ	48.93abA	2.773abA	25.414cB
Ⅲ	48.57bA	2.698bA	25.914bA
Ⅳ	47.92bA	2.603bA	26.246aA

注：表中数据为 3 次重复平均值，纵列不同大小写字母分别表示差异为 0.01 和 0.05 显著水平。

籽粒脂肪含量数据分析结果表明：不同光照强度下籽粒中脂肪的含量差异显著（$F=16.40>F_{0.05}$），籽粒脂肪含量随光照强度的降低而减小，处理Ⅱ、Ⅲ、Ⅳ分别比对照下降了 0.069%、0.144%、0.239%，籽粒脂肪含量与光照强度达极显著正相关（$r=0.994\,3^{**}$）。

籽粒蛋白质含量数据分析结果表明：不同光照强度下籽粒中蛋白质的含量差异极显著（$F=40.512>F_{0.01}$），籽粒蛋白质含量随着光照强度的降低而增大，处理Ⅱ、Ⅲ、Ⅳ分别比对照提高了 0.687%、1.187%、1.519%，籽粒蛋白质含量与光照强度呈显著负相关（$r=-0.975\,9^{*}$）。

三、结论与讨论

(一) 遮光对籽粒生长的影响

研究发现，籽粒的充实受籽粒充实速率和充实持续时间共同影响，遮光处理虽然不同程度地延长籽粒充实持续时期，相比对照推迟 1.68～5.82 d，充实始盛期、高峰期、盛末期转折时间也相应较对照推迟，但各个时期的充实速率远比对照低。在 100% 自然光照条件下，籽粒有较高的平均充实速率 [6.46 mg/(d·粒)] 和较长的充实旺盛期（9.7 d），籽粒生长速率由慢转快的天数为开花后的 14.21 d，由快转慢的天数为开花后 23.91 d。各遮光处理的籽粒平均充实速率远不及对照，77.3% 自然光照、56.8% 自然光照、28.7% 自然光照处理的平均充实速率分别比对照减少 1.33 mg/(d·粒)、3.60 mg/(d·粒)、4.39 mg/(d·粒)，且充实盛期时间均比对照短，分别为 8.52 d、8.12 d、8.94 d。

各处理粒重增长动态的高峰期出现在开花后的 20.40～20.63 d，此期为籽粒充实盛期，粒重日增加量最大，此时的充实速率和持续时间与产量形成关系最为密切，此期处理 I、II、III、IV 的最大充实速率分别为 19.4 mg/(d·粒)、14.73 mg/(d·粒)、9.72 mg/(d·粒)、6.04 mg/(d·粒)，差异十分明显。可见，遮光使粒重减轻，主要是因为充实速率下降造成的。有关谷物籽粒充实过程研究也表明，种子充实能力是品种特征和外界环境条件下共同作用的结果，遮光后因降低光合作用，从而限制了籽粒贮积物质的"供给源"，充实时间并未缩短，但充实速率降低，从而使粒重减少。

(二) 遮光对籽粒品质的影响

研究结果表明，遮光对芸豆籽粒商品品质会产生严重的不利影响，特别是对籽粒的商品率和籽粒密度。随着遮光强度增大，籽粒商品品质劣化程度加剧。试验还发现，遮光对芸豆籽粒营养品质也有较大影响，籽粒蛋白质含量随光照强度的降低极显著增加，其相关系数达 -0.975 9；而籽粒淀粉含量、脂肪含量随光照强度的降低极显著降低，其相关系数分别达 0.987 0、0.994 3。任万军等（2003）研究认为，遮光处理后的光照主要是散射光，含蓝紫光的比例高，蓝光能促进蛋白质与非碳水化合物的积累，遮光后植株茎叶及穗的全氮含量增加，运转到籽粒单位干物重中的氮素含量明显高于对照。相反，植株合成碳水化合物的能力削弱，转移到籽粒中的碳水化合物量相应减少。

由于芸豆品质差异是由复杂的生理生化过程引起的，这些过程每一个内部因素都受到一个或一组基因控制，环境条件、栽培措施对其表达均有不同的影响。因此，考察芸豆籽粒品质与光照强度效应时还应注意分析其他生态因素的影响，如光照时间、光照强度、温度、湿度、水分、肥料供应等对籽粒品质的单独效应和互作效应，这一方面有待于进一步研究。

综上所述，光照不足不仅影响籽粒的生长，而且会造成籽粒品质下降。籽粒增重可以解析为籽粒充实速率和有效充实时期，前者反映了籽粒所贮存物质的合成速度，后者则是发育过程长短的体现，在这两个因素中，充实速率起着重要的作用，在保持一定的充实持续期的前提下，着重提高籽粒充实速率，尤其是中、后期的充实速率，从而积累较多的干物质，对于提高粒重，保证籽粒饱满是很重要的。弱光逆境不但会造成作物徒长，而且还改变了光合产物的流向，使得果实中的同化产物分配比例下降，影响其开花、结果及果实的发育，导致果实的硬度下降、成熟延迟、可溶性固形物、糖、游离氨基酸的形成和积累等都会受到影响和限制，最终导致产量和品质下降。

第五节　花荚期土壤水分胁迫对芸豆光合生理及产量的影响

芸豆是需水较多的作物，在整个生育过程中，以土壤水分为田间持水量的 $60\%\sim70\%$ 最为适宜，土壤水分过少或过多，都会影响芸豆生长和发育，特别是在芸豆需水临界期。芸豆需水临界期一般认为是在花芽分化期至花粉形成期，在此期间水分亏缺将影响小孢子的正常分裂及碳水化合物的新陈代谢，致使核仁溶解，花药内含物分解，花粉畸形、不孕或死亡，开花结荚量减少。本试验探讨了开花结荚期水分胁迫对芸豆光合特性及产量的影响，旨在为芸豆高产栽培及抗旱育种等提供一定的指导。

一、材料与方法

(一) 试验设计

试验于 2011 年在西昌学院高原及亚热带作物研究所试验农场进行，试验地海拔高度 1 550 m，属亚热带高原季风气候。供试品种为直立型芸豆品种北京小黑芸豆，4 月 20 日播种于直径 33 cm，高 28 cm 的盆钵中，内盛 13 kg 细沙壤土（有机质含量 29.6 g/kg、全氮 2.23 g/kg、全磷 0.59 g/kg、速效钾 52.1 mg/kg，pH 6.7），播种前浸种 20 h，出苗后每盆留 3 苗。6 月 14 日芸豆始花（10%植株第一朵花序花张开，播种后 55 d）移至遮雨棚内进行水分胁迫处理，遮雨棚遇雨遮盖，晴天打开，并保证光照充足一致。水分胁迫处理参照 Hsiao（1973）的方法，采取定期分批停止浇水方法，设置 3 种胁迫强度，分别为处理 A：轻度水分胁迫（土壤相对含水量 55%左右，植株上部叶片于晴天中午时呈轻度萎蔫）；处理 B：中度水分胁迫（土壤相对含水量 45%左右，植株上部叶片于晴天中午时呈中度萎蔫，至傍晚恢复正常）；处理 C：重度水分胁迫（土壤相对含水量 35％左右，植株上部叶片于晴天中午时呈严重萎蔫，至深夜恢复正常）；以全育期正常灌水植株为对照（土壤相对含水量 70％左右，植株全天不萎蔫）。每个处理 10 盆，随机区组排列，重复 3 次。水分胁迫处理 15 d 后（6 月 30 日）恢复正常供水，直至成熟。水分胁迫期间平均气温 21.7 ℃，空气平均相对湿度 69.3％。

（二）测定项目与方法

1. 叶片相对含水量及叶比重的测定　水分胁迫处理结束后，于中午 12:00～12:30 每小区取 2 盆共 6 株，参照李玲（2009）方法测定叶片相对含水量（RWC），参照杨四林等（1998）方法测定叶比重。RWC（％）＝[（自然鲜重－干重)/（饱和鲜重－干重）]×100。

2. 叶绿素含量测定　水分胁迫处理当天开始，于上午 8:30～9:00 用 CCM - 200 型活体叶绿素测量仪（美国 CID 公司生产）每 5 d 测定一次，至恢复正常供水 10 d 后结束。

3. 光合速率的测定　水分胁迫处理结束后，用 CI - 310 型便携式光合作用测定系统（美国 CID 公司生产）于 7:30～17:30 每 2 h 测定一次，各处理交叉测量，以减少太阳辐射的影响。

4. 光合生理指标的测定　水分胁迫处理结束后，用 GXH - 305 型便携式红外线分析器于上午 9:00～10:00 测定光饱和点、光补偿点、光呼吸速率、CO_2 补偿点。

5. 气孔特征的测定　水分胁迫处理结束后，于上午 8:30～9:00 进行，用脱脂棉拭去叶片上表皮上的灰尘，采用无色指甲油印痕法在光学显微镜下观测表皮气孔特征。

（1）气孔长度、宽度的测定　分别将样片置于光学显微镜（Olympus CX - 31）×40 倍下，用数码显微成像系统（Olympus DP - 20）照相，用数码测距软件 Motic Images Advanced 3.0 标定，每片叶上取 5 个部位，每部位观测 2 个视野，每视野随机测 5 个关闭状态下气孔的值，气孔长度为哑铃形保卫细胞长度，气孔宽度为垂直于哑铃形保卫细胞的最宽值。

（2）气孔开度测定　随机 5 个视野，每个视野选取 10 个开放气孔，测定气孔的孔径宽度。

（3）气孔密度　测量视野面积，按每平方毫米的气孔数计算气孔密度，每片叶上取 5 个部位，每个部位观测 5 个视野，求其平均值。

6. 产量性状及各器官光合生产量的测定　从水分胁迫处理开始，定期定点标记花朵和荚果，测定单株开花总数和结荚数；成熟后每小区取样 10 株进行考种，并测定各器官干物质重量。

试样均取自植株顶部下数第 3～4 节位的功能叶。

二、结果与分析

（一）水分胁迫对叶片相对含水量（RWC）及叶比重的影响

叶片相对含水量表示植物体的水分状况，通常认为是耐（抗）旱性鉴定的较好生理指标。试验结果表明，水分胁迫使叶片相对含水量明显降低（图5-6）。水分胁迫15 d后，处理A、处理B、处理C的叶片相对含水量分别比对照降低10.71%、20.97%、35.85%，表明随着水分胁迫程度的加强，芸豆叶片水分愈趋减少。同时，水分胁迫造成叶比重降低，处理A、处理B、处理C的叶比重分别比对照降低12.56%、27.41%、39.31%，各处理间差异均达极显著水平（$F=14.66>F_{0.01}$）。叶片含水量及叶比重的变化与植株田间表现相一致，正常灌水的植株叶片舒展挺健、叶色油绿、富有弹性；水分胁迫处理的植株叶片萎蔫、叶色变淡、失去弹性，重度和中度水分胁迫的植株下部叶片落黄早。

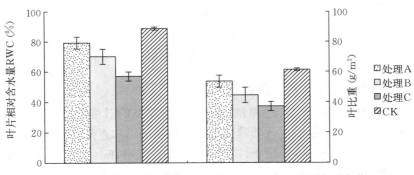

图5-6　不同程度水分胁迫下叶片相对含水量及叶比重变化

（二）水分胁迫对叶片叶绿素含量的影响

试验结果如图5-7所示。水分胁迫期间，不同程度胁迫处理的叶绿素含量均呈下降趋势，下降幅度从大到小依次为重度水分胁迫、中度水分胁迫、轻度水分胁迫，且随着胁迫时间延长，下降程度加大，而对照在此期间的叶绿素含量却是逐渐升高的。在水分胁迫处理结束时（芸豆进入开花结荚盛期），处理A、处理B、处理C的叶绿素含量分别比对照降低13.7%、28.6%、46.4%。恢复正常灌水后，处理A的叶绿素含量迅速恢复，5 d后基本达到对照水平；处理B的叶绿素含量也有较大幅度提高，但因水分胁迫期间下降程度较大，5 d后叶绿素含量仅为对照的83.8%；处理C的叶绿素含量在恢复灌水初期仍继续降低，直到复水10 d后才稍有回升。表明轻度和中度水分胁迫使叶绿素生物合成受到抑制，但尚未对叶绿素造成严重破坏，而重度水分胁迫下，叶绿素合成不仅受到抑制，而且原有的叶绿素也遭到破坏，复水后叶绿素含量难以恢复。Beardsell 等（1973）认为这是导致其光合速率和光合生产率大幅度下降的原因之一。

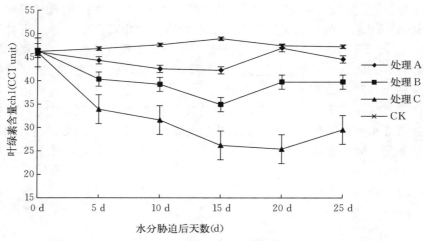

图 5 - 7　水分胁迫及复水后叶绿素含量的变化

（三）水分胁迫对叶片光合速率的影响

水分胁迫处理结束后各处理植株叶片光合速率的日变化如图 5 - 8 所示。各处理间光合速率差距明显，随着水分胁迫程度的增加，光合速率下降幅度增大。对照和轻度水分胁迫处理条件下，叶片光合速率在上午 11：30 左右达到最大值［光量子通量密度 1 383 $\mu mol/(s \cdot m^2)$，温度 22.1 ℃，相对湿度 63.8%］，分别为 13.3 $\mu mol/(s \cdot m^2)$ 和 9.4 $\mu mol/(s \cdot m^2)$，随后逐渐下降，光合速率日变化呈双峰曲线，在 13：30 左右有明显的"午休"现象；中度水分胁迫和重度水分胁迫处理条件下，叶片光合速率在上午 9：30 左右即达到最大值［光量子通量密度 1 036 $\mu mol/(s \cdot m^2)$，温度 19.2 ℃，相对湿度 70.8%］，分别为 7.1 $\mu mol/(s \cdot m^2)$ 和 5.2 $\mu mol/(s \cdot m^2)$，随后逐渐下降，到 13：30 左右降到最低点，之后又逐步升高，但在整个下午光合速率都非常微弱，呼吸作用大于光合作用，尤其重度水分胁迫处理的光合速率到 17：30 时仍为负值，表明光合速率对水分亏缺十分敏感，中度和重度水分胁迫严重降低叶片光合速率。

（四）光饱和点、光补偿点、光呼吸、CO_2 补偿点的变化

试验结果如表 5 - 16，随着水分胁迫程度的增加，芸豆叶片光饱和点下降，光补偿点、CO_2 补偿点升高，光呼吸增强。表明水分亏缺造成叶片光能

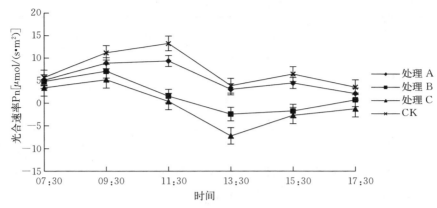

图 5-8　不同程度水分胁迫下芸豆叶片光合速率的日变化

利用率降低，利用 CO_2 的能力下降，同时增大了光合产物的消耗，减少了光合同化产物的积累。在重度水分胁迫条件下，叶片萎蔫严重，还可能导致植物体内活性氧自由基代谢失调，光合膜结构和功能受损，造成光合作用的非气孔抑制，光合作用几乎停止。

表 5-16　不同程度水分胁迫下叶片光合生理指标的变化

处理	光饱和点 （$\times 10^4$ lx）	光补偿点 （$\times 10^3$ lx）	CO_2 补偿点 （μL/L）	光呼吸速率 （μL/L）
A	3.4±0.14 aA	2.6±0.15 cBC	111±2.10 cC	31±0.58 cC
B	3.0±0.09 bB	3.7±0.02 bB	137±2.74 bB	37±1.33 bB
C	2.7±0.17 cB	5.9±0.04 aA	156±3.15 aA	43±1.54 aA
CK	3.5±0.11 aA	2.1±0.03 cC	102±1.35 cC	28±0.55 cC

注：表中数据为 3 次重复平均值，纵列不同大小写字母分别表示差异为 0.01 和 0.05 显著水平。

（五）水分胁迫对叶片气孔特征的影响

不同程度水分胁迫处理对叶片上表皮气孔特征的影响如表 5-17。水分胁迫增大了气孔密度，并随胁迫程度的增加而增大，这可能与水分胁迫使叶面积变小，从而提高了单位叶面积上的气孔个数有关。水分胁迫对气孔长度影响较小，但对气孔宽度和气孔开度影响显著，尤其重度水分胁迫处理更为明显，其气孔宽度和气孔开度分别比对照减小了 5.42 μm 和 3.99 μm，处理间差异分别达到 23.83% 和 59.46%，而长度差异仅为 5.62%。表明水分胁迫下气孔状况的变化主要表现为宽度的下降和气孔开度的减小。

表 5-17　不同程度水分胁迫对叶片上表皮气孔特征的影响

处理	气孔密度（/mm²）	气孔长度（μm）	气孔宽度（μm）	气孔开度（μm）
A	62.22±2.42 bcB	38.65±4.33 aA	20.69±2.12 bAB	5.24±1.83 bcB
B	64.85±3.11 bB	37.83±2.76 abA	19.77±2.05 bB	4.75±1.20 cB
C	68.07±2.58 aA	37.09±1.53 bA	17.32±3.22 cC	2.72±0.32 dC
CK	61.61±1.47 cB	39.30±3.09 aA	22.74±1.54 aA	6.71±1.11 aA

注：表中数据为 3 次重复平均值，纵列不同大小写字母分别表示差异为 0.01 和 0.05 显著水平。

（六）水分胁迫对芸豆花荚形成及产量性状的影响

试验结果如表 5-18 所示，在中度和重度水分胁迫条件下，芸豆单株开花总数显著减少，极显著低于对照，分别比对照减少 17.55％和 39.17％，由于开花数量太少，花荚脱落较多，单株结荚数只有对照的 60.79％和 31.88％，极显著低于对照。轻度水分胁迫的单株开花总数虽然与对照相差不大，但花荚脱落率较大，单株结荚数也只有对照的 77.02％，极显著低于对照。同时，水分胁迫使单株粒数显著减少，处理 A 单株粒数减少的主要原因是单荚粒数减少，而处理 B、处理 C 除此之外，更主要是因为单株开花结荚数少。因此，开花结荚期水分亏缺将造成繁殖器官发育受阻，花荚脱落率增高，单株粒数减少。由于生殖库的减少，且光合能力和库源比率存在较强的补偿作用，加之后期恢复了正常灌水，粒重得以补偿，因此花荚期水分胁迫对粒重影响相对较小。水分胁迫最终导致单株产量下降，处理 A、处理 B、处理 C 条件下，产量分别比对照降低 41.29％、66.37％、85.02％。

表 5-18　不同程度水分胁迫对芸豆花荚形成及产量性状的影响

处理	单株开花总数（朵/株）	单株结荚数（荚/株）	花荚脱落率（％）	单荚粒数（粒/荚）	单株粒数（粒/株）	百粒重（g）	单株产量（g/株）
A	97.51 aA	14.81 bB	84.81 bBC	4.12 bB	61.02 bB	12.43 bA	7.21 bB
B	86.94 bB	11.69 cC	86.55 bB	3.09 cC	36.12 cC	11.81 bA	4.13 cC
C	64.15 cC	6.13 dD	90.44 aA	2.80 cC	17.16 dD	11.95 bA	1.84 dD
CK	105.45 aA	19.23 aA	81.76 cC	4.74 aA	91.15 aA	13.27 aA	12.28 aA

注：表中数据为 3 次重复平均值，纵列不同大小写字母分别表示差异为 0.01 和 0.05 显著水平。

（七）水分胁迫对芸豆光合生产量的影响

水分胁迫条件下，植株各器官的光合生产量都有明显的降低（表 5-19）。处理 A、处理 B、处理 C 的单株光合生产量分别比对照降低 19.00％、30.08％、42.08％，相比之下，地上部分（叶片、茎秆、荚果）较地下部分

（根系）下降幅度更大，根冠比随水分胁迫程度的增加而增大；各器官下降的幅度从大到小依次为荚果＞茎秆＞叶片＞根系。表明开花结荚期水分胁迫对地上部分生长抑制程度更为明显，尤其对荚果的光合生产量影响最为严重。

表 5 - 19　不同程度水分胁迫对芸豆光合生产量的影响

处理	叶片 （g）	茎秆 （g）	荚果 （g）	根系 （g）	单株光合 生产量（g）	根冠比 （干重，mg/g）
A	8.1 aA	30.4 bcB	19.2 bB	3.7 aA	61.4 bB	64.12 bB
B	7.0 bB	29.3 cB	13.5 cC	3.2 bB	53.0 cC	64.26 bB
C	5.9 cC	27.5 cB	7.6 dD	2.9 bB	43.9 dD	70.73 aA
CK	8.9 aA	34.2 aA	24.9 aA	3.8 aA	75.8 aA	52.78 cC

注：表中数据为 3 次重复平均值，纵列不同大小写字母分别表示差异为 0.01 和 0.05 显著水平。

三、结论与讨论

（一）水分胁迫对芸豆光合生理的影响

由于光合作用是植物体内最为重要的代谢过程，在植物进化过程中具有稳定性，因此，常被用作判断植物生长和抗逆性的重要生理指标。试验结果表明，水分胁迫条件下芸豆叶片 RWC 下降，叶比重降低，这些变化造成了作物水势和膨压降低，气体交换阻力增大，光能利用效率及光合能力减弱，从而降低了光合作用，即在一定范围内，叶片 RWC 和叶比重与叶片光合能力呈正相关，这在其他作物上也有相同报道。同时，水分胁迫降低叶绿素含量，叶绿素含量与光合速率的变化趋势相同，即叶绿素含量和光合速率随水分胁迫程度的增加，下降幅度增大，这是因为作物光合作用的实现依赖于叶绿素对光能的吸收，水分胁迫使叶片组织水分缺乏，影响核糖体的形成，蛋白质合成受阻，叶绿素形成受到抑制，含量减少，尤其是重度水分胁迫下还会加快原有叶绿素的分解，复水后叶绿素难以恢复，直接表现为叶片发黄、衰老快。

水分胁迫对光合作用的影响是多方面的，随着水分胁迫程度的增加，光饱和点逐渐下降，光补偿点、CO_2 补偿点逐渐上升，光呼吸增强，这就要求有更高的光照强度和 CO_2 浓度才能使光合作用与呼吸作用的 CO_2 交换量相等，而光饱和点的降低，又使叶片对光能的利用率下降，这些因素的变化造成了叶片光合速率的下降。虽然从能量代谢角度来看，光呼吸没有能量积累，而且在反应中还要消耗 NADH 和 ATP，对植物生长和干物质积累都有很大损失。但近年来有研究认为，在干旱条件下，光呼吸消耗过剩的光能，可保护叶绿体免受伤害。

（二）水分胁迫对叶片气孔特征的影响

气孔作为叶片与外界水分和气体交换的通道，其状况直接影响着植株的光合作用。水分胁迫对植物光合的抑制包括气孔抑制和非气孔抑制，前者是指水分胁迫使气孔导度下降，CO_2 进入叶片受阻而使光合下降，后者是指光合器官光合活性下降，植物体内活性氧自由基代谢失调而引发的生物膜结构和功能的破坏。研究结果表明，轻度水分胁迫和中度水分胁迫下，叶片光合速率的降低主要是气孔开度减小或关闭的结果，而重度水分胁迫下，还可能造成光合器官光合活性的下降，即非气孔抑制。

水分胁迫对叶片气孔特征的影响主要表现在气孔宽度和开度的减小。水分亏缺造成保卫细胞失水，体积缩小，薄壁拉直使得中间部分趋于合拢，这是生物生态适应的结果，是水分胁迫下植物适应环境、抵御干旱的机制之一。虽然水分亏缺在一定程度上增加了气孔密度，但由于气孔开度显著降低，空气中 CO_2 从叶面通过气孔扩散到叶内气室及细胞间隙受阻，同化 CO_2 的速率降低，即气孔开度是气孔阻力主要形成因素。研究发现，水分胁迫下气孔发生的相应变化，与形态、生理指标变化测定结果相吻合，水分胁迫使叶面积减小，叶片含水量下降，为了减少体内水分的散失，气孔开度必然变小，甚至关闭，这样也增大了 CO_2 扩散到叶片内和进入叶肉细胞的阻力，导致叶片光合速率下降。同时，从光合速率日变化中还可以看出，在正常灌水和轻度水分胁迫条件下，叶片气孔开启高峰发生在 11:30 左右，气孔关闭时间约在 13:30，而在中度和重度水分胁迫条件下，气孔开启高峰发生在 9:30 左右，气孔关闭时间提前到 11:30 左右。气孔提前关闭，是为了减少水分散失，维持生长所需要的膨压，也是植株保护细胞器的一种重要适应机制，有助于抗旱。

（三）水分胁迫对芸豆产量构成及产量的影响

在水分胁迫条件下，植株发育受到抑制，各器官的光合生产量降低，这是作物对干旱的一种适应性反应。同时，随着水分胁迫程度的增加，植株根冠比增大，根冠比增加也是植物对干旱的一种重要适应方式，这种适应可能与植物体内源 ABA 含量增加有关。一般来说，在水分胁迫下有较高根冠比的作物和品种，具有较强的抗旱高产特性，可作为抗旱育种和抗旱栽培的材料。

芸豆开花结荚期正是营养生长和生殖生长并进、大量繁殖器官形成生长的旺盛期，源库矛盾突出，在此期间即使是轻度的水分胁迫也会造成花荚数和籽粒数减少，单株产量显著下降。

单株产量实质上是作物在个体发育过程中光合产物总积累量在经济器官中的分配数，它主要由光合产物的总积累和库的大小决定。缺水降低光合产物的总积累量和库的大小。决定光合产物积累的三个主要因素是源的大小、源的强度和源的持续时间。水分胁迫使绿叶面积减小即降低了源的大小，促使叶片衰老死亡即缩短了源的持续时间，降低了净光合速率即减弱了源的强度，导致光合物质生产能力降低，光合产物的总积累量减少。而且由于光合源严重受损，减少了对繁殖器官的供应，致使花败育，受精结实率降低。这是芸豆花荚期水分胁迫产量降低的主要机制。因此，在芸豆栽培中，应特别注意花荚期的水分管理，防止干旱发生，以利于花荚的形成和籽粒的充实，实现高产。

第六章　攀西地区芸豆病虫害管理

第一节　芸豆的病害

在食用豆类作物中，芸豆的病虫害发生比较严重，主要病害有菜豆炭疽病、锈病、普通花叶病毒病、黄花叶病毒病、根腐病、角斑病、枯萎病、细菌性疫病等。

一、菜豆炭疽病

（一）病原形态特征及生物学特性

菜豆炭疽病是由菜豆炭疽菌 [*Colletotrichum lindemuthianum* （Sacc. et Magn.） Briosi et Cav.] 引起的一种真菌性病害，菜豆炭疽病菌属真菌界、半知菌亚门、炭疽菌属。分生孢子盘初着生于寄主表皮下，后突破表皮外露，淡褐色至黑色，聚生，圆形或近圆形。盘上散生刺状刚毛，刚毛暗褐色，基部稍膨大，顶尖稍尖，有 1～4 个隔膜。分生孢子梗短小，单胞，无色，密集在分生孢子盘上。分生孢子圆形或卵圆形，单胞，无色，两头较圆，或一端稍狭窄。病原有性态为菜豆小丛壳菌 （*Glomerella lindemuthianum* （Sacc. et Magn) Shear et Wood)，属真菌子囊菌亚门、小丛壳属，在自然条件下很少发生。

关于菜豆炭疽菌的起源有两种假说：一种假说认为，菜豆炭疽菌与普通菜豆是协同进化的，菜豆炭疽菌也分别起源于两个中心（Pastor - Corrales，1996；Balardin 等，1998）。从安第斯基因库的材料上分离到的菌株与从中美基因库的材料上分离到的菌株明显不同，即同一小种不同时存在于两个基因库，菜豆炭疽菌的分布具有明显的地理特异性，接种鉴定时表现为致病力不同，分子水平上表现为核苷酸的差异，对它们进行遗传多样性分析可分为明显不同的两组，安第斯的生理小种只能侵染安第斯的品种，几乎不能侵染中美地区的品种；另一种假说认为，菜豆炭疽菌是从中美地区起源和传播的，Sicard（1997）用 ITS 区的 RAPD 和 RFLP 标记研究不同来源的菜豆炭疽菌群体时发现墨西哥菜豆炭疽菌的基因位点包括厄瓜多尔和阿根廷炭疽菌的全部基因位点，且还包括许多厄瓜多尔和阿根廷炭疽菌没有的位点，由此得出厄瓜多尔和阿根廷的菜豆炭疽菌是从中美地区传来的结论。George 等（2004）对搜集自安第斯和中美地区的 200 个菌株进行遗传多样性分析，结果并没有按照地理来源分为两组，有些菌株同时从两个基因库的材料上得到，而且安第斯地区菌株的遗传变异不如中美地区丰富，且毒力小，寄主范围也不如中美地区的广泛，因此也认为菜豆炭疽菌起源于中美地区。但大多数科学家赞同协同进化的学说，因为某些研究中用的材料是经过改良的新育成品种，其所含的抗病基因及遗传背景不清楚，而协同进化学说不仅仅是依据寄主基因库来源，更重要的是依据寄主所含有的抗病基因基因库来源。

炭疽病菌适宜生长在温度 14～18 ℃，相对湿度 100％条件下，温度低于 13 ℃，高于 27 ℃，相对湿度低于 90％条件下，病菌生长量明显下降，病势停止发展，因此，种植在大棚、温室里的芸豆因湿度较大，易发此病。此外，栽植密度过大，地势低洼，排水不良的地块易发病。李永镐等（1995）利用 MA 培养基培养该菌，结果表明，病菌菌丝在 5 ℃以下不能存活，随着温度升高，生长量逐渐增加，在 35 ℃条件下生长量又明显下降，35 ℃以上病菌不能生长。菜豆炭疽菌分生孢子在含葡萄糖、无机盐，蛋白胨和 1％的芸豆叶片汁液的培养基中萌发率最高（79.0％），在只含葡萄糖、果糖、木糖和蔗糖溶液的培养基中只有少量孢子萌发。

（二）菜豆炭疽病的发生及危害

菜豆炭疽病是世界芸豆生产中的主要病害之一，1875 年在德国首次报道，对芸豆的产量和品质均有严重影响，对热带、亚热带甚至温带等适宜真菌生长的芸豆产区造成巨大经济损失，在冷凉潮湿条件下病害发生严重，损失高达 30％～90％，甚至绝产（Pastor Corrales，1989）。我国是世界上重要的芸豆生产国之一，生产中的病害问题十分严重，其中菜豆炭疽病发生非常普遍，常发地区包括北京、天津、河北、内蒙古、黑龙江、吉林、四川、云南等，局部地区发生严重（王晓鸣等，1989）。

芸豆整个生育期皆可发生炭疽病，除根部外，地上各部分均会受害。子叶上出现红褐色到深褐色病斑，近似圆形，以后病斑凹陷成溃疡状，使幼苗茎折断或死亡。叶片病斑多发生在叶背的叶脉上，沿叶脉先发生近圆形病斑，以后扩展成多角形小斑点，由红褐色变黑褐色斑，扩大至全叶后，叶片萎蔫；茎上病斑红褐色，稍凹陷，呈圆形或椭圆形，外缘有黑色轮纹，龟裂，潮湿时病斑上产生浅红色粘状物；在未成熟的荚上病斑初为褐色小点，长圆形，多个病斑常合成大病斑，中心黑褐色，边缘淡褐色至粉红色，成熟后病斑中部凹陷，边缘隆起，并穿过豆荚而扩展到子粒上，易腐烂；子粒受害有明显的溃疡病斑，大小不一，形状不规则，呈黄褐色，斑点常发生在子粒表面，严重的浸染子叶内、胚内（李金堂等，2009）。

（三）菜豆炭疽病的传播途径

菜豆炭疽菌以菌丝体形态潜伏在种子内外或以菌丝体随病残体越冬，带病种子可远距离传播。播种带病种子引致幼苗子叶或嫩茎发病，子叶或幼茎上的病部产生分生孢子，借风雨、昆虫传播；病残体上的病菌，翌年产生分生孢子，靠雨水、灌溉水飞溅传播，侵染寄主，发病产生分生孢子后重复侵染。携带病菌的种子，是翌年的初染侵染源。在多雨、多露、多雾、冷凉多湿的条件下，或种植过密、土壤黏重的低温地，病害发生重。品种间抗病性存在差异，一般蔓生型品种抗病性较强，矮生型品种抗病性较弱。

（四）菜豆炭疽菌的生理分化

目前已经发现 100 多种炭疽菌生理小种（Menezes and Dianese，1988；Sicard et al.，1997；Balardin et al.，1997；Rodríguez Guerra et al.，2003；Ferreira et al.，2003）。1991 年 Pastor - Corrales 提出建立由 12 个不同的菜豆品种作为国际统一鉴别寄主，小种采用二进制命名法，12 个鉴别寄主分别是：Michelite、Michigan Dark Red Kidney（MDRK）、Perry Marrow、Cornell49242、Widusa、Kaboon、Mexico222、PI207262、TO、TU、AB136 和 G2333，这些鉴别寄主分别携带 1 个或几个已知抗炭疽病基因（表 6 - 1），之后研究中均用这 12 个鉴别寄主对炭疽病菌分离物鉴定和命名，不同的炭疽菌生理小种表型不同。

表 6 - 1　12 个鉴别寄主中所含有的抗炭疽病基因（CIAT）

鉴别寄主	抗病基因	基因来源	小种命名
Michelite	—	MA	1
Michigan Dark Red Kidney	$Co-1$	A	2
Perry Marrow	$Co-1^3$	A	4
Cornell49242	$Co-2$	MA	8
Widusa	$Co-9$	MA	16
Kaboon	$Co-1^2$	A	32
Mexico222	$Co-3$	MA	64
PI207262	$Co-4^3$，$Co-9$	MA	128
TO	$Co-4$	MA	256
TU	$Co-5$	MA	512
AB136	$Co-6$，$Co-8$	MA	1024
G2333	$Co-4^2$，$Co-5$，$Co-7$	MA	2048

注：MA 表明来源于中美洲地区；A 表明来源于安第斯山区；小种命名为二进制命名法。

炭疽菌具有高度变异性，各个地区已鉴别出许多炭疽菌生理小种。炭疽菌变异大的主要原因：菜豆炭疽菌为有性态，能进行有性生殖，有性生殖的杂交过程产生了遗传物质的重组，使后代朝着有利于生活力和适应性增强的方向发展；菜豆炭疽菌是一种种传真菌，在随着寄主传播的过程中由于选择压力的存在，也可能发生变异（Pastor Corrales，1993）；另外，基因漂流和准性生殖也是引起菜豆炭疽菌高度变异的原因（Leung，1993）。

我国地域广阔，芸豆资源分布十分广泛，种植区生态类型丰富，在我国特有的生态环境下产生了许多特异性的生理小种类型。王晓鸣（1998）对1984—1994年共10间从我国15个省（自治区、直辖市）收集的53个我国菜豆炭疽菌分离物分别利用传统鉴别寄主和CIAT国际统一鉴别寄主进行鉴定。用传统鉴别寄主鉴定出17种致病类型，将17种致病类型与国际上以传统方式命名的生理小种毒力型相比较得出我国致病类型1、2、3分别与小种α、β、λ相同，其余14种致病类型国际上未见报道。用12个CIAT国际统一鉴别寄主鉴别出11个生理小种：17、18、50、81、90、100、113、115、119、194、562。除17、81和119小种国外已有报道外，其余8个小种均为我国首次发现，表明我国菜豆炭疽菌的致病性分化有其独特的路线，充分揭示我国菜豆炭疽菌的小种多样性非常丰富，致病性遗传变异很大，这对菜豆炭疽病的综合防治意义重大。

（五）炭疽病的防治

1. 选用抗、耐病品种　由于菜豆炭疽菌在芸豆整个生育期均可侵染，因此利用抗、耐病品种是最经济、有效、环保的防治手段。抗病品种能够有效控制病害，并且抗性基因易于转育，是由于单基因抗性强，对病菌的选择压力大，促进了炭疽菌新小种不断出现，抗病品种很容易丧失抗性，因此利用具有多个抗性的单基因系的品种可以延长其抗性年限。耐病性是小种非专化性的表现，具有抗性持久性，但耐病品种对病害的防治能力有限，要通过与其他的防治方法相结合来控制病害，如与药剂防治相结合；或通过与抗病品种回交，保持其抗性持久性。

2. 栽培措施防治　在田间，病菌的分生孢子借风、雨或昆虫传播，且炭疽病在冷凉多雨、多露或重雾的条件下发病严重，因此，在栽培管理中要合理密植，施足底肥基肥，及时追肥和定苗，合理灌溉，灌水后及时松土，摘除病叶、病荚等，降低田间湿度，使之不利于病菌的传播蔓延；与非寄主作物实行2~3年轮作，如十字花科、茄科等蔬菜作物，严禁与芸豆重茬。收获后彻底清除田间病残株。设施栽培种植前可实行火烧土壤、高温焖室，增施二氧化碳气肥，促进植株长势健壮，增强抗病能力。

3. 化学药剂防治　菜豆炭疽菌是种传病害，种子品质是影响菜豆炭疽病传播的关键因素。选用无病种子，进行粒选或播种前，用 50％多菌灵可湿性粉剂或 50％福美双可湿性粉剂拌种，或 40％甲醛 200 倍液浸种 30 min，清水洗净后晾干播种。发病初期，可选用 75％百菌清可湿性粉剂 600 倍液，或 70％甲基硫菌灵可湿性粉剂 700 倍液等低毒、低残留、高效的杀菌剂喷洒植株，一般苗期喷 2 次，结荚期喷 1～2 次，2 次施药间隔 7 d 左右。

二、菜豆锈病

（一）症状

菜豆锈病为叶部重要病害，世界各地均发生严重。主要侵染叶、荚、茎、叶柄等地上部分，通常先在下部较老叶片上发生，逐渐向上发展，后期也侵染嫩荚。叶片上开始产生直径小于 0.3 mm 的苍白色圆形小肿斑，2～3 d 后肿斑破裂，呈红褐色的夏孢子堆，夏孢子堆逐渐增大，再过 7 d 左右，达到固有大小时，不再增大。夏孢子常出现在叶背面，但多数品种叶表面和叶背面均可出现，而有的品种只产生坏死斑。夏孢子堆的大小一般为 0.3～0.8 mm，个别品种达 0.8 mm 以上。有的品种夏孢子堆周围产生新的圆环形小型夏孢子堆，呈现"口"形，而有些品种夏孢子堆周围产生淡黄色晕圈。寄主叶片衰老时，在叶片上陆续产生黑色孢子堆，散出黑色粉状物（冬孢子堆）。在茎上或叶柄上发病，病斑长形；在嫩荚上发病，病斑呈圆形；叶脉上发病，叶片呈畸形。发病严重时，叶片干枯，畸形，提早落叶，严重影响产量。

（二）病原菌及传播途径

菜豆锈病病原菌（*Uromyces appendiculatus*）属真菌中的担子菌，该病菌在生活史上属于全孢型单主寄生锈菌，即夏孢子、冬孢子、担孢子和锈孢子世代都寄生在同一寄主上，不进行转主寄生。夏孢子单胞，圆形或卵形，黄褐色，基部有短柄，表面有微刺。冬孢子单胞，圆形或椭圆形，基部有长柄，顶部有半圆透明的乳状突起，胞壁黑褐色，平滑或有小瘤状突起。

菜豆锈病菌是一类专性寄生菌，寄生专化性强，可分化成许多形态相同而致病力不同的生理小种，世界各国已鉴定出 150 多个生理小种。由于各地气候和栽培品种的不同，不同地区均存在不同的生理小种，因而发病情况较复杂。我国华南地区锈病通常发生在春芸豆上，病期在 5～7 月，华北通常在秋芸豆上发生，病期在 8～10 月。菜豆锈病以冬孢子形态在受害植株病残体上越冬，越冬后的冬孢子在春季发芽后产生担孢子，侵染寄主。在南方温暖地区，病菌主要以夏孢子越季，越冬后发芽，芽管侵入寄主，随气流传播，人、畜或工具也可传播；性孢子（担孢子和锈孢子）可直接从寄主表皮侵入，而夏孢子只能从气孔侵入。温度 21～26 ℃、相对湿度 95％以上时，易于发病，阴雨多露是诱发锈菌发芽、侵入和流行的重要条件。其侵入 10 d 左右散出夏孢子，进行再传染。

（三）病菌侵染对寄主超微结构的作用及芸豆抗锈病的细胞学表现

病原菌在侵染寄主植物过程中，在其致病因子如酶、毒素等的作用下，往往对寄主的细胞结构造成影响，同时激发了寄主抗病性在细胞学上的表现。冯东昕等（2001）研究了菜豆锈病菌侵染对寄主超微结构的作用及芸豆抗锈病的细胞学表现。

1. 病菌侵染后对芸豆细胞超微结构的影响　健康芸豆叶片的组织细胞结构正常。细胞内含物丰富，细胞质、细胞器排列分布均匀；细胞内含有大量叶绿体，且有规律地排列于细胞质膜上；叶绿体双层膜完整，片层结构清晰，排列有序；线粒体丰富，外膜结构完整，内膜内陷形成的脊清晰易辨。

在感病品种被病原菌侵染的早期（接种后 24 h），病原菌的存在并不引起感病品种中被侵染细胞的快速死亡，从而使病原菌不断在细胞间扩展，因此，在透射电镜下可以看到，叶肉细胞间有大量菌丝蔓延，并在细胞内形成吸器。由于次生菌丝的存在，常常使得一个叶肉细胞内同时存在几个吸器。病原菌侵染的早期，寄主细胞的超微结构变化不大，只观察到了叶绿体片层结构轻微零乱。到病原菌侵染的后期（接种后 216 h），被侵染细胞发生严重质壁分离，其内的叶绿体膨胀变形，片层结构不整齐；线粒体无明显变化。

病原菌在侵染抗病品种的早期（接种后 24 h）即引起抗病品种被侵染细胞及其邻近细胞的坏死，从而限制了病原菌在寄主细胞间的扩展，因此，在电镜下很少看到在细胞间蔓延的菌丝，细胞内的吸器也比感病品种中少得多。在病原菌侵染的早期即可观察到坏死的寄主细胞发生质壁分离，叶绿体变形，片层结构零乱；到侵染后期（接种后 216 h），寄主细胞的叶绿体外膜破裂，叶绿体解体；线粒体脊不清晰，甚至空泡化；有时还观察到寄主细胞解体、不同细胞的细胞器堆积。

2. 芸豆抗锈病的细胞学表现　在感病品种中，寄主细胞坏死发生缓慢，真菌的菌丝在寄主细胞间得以大量蔓延。吸器母细胞侵入位点的寄主细胞壁内侧有一种电子致密度高的物质出现，而且在吸器颈周围也有一种电子不透明物质沉积，同时还观察到与吸器母细胞接触的寄主细胞壁加厚的现象。

在抗病品种中，被侵染的寄主细胞及其相邻细胞快速坏死，真菌菌丝的扩展受到限制。在抗病品种中同样也观察到了感病品种中存在的寄主对锈病菌侵染的 3 种反应，即吸器母细胞侵入位点的细胞壁内侧高电子致密物质的沉积，吸器颈周围电子不透明物质的沉积及与吸器母细胞接触的寄主细胞壁的加厚，且这 3 种反应比在感病品种中出现的程度高。此外，在抗病品种中，吸器母细胞侵入位点的寄主细胞壁外侧也有一种高电子致密的带状物质沉积。抗病品种的吸器外基质比感病品种内的宽。抗病品种的另外一个抗性特征是：寄主细胞质聚集在真菌吸器周围，内含大量线粒体。

（四）芸豆锈病菌侵染对寄主生理代谢的影响

病原菌侵染寄主植物后，在对寄主超微结构产生影响的同时，往往还导致寄主的生理代谢发生改变，如细胞膜透性的变化、呼吸作用和光合作用的失调及核酸和蛋白质代谢的失调等。冯东昕等（2004）借鉴其他植物-病原菌互作系统中的研究方法，首次从菜豆锈病菌侵染芸豆后对寄主生理代谢的影响方面，对芸豆锈病菌与寄主的相互作用进行了研究。结果认为，菜豆锈病菌的侵染导致了寄主植物细胞膜的透性增加及呼吸作用、光合作用和蛋白质代谢的失调。另外，芸豆锈病后期出现的萎蔫症状表明，菜豆锈病菌的侵染还导致了寄主水分代谢的失调。

（1）细胞的透性主要决定于细胞膜的结构和功能，但细胞膜的结构和功能常常受到各种不良环境因素的影响，如病原菌侵染及低温、高温、干旱等的伤害，表现为细胞膜透性增加。多数研究认为，细胞膜透性的变化是寄主细胞受到侵染后发生最早的反应，即膜透性的改变是寄主植物生理病变的起始步骤或早期反应。现有的研究表明，引起细胞膜透性变化的机制有以下几种：①质膜三磷酸腺苷酶（ATPase）的活化；②在病原物产生的细胞壁降解酶等物质的作用下寄主质膜的破裂；③ATP酶的活性被抑制；④破坏了维持和修补质膜所需的能源供应。

（2）病原物侵染后抗、感病品种的呼吸强度均增强，表明病原物侵染对寄主生理代谢的影响，而抗病反应比感病反应呼吸强度增加迅速且程度高，但经过一段时间低于感病反应，表明呼吸作用在病程早期的加强可能与抗病反应有密切关系。呼吸作用增强的意义在于：①维持细胞基本活动的需要；②生物合成的能量来源。如与抗病有关的木质素及植保素的生物合成所需能源都来自于呼吸作用的加强；③提供了生物合成的原料。进行呼吸作用的磷酸戊糖途径不仅为生物合成提供能源，而且为其提供原料。如磷酸戊糖途径产生的葡萄糖－6－磷酸脱氢酶和磷酸葡萄糖脱氢酶加速了包括木质素、类黄酮、异类黄酮在内的苯丙酮酸类化合物的合成。

（3）病原物侵染寄主植物后，主要对光合作用中的光合速率、叶绿体的结构及功能、光化学反应、CO_2的吸收与固定以及光合产物的转移与积累产生影响。

毫无疑问，叶绿体结构和功能的改变以及叶绿素含量的降低会导致光合作用的减弱，而有机物，如糖和淀粉的异常积累可能是由于病区的光合产物输入受阻，或健区光合产物的输出，或二者共同造成的。病区光合作用降低而呼吸作用增加，势必造成病原菌营养物质的贫乏而形成营养物质的浓度梯度，致使健区的大量营养物质集中运输到病区，而病区这种有机物的积累对于病原物的寄生和繁殖是十分有利的。试验结果表明，*U. appendiculatus* 侵染芸豆后，不仅抗病品种和感病品种叶片中糖和淀粉的含量都增加，而且感病品种中两种光合产物增加的幅度更大。

（4）现有的研究表明，病原物的侵染常常导致寄主细胞内游离氨基酸和酰胺含量的增加。但并不是所有的氨基酸都按此规律变化，而且感、抗品种接种前后氨基酸的变化也是不同的。感病品种中变化不大，接种后多数游离氨基酸含量轻微下降，这可能是由于 *U. appendiculatus* 侵染芸豆后，抗病品种体内某些蛋白质或酶的合成下降，而另一些蛋白质或酶的合成增加的原因。但由于在锈菌侵染的组织内，蛋白质的分解与合成是同时发生的，因此，无论感病品种还是抗病品种，接种前后蛋白质的含量变化都不大。

（五）防治方法

（1）选择适宜品种　选用抗病、耐病品种，常年重病地区尤为重要。

（2）合理轮作　重病地块可与非豆科作物实行三年以上轮作。

（3）改进种植方式　改平畦栽培为高垄栽培，有利于通风，防止田间存有积水，减少叶面结露，改善田间小气候。棚室栽培注意通风降温。

（4）加强田间管理，及时中耕除草　第一次除草，于移栽成活后或苗高7～10 cm 时进行，中耕宜浅，避免伤根。第二次于植株封行前进行，浅锄地表土。第三次于结荚后，除净杂草，铲除老根茎，促进通风。第四次于采摘结束后，结合清洁田园，将枯枝、病残叶集中堆沤作肥料，进行深锄，为来年培育壮苗打下基础。

（5）及时排水，适时灌溉　7～8 月遇高温干燥以及伏旱，应及时抗旱保苗。每次采摘后要及时浇水湿润土壤，以利萌发新苗。大雨后要及时清沟排水，降低田间湿度，减少病害发生因素。

（6）摘心打顶，增产增收　发病初期，选晴天摘去病株的顶芽，可促进多分枝，有利增产。分株繁殖的幼苗生长较慢，而且密度较稀，通过打顶，可促进侧枝生长，增加密度，有利于增产。

（7）药剂防治　发病初期，用 25％三唑酮可湿性粉剂 2 000 倍液、或 20％硫黄·三唑酮悬浮剂 1 000 倍液、或 40％三唑酮·多菌灵可湿粉 1 000 倍液、或 2.5％甲霜灵 1 000 倍液、或 75％百菌清 600 倍液喷洒 3～4 次，7～10 d 喷 1 次，交替喷施，喷匀喷足。

三、菜豆病毒病

菜豆病毒病发生普遍，是影响芸豆产量的重要病害，对产量的影响因不同品种及栽培条件而异，由于芸豆（蔓生型）生长时间长，侵染芸豆的病毒种类复杂多样，成为多种病毒在茄科、豆科等作物上扩散流行的桥梁寄主，因此菜豆病毒病引起了世界各地的关注。

（一）侵染芸豆的病毒种类

迄今为止已从芸豆中分离到 20 多种病毒，它们分布在 12 个组内，有球状、杆状、线条状，有的是成对存在的联体病毒，传播介体有蚜虫、叶蝉、粉虱、线虫和真菌，其中分布最广、危害最重、研究最多的有以下几种。

1. 普通花叶病毒（BCMV） 也叫菜豆病毒 1 号，是芸豆上发现最早的病毒，最早由 Stewarf 和 Reddick 描述，其寄主范围很窄，仅限于少数几种豆科植物，病毒粒体线条状，大小为 12 nm×750 nm，可通过蚜虫非持久性传播，也可通过种子传播，钝化温度为 60～65 ℃，稀释限点为 10^{-4}～10^{-3}，体外存活期 1～4 d。

2. 黄花叶病毒（BYMV） 也叫菜豆病毒 2 号，Pierce 描述该病毒的寄主范围，它可侵染芸豆、绿豆、豌豆、蚕豆、大豆、红三叶草、香豌豆、猪屎豆、苋色藜、昆诺藜、烟草、菠菜、番杏、矮牵牛等，可通过蚜虫非持久性传播，不能通过芸豆和大豆种子传播。病毒粒子为线条状，大小 12 nm×750 nm，钝化温度为 55～60 ℃，稀释限点为 10^{-4}～10^{-3}，体外存活期为 1～2 d，有时达 7 d。BYMV 的株系已有很多报道，有典型株系、豆荚扭曲株系、坏死斑株系、X 株系、分离物严重株系、红三叶草株系、豇豆株系、南京株系等。

3. 南方菜豆花叶病毒（SBMV） 寄主范围很窄，仅限于豆科植物，自然寄主为芸豆、豇豆，人工接种寄主为大豆、绿豆、赤小豆、豌豆、蚕豆、草木樨等约 12 个属 23 种植物。该病毒不能通过蚜虫传播，传播介体为菜豆叶蝉（*Ceratoma trifurata*），通过种子也可传播。病毒粒体为等轴多面体，直径 28～30 nm，在芸豆和豇豆汁液中，致死温度为 90～95 ℃，稀释限点为 10^{-6}～10^{-5}，体外存活期 20～165 d。关于该病毒的株系国外研究很多，Valverd 等（1982）人用 5 个株系接种 18 个芸豆品种及大豆、扁豆、赤豆、昆诺藜、黄瓜等植物，并比较了这 5 个分离物的物理特性、沉降系数、血清学关系、核酸及外壳蛋白分子质量，病毒粒体形态、两种叶蝉的传毒特性及种子传毒特性，指出这 5 个株系在物理特性（钝化温度 90～95 ℃，稀释限点＜10^{-6}，体外存活期 28 d）、沉降系数（109～115S）、核酸和外壳蛋白分子质量（分别为 $1.4×10^6$ D 和 $2.9×10^4$ D）、粒体形态及种子传毒率（3%～5%）上无差异，株系间的差异只表现在血清学反应、叶蝉传毒发病率上。

4. 黄瓜花叶病毒（CMV） 黄瓜花叶病毒是侵染芸豆的主要病毒，在几种病毒中其分离频率最高，为 53.3%（李长松、朱汉城，1990）。寄主范围很广，可侵染 40 科 100 多种植物，病毒粒体球形，直径 30 nm，钝化温度 55～

65 ℃，稀释限点为 $10^{-4} \sim 10^{-3}$，体外存活期 3～6 d，可以通过蚜虫非持久性传毒或口针带毒，蚜虫在植株上取食不足 1 min，即可传染，且没有潜伏期，也可通过种子传播，近几年在芸豆上发现了非蚜传株系。

（二）病毒病对芸豆的影响

1. 病毒对芸豆生理生化的影响　芸豆感染大豆花叶病毒（SMV）后，病株的呼吸消耗增加 159.5％，光合产量降低 37.9％。Mohamed（1984）的研究结果表明，芸豆感染 SBMV 以后，叶片内分子质量为36 000、30 000 和 20 000 的 3 种可溶性蛋白含量增加，分子质量为 17 000 和 15 000 的蛋白含量增加 3～5 倍，分子质量为 41 000 的蛋白含量略减少，膜蛋白没有变化。芸豆感染苜蓿花叶病毒（AMV）和烟草坏死病毒（TNV）后，叶片中含大量酸性氨基酸、等电点 pH 4.2～4.7、分子质量为 14 000 的蛋白质增加，该蛋白有三种异构体，在酸性条件下稳定，不被蛋白酶分解。对于病毒诱导芸豆出现的蛋白质的作用与功能，很多人推测可能与症状的表达或植物抗性有关，但尚缺乏直接证据，SBMV 侵染后芸豆过氧化物酶同工酶的增加是由两个与病毒增殖有关的因素引起，一是寄生物引起的寄主衰老的加快，二是机械损伤和伴随着枯斑发展的寄主组织的逐渐坏死。SBMV 侵染叶片后，寄主呼吸作用的途径改变，即磷酸戊糖支路活性增强，腺苷酸－5－磷酸浓度降低，病毒引起核糖体降解并抑制核糖体合成，导致核糖体含量降低。芸豆接种烟草花叶病毒（TMV）后，在枯斑出现前抗坏血酸含量提高，出现局部枯斑后又迅速降低，而脱氧抗坏血酸则与此相反。

2. 病毒对芸豆生长及产量的影响　菜豆病毒病主要表现芸豆出现花叶病症，幼苗出土即可显现症状，先从新叶上表现症状，呈现失绿或皱缩，叶片呈花叶，在失绿的部分叶肉突出或凹下呈袋形，叶片通常向下弯曲或畸形，病株生长缓慢，开花迟缓，花少，结荚少，果荚很少出现病症，但严重病株的豆荚也产生黄色斑点，或畸形荚，外观品质差。病毒侵染对芸豆产量影响很大，BCMV 单独接种减产 29.4％～60.1％，SBMV 和三叶草黄脉病毒（CYVV）复合侵染症状加重，减产 22.5％～74.6％，以上三种病毒复合侵染症状最重，减产达 92.7％。Maroles（1985）研究了 SBMU 侵染对芸豆的影响，单株种子数量及单株粒重分别降低 47.5％、56.3％，SBMV 的种子传毒率为 11.1％。大豆花叶病毒（SMV）侵染芸豆后单株鲜叶重减少 45.1％，单株叶面积降低 13.3％，叶片内叶绿素总量、叶绿素 a、叶绿素 b、类胡萝卜素分别降低 45.16％、48.09％、61.86％和 77.11％，植株感病后叶绿素合成及叶绿体的发育受阻，成熟叶绿体解体。Ravinder 等（1984）研究 BCMV 侵染芸豆后指出，病株相对生长率减少，叶片中叶绿素含量、单株产量、百粒重、荚粒数均明显减少，病毒影响干物质向经济器官运输。天麻花叶病毒（SHMV）接种法国菜豆后，株高、叶面积及叶绿素含量明显减少。

（三）芸豆对病毒的抗性

为了防治菜豆病毒病，提高芸豆产量，许多国家都开展了抗病育种工作，研究芸豆对菜豆普通花叶病毒（BCMV）、菜豆黄花叶病毒（BYMV）、南方菜豆花叶病毒（SBMV）、菜豆荚斑驳病毒（BPMV）等病毒的抗性及遗传规律。

1. 芸豆对 BCMV 的抗性　Taria（1984）用 G_{0-1} 株系鉴定了 200 个芸豆品种，其中 18 个抗病，选择 15 个感病品种作种子传毒试验，种传率最低的 2.8%，最高的 82.6%，一般为 24.6%，美国大多数品种的抗性都源于 Corbett Reffagee 品种，它对美洲的 9 个株系具有抗性，它带有一个显性的抗病基因。Robust 品种带一个隐性抗病基因，现已证明抗病性是显性基因和隐性基因互作所致，Robust 的隐性抗病基因对典型株系有效，对纽约株系 15 无效。Great NU_1 也带有一个隐性抗病基因，用上述这些隐性抗病基因育成的抗病品种已广泛应用于生产。

2. 芸豆对 BYMV 的抗性　Dickson 和 Natti（1968）指出芸豆对 BYMV 的显性单基因抗性来自红花菜豆（*P. coccineus*），由它育成的品种比由芸豆育成的品种抗性强。红花菜豆的抗性是由两对或三对隐性基因与其他调节基因控制，并影响症状表现，此外红花菜豆的一个显性基因控制着对 BYMV 引起顶端坏死株系的抗性。Tatchell 和 Bagget（1985）研究了芸豆抗典型株系与严重株系的关系，发现芸豆对典型株系的抗性由 3 个隐性基因控制，对严重株系的抗性是由两个隐性基因控制。

3. 芸豆对 SBMV 的抗性　SBMV 在某些品种上产生局部枯斑，而在某些品种上产生系统斑驳，有人认为局部枯斑具有一定程度的抗性，表现局部枯斑对系统斑驳是单个显性基因遗传。

4. 芸豆对 BPMV 的抗性　像 SBMV 一样，它在一些品种上产生局部枯斑，在一些品种上产生系统斑驳，但不产生系统枯斑症状。多数食荚芸豆和食粒芸豆对局部枯斑敏感。实际上抗 SBMV 的品种对 BPMV 也具有抗性。Thomas 和 Zaumeyer（1950）发现 BPMV 的症状表现受一对基因控制，带显性基因的植株对局部侵染敏感，带隐性基因的植株对系统侵染敏感。

此外，Provvident 等（1982）研究了芸豆对大豆花叶病毒（SMV）的抗性遗传，认为抗病性由一个不完全显性基因控制，SBMV 在芸豆上的种子传毒为 0%～4%。

（四）防治方法

（1）选育和种植抗病品种。

（2）加强田间管理　苗期注意施足肥水，保证幼苗健壮，提高抗病力；铲除田边及附近的越冬寄主，如豆科杂草等，减少病源。

（3）及时喷施除虫灭菌农药　防治好蚜虫、灰飞虱等害虫，断绝虫害传播病毒和病菌途径，药剂可选用50％抗蚜威可湿粉2 000～3 000倍液，或21％灭杀毙乳油5 000～6 000倍液，或2.5％功夫3 000倍液，或44％多虫清乳油1 500～2 000倍液，或50％宝路（杀螨隆）可湿粉1 500～2 000倍液，交替喷施2～3次或以上，收获前7 d停止用药。

四、菜豆普通细菌性疫病

（一）菜豆普通细菌性疫病的发生及危害

菜豆普通细菌性疫病为种传病害，在芸豆全生育期内皆可发生，危害茎、叶、嫩荚及种子等，致使产量及品质下降，是目前芸豆生产上的主要病害。菜豆普通细菌性疫病一般导致芸豆20％～60％的产量损失，严重时损失高达80％，甚至绝产（Miklas et al.，2006a；Lema - Marquez et al.，2007）。早在1918年美国就有报道称菜豆普通细菌性疫病造成的芸豆产量损失高达75％，到1919年，美国整个芸豆生产区因该病害造成的产量损失更加严重（Burk-holder et al.，1918；Zaumeyer et al.，1930）。1976年，菜豆普通细菌性疫病已经成为当时美国芸豆生产中危害最严重的细菌性病害（Kennedy et al.，1980）。现如今，在世界大部分芸豆栽培区，特别是阿根廷、巴西、哥伦比亚、墨西哥、乌干达、赞比亚、南非、美国和伊朗等国家，菜豆普通细菌性疫病仍是芸豆生产中的最主要病害之一（Akhavan et al.，2013）。

我国对菜豆普通细菌性疫病的最早报道是在1956年（俞大绂等，1956），在随后的植物病害调查中发现菜豆普通细菌性疫病在北京、河北、内蒙古等10多个省（自治区、直辖市）的芸豆生产区均有发生，尤其是在黑龙江、山西、内蒙古等地区菜豆普通细菌性疫病病害更为严重（王晓鸣，1998；徐新新，2012）。近些年来，黑龙江等芸豆主产区菜豆普通细菌性疫病危害程度呈增加趋势，严重威胁着我国芸豆的生产。

引起菜豆普通细菌性疫病的病原菌为地毯草黄单胞杆菌菜豆致病变种（*Xanthomonas axonopodis* pv. *phaseoli*，简称 *Xap*）和褐色黄单胞菌褐色亚种（*X. fuscans* subsp. *fuscans*，简称 *Xff*），该病原菌被欧洲和地中海植物保护组织（EPPO）列为A2类检疫性有害生物，属于我国三类危险性有害生物。菜豆普通细菌性疫病菌的最适发育温度为28 ℃，当存在游离水时，病原菌可通过自然孔口（气孔或皮孔）或伤口（机械伤口或虫伤口）等侵入寄主组织，引起病变；幼苗感病后，染病子叶呈红褐色溃疡状，叶柄基部感病后先出现水渍状病斑，随后变为红褐色，绕茎一周后幼苗折断干枯；若成株期植株受到病原菌侵染，初期感病叶片上产生小的、暗绿色、水渍状斑点，随着病原菌的感染而逐步扩大为不规则圆形、干枯、半透明、周围有亮柠檬黄色晕圈的大病斑，待病害严重时，病斑常合并，导致大部分叶片面积损伤、坏死，甚至脱落，发病严重的植株常呈灼烧状，严重影响植株的光合作用，从而限制了产量；若幼嫩或未成熟豆荚被病菌侵染，则常出现红褐色、褐色或砖红色的病斑；而感病种子则往往失去光滑度，种皮皱缩，种脐处有黄色或褐色凹陷斑（徐新新，2012），导致种子活力下降，一般发病植株的结实率严重下降，种子干瘪而减产。

（二）菜豆普通细菌性疫病抗病种质资源鉴定与抗病育种

菜豆普通细菌性疫病抗病性鉴定是研究该病的基础，稳定、可靠的鉴定方法有利于更好地筛选抗性资源以及抗性资源的有效利用。在田间对种质资源进行抗性鉴定时，常采用的接种方法主要有两种：高压喷雾接种法和依靠病残体的自然传播（Coyne et al.，1963）。其中，高压喷雾法已被广泛应用于田间细菌性病害的抗性鉴定中，Taran 等（2001）在田间采用高压喷雾法对菜豆 OAC Seaforth 和 OAC 95-4 的 $F_{2:4}$ 家系进行了全生育期的抗性鉴定；Todorovic 等（2008）采用高压喷雾法从 17 份芸豆资源中筛选出抗病种质 Oreol；Shi 等（2012）在研究与菜豆普通细菌性疫病抗性相关的候选基因标记时，所采用的接种方法为高压喷雾法。

选育持久抗性的种质资源是防治菜豆普通细菌性疫病最经济、环保、有效的方法。从国外大量研究报道中可知，普通菜豆对菜豆普通细菌性疫病的抗性属中低水平，而普通菜豆的近缘种宽叶菜豆（*P. acutifolius*）和多花菜豆（*P. coccineus*）则含有对菜豆普通细菌性疫病的高抗材料（Singh et al.，1999）。为提高普通菜豆的抗性水平，育种研究者已经利用普通菜豆近缘种中的高抗材料，通过种内或种间杂交或分子标记辅助选择（MAS）育种的方法将外源抗性基因导入到普通菜豆中，培育出一批具有较高抗性的新品种，如 Michaels 等（2006）将宽叶菜豆 PI440795 中的抗病基因渗入到普通菜豆 HR20-728 中，培育出的抗病品种 OAC Rex。另外，对于筛选或培育出的一些抗病材料，也已被广泛应用到普通菜豆抗病育种中，如 Park 等（1994）通过回交育种的方法，将普通菜豆 XAN159 材料中的抗性基因导入到了普通菜豆 HR13-621 中，培育出抗 *Xap* 菌株的新种质 HR45。分子标记辅助选择技术也在菜豆普通细菌性疫病抗病育种中得到广泛应用，Miklas 和 Mutlu 等利用 MAS 等方法培育出抗菜豆普通细菌性疫病的种质 USDK-CBB-1、USCR-CBB-20 和 ABCP-8 等（Miklas et al.，2006a；Mutlu et al.，2005a，2005b）；Michaels 等结合 MAS 法利用 HR20-728 和 MBE7 杂交获得抗性材料 OAC Rex（Michaels et al.，2006）。

（三）防治措施

1. 物理防治　选用无病种子或进行种子处理，用 45～50 ℃ 温水浸种 10 min，或用硫酸链霉素 500 倍液浸种 24 h，也可用 50％福美双可湿性粉剂或 95％敌克松原粉拌种，其药量为干种重的 0.3％；设置无病留种田或在无病株上采种；选用抗病品种。

2. 农业防治　与非豆科蔬菜轮作 2～3 年；适时播种，合理密植，施足基肥，增施磷钾肥，施用腐熟肥料，精细平整土地，防止局部积水，及时中耕锄草，合理施肥、浇水、防虫；作物收获后彻底清除病残体，以减少越冬病原菌。

3. 化学防治　在发病初期，可选用 72％农用链霉素可溶性粉剂，或新植霉素 3 000～4 000 倍液，或 30％琥胶肥酸铜杀菌剂 500 倍液，或 12％松脂酸铜 600 倍液喷洒，每隔 7 d 喷 1 次，连喷 2～3 次。

五、根腐病

（一）病原菌及发病规律

菜豆根腐病由半知菌亚门真菌菜豆腐皮镰刀菌 [*Fusarium solani* （Martius） Apple et Wollenweber f. sp. *phaseoli* （Burkholder） Snyder et Hansen] 侵染所致。菌丝具隔膜，分生孢子分大小型：大型分生孢子无色，纺锤形，有横隔膜 3～4 个，最多 8 个，大小 （44～50） μm×5.0 μm；小型分生孢子甚少或不产生，长椭圆形或圆柱形，无色，有时具 1 个隔膜，大小 （8～16） μm×（2～4） μm，厚垣孢子单生或串生，着生于菌丝顶端或节间，直径 11 μm。生育适温 29～32 ℃，最高 35 ℃，最低 13 ℃。

病菌主要以菌丝体和厚垣孢子在土壤病残体上越冬，其次在厩肥中越冬，带菌土壤、田间的病残体或带菌的厩肥是翌年的初侵染源，借雨水、灌溉水、农事作业传播，从寄主地下伤口侵入使皮层腐烂。发病后病部产生的分生孢子又借助雨水溅射或流水传播，进行重复侵染，致病害蔓延。高温 （28～32 ℃） 高湿的环境条件最易诱发病害。地势低洼、排水不良、土质黏重、疏水性差的菜地，连作地通常发病重。病害的发生与土壤中的菌源、芸豆品种的抗病性相关。黏土地发病重，冷害，施用未腐熟的粪肥，根部有伤口等都可引起发病。设施栽培时，因利于病原菌越冬，发病更为突出。

（二）症状及发病因素

菜豆根腐病主要危害幼苗，成株期也能发病。发病初期，仅仅是个别支根和须根感病，并逐渐向主根扩展，主根感病后，病株明显矮小，下部叶片变黄，从叶片周围开始枯黄，但不脱落，病株容易拔出。在主根和茎基部受害处，初见红褐色斑痕，后变黑褐色至黑色，无规则形，病部稍凹陷，有时病斑开裂，并深入皮层，侧根很少或腐烂，后随着根部腐烂程度的加剧，吸收水分和养分的功能逐渐减弱，地上部分因养分供不应求，新叶首先发黄，在中午前后光照强、蒸发量大时，植株上部叶片才出现萎蔫，但夜间又能恢复。病情严重时，萎蔫状况夜间也不能再恢复，整株叶片发黄、枯萎。此时，根皮变褐，并与髓部分离，最后全株死亡。潮湿时，病部表面常产生粉红色霉状物，即病菌的分生孢子。

发病主要因素有以下几个方面：①重茬种植，使病原菌在田间积累，导致根腐病发生逐年加重。②种植地块地势低洼，土壤黏重，透气性不好，造成根系呼吸困难生长受阻，根部积水腐烂。③地块高低不平，排水不良，雨季或灌水时，导致田间积水容易形成发病中心；灌水时大水漫灌，或连续出现大雨、暴雨后积水不能及时排出，容易引起发病，造成病原菌田间传播。④菜豆根腐病菌菌丝适宜生长的气温为 24～28 ℃，6～8 月攀西地区平均气温在 22 ℃ 以上，适宜菜豆根腐病菌的生长，而且此期正值主要降水季节，田间湿度在80% 以上，菜豆根腐病发生较重。

（三）防治措施

菜豆根腐病是一种土传病害，从根部侵染，发病初期症状不明显，当叶部表现萎蔫症状，根部已经开始变褐腐烂，毛细根腐烂无新的生长点，因此防治菜豆根腐病，应提前预防，坚持"预防为主、综合防治"的植保方针，以"农业防治、物理防治、生物防治为主，化学防治为辅"的综合防治措施。

1. 轮作倒茬　与十字花科、百合科蔬菜实行 2～3 年轮作，深翻改土，增施有机肥料。每亩施有机肥 2 000～4 000 kg，过磷酸钙 20 kg，草木灰 100 kg，硫酸钾 15 kg 作基肥，培肥地力，改善土壤结构，增强保肥保水性能，促进根系发达，植株健壮。

2. 种子消毒　选抗病耐病、生长势强、商品性好的品种，播种前对种子进行处理，一般有以下几种方法：①晒种。播种前将芸豆种子在阳光下晒 2～3 d，可杀灭附在种子表面的病菌，减少发病。②温汤浸种。用 50～55 ℃ 的热水浸种 15～20 min，可杀灭种皮表面的病菌，种子要边倒边搅，水温下降后再加入一些热水，避免烫伤种子。③药液浸种。先用 0.2%～0.5% 的碱液清洗种子后，用清水浸种 8～12 h，捞出后放入 1% 次氯酸钠溶液中浸种 5～10 min，冲洗干净后催芽播种。

3. 土壤消毒　播种前土壤消毒处理，每亩用 96% 恶霉灵可湿性粉剂 3 000～5 000 倍液，喷洒药液 50 kg，或 40% 甲醛水剂 250 mL，兑水 60 kg，喷淋地表土后，覆盖薄膜 24 h，通风 10～15 d，然后播种。或 70% 敌克松可湿性粉剂，或 70% 甲霜灵锰锌可湿性粉剂，70% 甲基硫菌灵可湿性粉剂，50% 多菌灵可湿性粉剂 0.5～1.2 kg，拌干细土 15～20 kg，充分混匀后沟施或穴施后播种。

4. 合理灌溉 采用高畦种植，合理灌水，以小水浅灌为原则。灌水时间以早、晚为好，杜绝雨前、雨后或久旱后猛灌。一般播种后要浇足水；缓苗发根时适当控制水分，促进根系深扎；结荚盛期要充分供给水分。6～8 月菜豆根腐病盛发期，视墒情适当减少灌水次数，切忌大水漫灌，提倡浅水小畦灌溉。

5. 治虫防病 对于种蝇、蛴螬、金针虫、蝼蛄等发生较重的地块，采用播前土壤处理，出苗后通过药剂灌根和撒施毒饵相结合的方法进行防治。土壤处理：每亩用 5% 辛硫磷颗粒剂 1.5 kg，兑细土 30 kg，混匀后撒于播种沟（或穴）内，播种后覆土。灌根：80% 美曲膦酯 1 000 倍液于 3～4 叶期灌根一次，每穴 500 mL。撒毒饵：将麦麸 5 kg 炒香或秕谷 5 kg 煮至三成熟晾至半干，再用 80% 美曲膦酯 0.15 kg，兑水 4.5 kg 拌匀，撒于畦内，每亩用毒饵2.5 kg。

6. 药剂防治 发病时应及时拔除病株并带出田外处理。6 月下旬至 8 月下旬，田间零星发病时可选用 70% 甲基硫菌灵可湿性粉剂 600 倍液、77% 可杀得可湿性微粒粉剂 500 倍液、14% 络氨铜水剂 300 倍液、50% 多菌灵可湿性粉剂 1 000 倍液加 70% 代森锰锌可湿性粉剂 1 000 倍液，混合喷洒，隔 10 d 左右 1 次，连续防治 2～3 次。喷洒茎基部，喷药量以能沿着茎蔓下滴为宜。或者选用 12.5% 治萎灵水剂 200～300 倍液、60% 防霉宝可湿性粉剂 500～600 倍液、50% 多菌灵可湿性粉剂 500 倍液、70% 敌克松可湿性粉剂 800～1 000 倍液、根腐灵 300 倍液等灌根，10 d 后再灌 1 次。

第二节 芸豆的虫害

一、豆荚斑螟

豆荚斑螟 [*Eiella zinckenella* （Treitschke）] 又称为豆荚螟，俗称豆蛀虫、红虫和豆瓣虫等，属鳞翅目、螟蛾科。主要分布于朝鲜、日本、泰国、印度、斯里兰卡、印度尼西亚、俄罗斯和欧洲、美洲、大洋洲等国家和地区。我国分布于华北、华东、华中和华南，以黄河、淮河和长江流域发生危害最重。

豆荚斑螟为寡食性害虫，除危害芸豆外，还可危害豇豆、扁豆、豌豆、绿豆、大豆、柽麻、紫云英、苕子和刺槐等 20 余种豆科植物。以幼虫蛀入豆荚啃食豆粒，被食豆粒残缺不全，发生严重时大部分豆粒被食光。一般年份虫荚率 10%～30%，个别地区干旱年份可达 80% 以上，严重影响大豆产量和品质。

（一）形态特征

1. 成虫 豆荚斑螟成虫体长 10～12 mm，翅展 20～24 mm，体灰褐色。

前翅狭长，灰褐色，杂有深褐色和黄白色鳞片，前缘自肩角到翅尖有1条白色纵带，近翅基部1/3处有1条金黄色横带。后翅黄白色，沿外缘褐色。雄蛾触角基部有灰白色毛。

2. 卵　长0.5～0.8 mm，椭圆形，表面密布网状纹，初产时乳白色，后为淡红色，孵化前暗红色。

3. 幼虫　老熟幼虫体长14～18 mm，紫红色，腹面和胸部背面两侧青绿色。前胸背板中央有黑色"人"字形纹，两侧各有1个黑斑，后缘中央有2个小黑斑。背线、亚背线、气门线、气门下线明显。腹足趾钩双序全环。

4. 蛹　体长9～10 mm，纺锤形。初化蛹时淡绿色，后变为黄褐色。触角和翅芽长达第5腹节后缘，腹部末端有钩刺6个。

（二）生活史与习性

豆荚斑螟年发生代数因地而异，1年发生2～8代，各地均以老熟幼虫在寄主作物田或晒场周围5～6 cm深的土壤中结茧越冬。成虫昼伏夜出，白天潜藏于植株或杂草丛中，傍晚开始活动，有弱趋光性，可短距离飞行。成虫羽化当日即可交配，雄蛾交配后2～3 d开始产卵。卵单粒散产，结荚前卵多产于幼嫩叶柄、花柄、嫩芽和嫩叶背面，结荚后卵多产在中上部豆荚上，单雌平均产卵量88粒，最多226粒。产卵期5.5 d，最长8 d。卵期3～6 d，卵孵化时间多在早晨6:00～9:00。

幼虫共5龄。初孵幼虫先在叶面爬行1～3 h，或吐丝悬垂到其他枝荚上，然后在荚上结一白色薄丝囊藏于其中，经6～8 h蛀入豆荚内。幼虫入荚后蛀入豆粒，1头幼虫可危害4～5个豆粒，并可转荚危害1～3次。幼虫老熟后在荚上咬孔，脱荚入土。幼虫期9～12 d。豆荚斑螟的危害症状与大豆食心虫相似，但蛀入孔和脱荚孔多在豆荚中部，脱荚孔圆而大，而食心虫的蛀入孔和脱荚孔多在豆荚的侧边近合缝处，脱荚孔长椭圆形，较小。幼虫脱荚入土后，吐丝结茧化蛹其中，蛹期20 d左右。若为当年末代幼虫则结茧后停止发育，以幼虫在茧内越冬。

（三）虫害发生与环境的关系

1. 气候条件　适温干旱有利于豆荚斑螟发生危害。在适温条件下，湿度对雌蛾产卵影响较大，适宜产卵的相对湿度为70%，低于60%或过高，产卵量显著减少。降雨影响土壤湿度，进而影响豆荚斑螟的发生。当土壤处于饱和湿度或绝对含水量30.5%以上时，越冬幼虫不能生存；土壤湿度25%或绝对含水量12.6%时，化蛹率和羽化率均较高。因此，壤土地发生重，黏土地发生轻；高岗地发生重，低洼地发生轻。此外，冬季低温往往引起越冬幼虫大量死亡。

2. 寄主植物　豆荚斑螟早期世代常发生在比芸豆开花结荚早的豆科植物上，而后转入豆田。若中间寄主面积大、种植期长、距离芸豆田近，则发生危害较重。同一地区，春、夏、秋不同播期的芸豆和其他豆科作物混杂种植，有利于不同世代转移危害。不同芸豆品种受害程度差异很大，结荚期长的品种较结荚期短的品种受害重。此外，芸豆幼荚期与成虫产卵期吻合的品种受害重。

（四）防治技术

强化农业防治的基础地位，压低害虫发生基数，采用生物防治或药剂防治将幼虫控制在蛀荚危害之前。

1. 农业防治

（1）合理轮作倒茬　避免芸豆与豇豆、绿豆等豆科作物或紫云英等豆科绿肥连作或邻作。在水源方便的地区积极发展水旱轮作。

（2）选择抗虫品种　在豆荚斑螟发生危害严重的地区，应有目的地选种早熟丰产、结荚期短的品种，降低螟害程度。

（3）适当调整播期　在满足芸豆丰产、优质的前提下，根据当地芸豆栽培情况适当调整播期，使芸豆的结荚期与豆荚斑螟的产卵期错开。

2. 生物防治

（1）以蜂灭卵　成虫产卵始盛期，可在田间人工释放赤眼蜂，控制虫卵。

（2）以菌治虫　幼虫老熟脱荚入土化蛹前，若田间湿度较大，可按 $45\,kg/hm^2$ 的白僵菌粉用量，兑细土或草木灰均匀撒于地表，防治落地入土幼虫。

3. 药剂防治

（1）大田用药　成虫盛发期或卵孵化初期为药剂防治的有利时机。当预测芸豆初荚期幼虫蛀荚率达 6% 以上时，应及时用药防治成虫、卵或初孵幼虫。

（2）土壤处理　如果豆荚斑螟危害发生较重，在幼虫老熟脱荚入土前，可在豆田地面喷洒药剂，毒杀落地入土幼虫。

二、豇豆菜螟

豇豆菜螟又称豆野螟、豆荚螟、大豆卷叶螟、豇豆螟、豇豆蛀野螟、豆荚野螟、豆螟蛾、豆卷叶螟、大豆螟蛾，属鳞翅目、螟蛾科。寄生在豇豆、芸豆、扁豆、豌豆、蚕豆、大豆等作物上，以幼虫危害豆叶、花及豆荚，常卷叶危害或蛀入豆荚内取食幼嫩豆粒，并在蛀孔外堆积粪粒。受害豆荚味苦，不堪食用。

成虫体长约 13 mm，翅展 24～26 mm，暗黄褐色。卵长 0.4～0.6 mm，扁平，椭圆形，淡绿色。幼虫老熟后体长约 18 mm，黄绿色。蛹长 13 mm，黄褐色。华北地区 1 年发生 3～4 代，华中地区 1 年发生 4～5 代，华南地区 1 年发生 7 代。以蛹在土中越冬，6～10 月为幼虫危害期。成虫有趋光性，卵散产于嫩荚、花蕾和叶柄上。幼虫共 5 龄；初孵幼虫蛀入嫩荚或花蕾取食；造成蕾、荚脱落；3 龄后蛀入荚内食害豆粒，被害荚在雨后常腐烂。幼虫亦常吐丝缀叶危害。老熟幼虫在叶背主脉两侧结茧化蛹，亦可吐丝坠落土表或在落叶中结茧化蛹。该虫对温度适应范围广，在 7～31 ℃下均可发育，但最适温为 28 ℃，空气相对湿度为 80%～85%。

防治方法：①及时清除田间落花、落荚，并摘除卷叶和豆荚，减少虫源。②在豆田设置黑光灯，诱杀成虫。③采用灭杀毙（21%增效氰马乳油）6 000 倍液，或 2.5%溴氰戊菊酯 3 000 倍液，或生物农药 1%杀虫素 3 000 倍液，从现蕾开始，每隔 10 d 喷蕾喷花 1 次，在整个花期共喷 3～4 次。

三、豆秆黑潜蝇

豆秆黑潜蝇〔*Melanagromyza sojae*（Zehntner）〕又名豆秆蝇，俗称豆秆穿心虫，属双翅目、潜蝇科。分布于日本、印度、埃及和大洋洲等国家和地区，我国分布于各大豆和豆科蔬菜产区。

豆秆黑潜蝇为寡食性害虫，寄主植物除大豆外，还有绿豆、芸豆、赤豆、豇豆、野生大豆、苜蓿和田菁等多种豆科植物。以幼虫钻蛀潜食豆类的叶柄、分枝和主茎，影响植株水分和养分的输导。苗期受害，植株受刺激细胞增生，根茎部肿大，叶片萎蔫发黄，植株矮化，严重时茎秆中空，叶片脱落，植株死亡。成株期受害，髓部呈褐色并充满虫粪，茎秆易折断，严重时植株长势弱，花、叶、荚过早脱落，分枝和结荚量显著减少，形成大量秕荚，豆粒扁小，对产量影响较大。

（一）形态特征

1. 成虫 豆秆黑潜蝇成虫体长 2.4～2.6 mm，小型，黑色，具蓝绿色光泽，复眼暗红色；触角 3 节，第 3 节钝圆，触角芒长度为触角长度的 3 倍；前翅膜质透明，有淡紫色金属闪光，亚前缘脉在到达前缘脉之前与第 1 径脉靠拢而弯向前缘；径中横脉位于第 2 中室中央，腋瓣具黄白色缘缨，平衡棒黑色，中足胫节后鬃 1～3 根。

2. 卵 卵长 0.30～0.35 mm，椭圆形，乳白色，稍透明。

3. 幼虫 老熟幼虫体长 3～4 mm，淡黄白色；口器黑色，口钩端齿尖锐，下缘有 1 齿；前气门呈冠状突起，具 6～9 个椭圆形气门裂；后气门深灰棕色，烛台形，边缘有 5～9 个气门裂。

4. 蛹 蛹体长 2～3 mm，长椭圆形，淡褐色，半透明；前气门黑褐色，三角形，向两侧伸出，相距较远；后气门烛台形，相距较近，中央柱状突黑色。

（二）生活史与习性

豆秆黑潜蝇年发生代数因地而异，主要以蛹在大豆和其他寄主植物的根茬、秸秆中越冬。成虫多在白天活动，喜吮吸花蜜，夜晚、阴雨天、大风时栖息于豆株下部叶片背面或豆田杂草心叶内。在叶片上活动时，常以腹部末端刺破豆叶表皮，以口器吮吸汁液，被害嫩叶正面边缘常出现密集的小白点和伤孔，严重时叶片枯黄凋萎。成虫一生可交配 2～3 次，交配 1 d 后开始产卵，卵多产于植株中上部叶片背面主脉附近的表皮下，产卵时雌蝇用腹末刺破表皮，产卵于伤口内，并用黑褐色黏液封闭伤口，使产卵处呈现出黑褐色斑点。单雌产卵量 7～9 粒，多者近 400 粒。成虫寿命 3～4 d，有的长达 14 d 以上。卵期 3～4 d，卵的自然孵化率较高。

初孵幼虫先在叶片背面表皮下潜食叶肉，形成小隧道，后经主脉蛀入叶柄，再向下蛀入分枝和主茎，最后蛀食髓部和木质部。潜道蜿蜒曲折，1 头幼虫蛀食的隧道长达 17～35 cm。幼虫主要在豆秆中下部蛀食，以距地 20～30 cm 的主茎内最多。幼虫期 17～21 d，幼虫老熟后先在危害处向外咬 1 个圆形羽化孔，然后在孔的内部上方化蛹。

（三）虫害发生与环境的关系

1. 气候条件　气候条件特别是降水量对豆秆黑潜蝇越冬蛹的滞育和羽化有明显影响。5 月下旬至 6 月上旬的旬降水量在 30 mm 以上时，越冬蛹的滞育率低，第 1 代虫源数量多，危害偏重，反之则危害较轻；6 月下旬至 7 月上旬降水量大于 40 mm 时，第 2 代幼虫发生量大，危害夏芸豆严重。秋末冬初高温干旱有利于豆秆黑潜蝇发生。

2. 寄主植物　不同豆类及其不同品种的受害程度不同，主要寄主作物的种植格局也与虫害发生程度密切相关。茎秆质地脆嫩，受害较重；茎秆质地坚硬，受害较轻。春播芸豆品种若结荚有限、分枝较少、节间较短、主茎较粗，一般受害较轻；夏播芸豆品种若前期生长较快、出苗较早，则受害较轻。播种期的影响与豆秆黑潜蝇选择寄主营养生长期和花期产卵的习性有关，播种早、幼苗生长快的夏芸豆，能忍耐幼虫的钻蛀，受害较轻；而播种晚，幼苗期到初花期与成虫盛发期相遇，蛀入幼虫量多，则受害较重。在同一地区，春、夏、秋不同熟期的豆科作物混杂种植，可为豆秆黑潜蝇提供连续的食物供应，容易暴发猖獗。

（四）防治技术

豆秆黑潜蝇防治应贯彻"控前压后"的策略，以压低发生基数为基础，以控制主害代危害为重点，采用农业防治与化学防治相结合的措施，持续控制其发生危害。

1. 农业防治

（1）处理越冬寄主　芸豆收获后，及时清除田间的豆秆和根茬；越冬代成虫羽化前，进行深翻整地，消灭越冬寄主，减少越冬虫源。

（2）切断寄主连接　合理布局豆科作物，避免春、夏、秋不同熟期的豆科作物混杂种植；注意轮作换茬，可与玉米、甘薯和花生等非寄主作物轮作。

（3）实施保健栽培　选种早熟丰产品种或适期早播，将芸豆易受害生育期与豆秆黑潜蝇产卵盛期错开；加强保健栽培，增施基肥、磷肥和钾肥，促进豆苗早发，提高耐害能力。

2. 药剂防治

（1）防治适期　芸豆营养期和花期是豆秆黑潜蝇选择产卵的最佳生育期，若这两个生育期成虫发生数量达到 10～15 头/50 网次，应立即进行防治。

（2）药剂选择　由于豆秆黑潜蝇属钻蛀性害虫，除抓住成虫盛发期至幼虫蛀入前这一防治有利时机外，还应选择持效期长、内吸性好的药剂。

四、菜豆根蚜

菜豆根蚜（*Smynhurodes betae* Westwood），又名甜菜根蚜、棉根蚜，属同翅目（Homoptera）瘿绵蚜科（Pemphigidae）。它可危害棉花、芸豆、蚕豆、香豌豆、马铃薯、烟草、番茄、甘蓝、芜菁、甜菜、小麦、燕麦、黑麦、黍类等作物，主要分布于日本、亚洲中部、北美、欧洲、新西兰等地。

（一）形态特征及识别

菜豆根蚜分为无翅孤雌蚜和有翅孤雌蚜。

1. 无翅孤雌蚜　体卵圆形，长 1.8 mm，宽 1.4 mm。乳白色或淡橘黄色，略披白蜡粉。体表光滑，密被短尖毛。额瘤不显，呈平顶状。触角粗短，较光滑，5 节，有时 6 节，第 5 节基端有一大圆形原生感觉圈。喙长锥形，达后足基节；足粗短，缺腹管，尾片小，半圆形，有短毛 40 根。尾板大，半圆形，有长毛 46 根。生殖板前端中部下凹，有短毛约 30 根；后部有长毛 40 根。

2. 有翅孤雌蚜　体长卵圆形，长 2.1 mm，宽 1.1 mm。额瘤不显。触角 6 节，第 3 节有大小圆形次生感觉圈 7～11 个排成一列；第 4 节 2～3 个，第 5 节 0～1 个。喙达中足基节。翅脉、翅痣灰黑色，各脉有灰黑色窄昙，前翅径分脉可达翅顶，中脉单一，后翅有 2 肘脉。其他特征与无翅型相似。

（二）发生规律及生活习性

菜豆根蚜在土壤中呈水平分布，距植株周围 5 cm 处最多，15 cm 处次之，垂直分布在 5～10 cm 土层内。怕光，见光即向土缝中爬行，在土中常与小黄蚁共生，依靠小黄蚁搬迁或转移危害。

春末有翅蚜从黄连木属植物叶片的虫卵中钻出，迁飞到多种寄主植物上，钻入土中危害根部。孤雌卵胎生多代，直到秋末，发生有翅性母蚜，钻出地表，回到黄连木属植物叶上。孤雌卵胎生无翅雌性蚜和雄性蚜。两性蚜口器退化，无取食功能。经数次蜕皮，身体缩小，呈负生长，直到性成熟。雌雄交配后，雌蚜只产1粒卵，呈负繁殖。受精卵在枝上越冬，翌年春，卵孵化干母，全为孤雌蚜。幼叶被干母取食，在小叶基部形成纺锤形的虫瘿，如此周年循环。部分群体可在第二寄主根部以孤雌胎生蚜越冬。

沙壤土、壤土土质松软、通透性好，一般虫害发生较重，连作田更容易发生虫害；气温高，虫害一般发生较早，多雨的年份虫害发生严重。

（三）危害症状及识别

菜豆根蚜为作物根部多食性刺吸害虫，以成蚜、若蚜吸取根汁液危害芸豆和蚕豆幼苗的根部和地下茎，危害部位变黑并腐烂，停止生长，畸形，不结豆荚。受害植株基部常有蚁冢。

（四）防治技术

1. 农业防治　冬、春季铲除田边、地头杂草，集中处理，可消灭越冬寄主上的蚜虫；秋末春初深翻整地，可杀死一部分越冬蚜虫，减少来年虫源；种植抗虫品种是防治菜豆蚜虫的有效措施；与非寄主植物实行轮作，可以减轻虫害的发生。

2. 生物防治　菜豆根蚜的天敌较多，起主导作用的是蚜茧蜂、瓢虫、草蛉等。生物防治可减少用药次数，保护天敌，可在很大程度上减少虫害。

3. 化学防治　可选用10%吡虫啉可湿性粉剂、25%吡蚜酮可湿性粉剂、50%辛硫磷乳油、50%抗蚜威可湿性粉剂、0.3%印楝素乳剂等药剂喷雾防治。

五、菜豆象

菜豆象［*Acanthoscelides obtectus*（Say）］又称大豆象，属鞘翅目、豆象科，原产于南美和中美，分布于美国、澳大利亚、英国、南非、日本等几十个国家和地区，是危害多种芸豆和其他豆类作物的世界性害虫，借助豆类作物种子，通过贸易和引种被携带传播，属重大农业植物检疫性有害生物和进境植物检疫性有害生物。近年来，菜豆象在我国许多口岸均有截获，根据报道，2009年之前菜豆象只在我国的吉林、湖北部分地区有发生，2009年后云南、贵州、四川等地也相继发现了菜豆象，再次引起了人们的高度关注。

（一）形态特征

1. 成虫　体长2～4 mm，长椭圆形，黑色，全体覆黄色细毛，头长而宽，密布刻点，额中线光滑无刻点，由额唇基沟延伸至头顶，有时稍降起，触角

11 节，第 1~4 节丝状，第 5~10 节锯齿状，末节端部尖细，第 1~4 节和末端节红褐色，其余呈深褐色。利用扫描电镜可观察到菜豆象成虫触角由柄节、梗节和鞭节组成，其中鞭节由 9 个亚节组成，触角上观察到有毛形感器、刺形感器、锥形感器、Bohm 氏鬃毛 4 种类型的感器，前胸背板圆锥形，密被黄色毛，中区布刻点；端部及边缘刻点变小。小盾片黑色，方形，端部 2 裂，密布倒伏状黄色毛，鞘翅行纹深，行纹 3、4 及行纹 5、6 分别在基部靠近。后足腿节端部与基部缢缩，呈梭形，中部约与后足基节等宽；腹面近端部有 1 长而尖的大齿，后跟 2~3 个小齿，大齿的长度约为前 2 个小齿的 2 倍；后足胫节具前纵脊、前侧纵脊、侧纵脊及后纵脊；后足胫节端部前的刺长约为第一跗节长的 1/6。臀板隆起，雄虫第 5 腹板后缘明显凹入。雌虫第八背板呈狭梯形，基缘深凹，端部疏生少量刚毛，从背板基部两侧角向端缘方向有两条平行的骨化条纹，第八腹板呈"Y"形。雄虫外生殖器阳基侧突端部膨大，两侧突在基部1/5 愈合；阳茎长，外阳茎瓣端尖，两侧稍凹入，内阳茎密生微刺，且向囊区方向骨化刺变粗，囊区 2 个骨化刺团。判断菜豆象雌雄成虫主要根据腹板和生殖器的特征进行鉴定。

2. 卵 长椭圆形，一端稍尖，初产时乳白色，渐变淡黄色，透明，有光泽，平均长约 0.66 mm，平均宽约 0.26 mm，一龄幼虫长约 0.8 mm，宽约 0.3 mm，中胸及后胸最宽，向腹部渐细；头的两侧各有 1 个小眼，位于上颚和触角之间，触角 1 节；前胸盾呈"X"或"H"形，上面着生齿突；第 8、9 腹节背板具卵圆形骨化板；足由 2 节组成。

3. 幼虫 老熟幼虫体长 2.4~5 mm，宽 1.6~2.3 mm，体粗壮，弯曲呈"C"形；上唇具有刚毛 10 根，其中 8 根位于近外缘，弧形排列，其余 2 根位于基部两侧；无前胸盾，第 8、9 腹节背板无骨化板；足退化。

4. 蛹 体长 3~5 mm，宽约 2 mm，椭圆形，乳白色或淡黄色，肥大，疏生柔毛；头弯向胸部，口器位于第 1 对足之间，上颚、复眼均明显，触角弯向 2 边，足翅分明。

（二）寄主范围及危害性

菜豆象的寄主植物包括菜豆属、豇豆及其变种、赤豆、小豆、鹰嘴豆、蚕豆、木豆等，其中菜豆象最嗜食菜豆属中的芸豆、豇豆等。菜豆象不危害各种饭豆、豌豆、扁豆、洋刀豆以及不同品种的大豆等豆类，一般可不进行检疫。

一般在菜豆象疫情的发生初期，由于其虫卵和低龄幼虫十分微小，很难被直接观察发现，如未及时识别和防治，任其繁殖，待到危害症状显著时往往已比较严重。尤其是在储藏室或仓库中，由于食物的充足和空间的密闭，可致使菜豆象大量繁殖，危害程度不断加重。豆粒被菜豆象幼虫严重蛀食后，由于表面和内部的破损，将导致其无法食用和销售，失去了商品价值及食用价值，同时由于豆粒严重破损后难以出芽，也不宜再留做种用。即使染疫较轻的豆粒，由于要进行药剂熏蒸、沸水煮熟等防治处理，也难以再食用或销售，往往造成比较大的经济损失。

（三）发生规律

菜豆象 1 年可发生 1～4 代，室内自然条件下可发生 7 代，以幼虫或成虫在仓库内越冬，部分在田间越冬。翌年春播时随被害种子带到田间或成虫羽化后飞到田间。越冬成虫于春季温度回升至 15～16 ℃时开始复苏，飞翔能力较强，可在田间飞翔传播，寿命 4～37 d，一般为 20～28 d，受温湿度的影响较大，20 ℃左右时寿命最长，同温条件下湿度越高其寿命越长。雌雄成虫在气温达到 18 ℃以上时开始交尾产卵，交尾不需要补充营养，持续 6～7 min，2～3 h 后开始产卵，产卵可持续 10～18 h。在田间卵被产在成熟豆荚的缝上或豆荚内，并不黏附在豆粒上；仓库中所产的卵分散于豆粒之间，或产于仓内地板、墙壁或包装物上。每头雌成虫可产卵 50～90 粒。产卵量和产卵历期受温度和湿度的影响较大，同湿条件下随着一定范围内温度的升高，产卵量增多，产卵历期变长。卵 5～6 d 孵化出幼虫，而后幼虫侵入种子内，大多自种脐附近蛀入，以排泄物堵塞入口，蛀入豆粒后 7～12 d 开始蜕皮，胸足退化，大量取食危害，程度严重时，每粒芸豆上蛀入孔可达 12 个以上，老熟后在豆内化蛹，幼虫共 4 龄，整个幼虫期约 20 d。另外，菜豆象排泄在豆粒上的物质有某种警戒作用，防止其他雌虫在上面产卵；低龄幼虫在扩散时也倾向于避开蛀入有同种幼虫踪迹的豆粒。

（四）防控措施

1. 严格执行检疫　全面做好菜豆象疫情的普查，重点检查仓储、加工、运输和豆类作物集散地等场所，同时做好豆科作物大田生长期的监测检查；做好豆类农产品的产地检疫；严格调运检疫，加大对豆类农产品调运检疫的力度，加强对豆类经销商违章调运的打击力度。

2. 人工过筛　贮藏前人工过筛，在筛下物里寻找虫卵、一龄幼虫或成虫，通过过筛去掉一部分害虫，减少危害。

3. 种子处理

（1）沸水处理　用开水煮 8 min，煮时适当的翻搅豆子。

（2）高温处理　在电热恒温箱中，卵经 50 ℃处理 40 min 或 55 ℃处理 30 min、幼虫经过 55 ℃处理 60 min、蛹经 55 ℃处理 90 min、成虫经 55 ℃处理 40 min 均可死亡，耐高温能力从弱到强依次为卵、成虫、幼虫和蛹。

（3）粉碎处理　用打粉机分批将染疫豆子磨碎。

（4）拌种处理　选用草木灰拌种（草木灰与豆重量比为 1∶2），也可用花生油拌种（每公斤豆用 5 mL 花生油拌匀，可保护豆粒）。

4. 药剂防治 仓储豆类、仓储场所进行熏蒸除虫处理，所选药剂及熏蒸时间：①溴甲烷 35 g/m² 熏蒸 48 h；②二硫化碳 200～300 g/m² 处理 24～48 h；③氯化苦 25～30 g/m² 处理 24～48 h；④氢氰酸 30～50 g/m² 处理 24～48 h；⑤磷化铝 9 g/m² 熏蒸 48 h（气温 20～30 ℃）。其中，磷化铝熏蒸应用最广泛，在 20.33～23.17 ℃的温度下，磷化铝用量为 9 g/m²，密闭48 h，可使菜豆象的成虫、蛹、幼虫的死亡率达 100%。无论使用哪种药剂，在实施仓储熏蒸时都必须严格按照操作程序和方法进行，防止中毒。田间防治时，根据菜豆象产卵及危害习性一般选择拟除虫菊酯（氯氟氰菊酯）、有机磷类，在豆荚开始成熟时第 1 次用药，7 d 后再喷第 2 次。

第七章　攀西地区芸豆遗传多样性研究

第一节　菜豆基因组研究

菜豆属（*Phaseolus* L.）包含 80 多个物种，多数为野生种，仅有 5 个栽培种，分别为普通菜豆（*P. vulgaris* L.）、多花菜豆（*P. cocineus* L.）、利马豆（*P. lunatus* L.）、丛林菜豆（*P. dumosus* L.）和宽叶菜豆（*P. acutifolius* L.）。普通菜豆和多花菜豆统称芸豆，其中普通菜豆在世界范围内种植范围最广、栽培面积最大、食用人群最多。经过长期驯化和地理隔离，普通菜豆形成了安第斯和中美两个栽培普通菜豆多样性中心，均为二倍体，染色体数为 $2n$ ＝20，基因组大小均在600 Mb 左右。

一、普通菜豆遗传连锁图谱

遗传连锁图谱是开展基因定位和克隆的强有力工具。普通菜豆遗传图谱的研究与水稻、小麦、玉米等作物相比稍显滞后，但也经历了表型标记、限制性内切酶切片段长度多态性标记（restriction fragment length polymorphism，RFLP）、扩增片段长度多态性标记（amplified fragment length polymorphism，AFLP）、简单重复序列标记（simple sequence repeats，SSR）、单核苷酸多态性标记（single nucleotide polymorphisms，SNPs）等的发展历程。19 世纪中叶，Gregor Mendel 利用 *P. vulgaris* 和 *P. nanus* 的后代第一次对普通菜豆进行遗传分析，目的是验证利用豌豆所获得的遗传定律。随后，Shaw 和 Norton 在 1918 年利用普通菜豆种内杂交试验，确定籽粒颜色是由多个独立因子控制。1921 年，Tjebbes 和 Kooiman 报道了普通菜豆中的首个连锁现象，开启了普通菜豆的遗传连锁研究。20 世纪 80 年代，随着 RFLP、AFLP、SSR 等分子标记的出现，开始了基于分子标记的遗传图谱构建。Vallejo 等（1992）利用来自中美基因库的 XR‑235‑1‑1 和安第斯基因库的 Calima 杂交获得的分离群体构建了包含 *P* 基因、224 个 RFLP 标记、9 个种子蛋白标记和 9 个酶标记，图谱长度为 960 cM 的遗传连锁图谱。Nodari 等（1993）利用中美基因库的 BAT 93 和安第斯基因库的 Jalo EEP 558 杂交获得的分离群体构建了包含有 108 个 RFLP 标记、7 个同工酶标记、7 个 RAPD 标记和 3 个表型标记，图谱长度为 827 cM 的遗传连锁图谱，之后 Gepts 等（1994）又加密了该遗传图谱，将标记增加到 204 个，图谱总长度为 1 060 cM。此外，还构建了多个涉及回交群体（back cross，BC1）、重组自交系群体（recombinant inbrad strain，RIL）的包含 RFLP、AFLP 和 RAPD 的遗传图谱。同水稻、玉米和小麦等大作物一样，SSRs 或 SCAR 等基于单一位点的 PCR 标记的开发为普通菜豆遗传图谱的构建提供了便利，迅速取代了 RFLP、AFLP 和 RAPD 等第一代标记作为遗传图谱的首选标记。2000 年，Yu 等首次将 15 个 SSR 标记锚定到包含 RAPD 和 RFLP 的图谱上，随后 Blair 等（2003）利用 81 个基于基因组序列和 69 个基于序列表达标签（expressed sequence tag，EST）开发的 SSR 标记，与 RFLP、RAPD 和 AFLP 标记构建了遗传图谱。日益增长的普通菜豆 EST 序列和基因组序列为 SSR、SNP 等标记的开发提供了海量的序列信息。2005 年，Ramírez 等（2005）分析了中美基因库的 Negro Jamapa 和安第斯基因库的 G19833 材料的 cDNA 文库中的 21 000 条 EST 序列，并开发 SNP 标记。特别是近年来测序技术的飞速发展，标记的开发更为便捷。Zou 等（2014）通过对 36 个普通菜豆种质资源基因组的二代测序，鉴定出 43 698 个 SNPs 和 1 267 个 InDels，其中 24 907 个 SNPs 和 692 个 InDels 位于基因区，Müller（2014）分析了 52 270 个 BAC 文库的末端测序序列，鉴定出 3 789 个 SSR 位。2013 年，Chen 等利用 454 测序结果开发了 90 对 SSR 标记，并将其中的 85 对定位于染色体上。特别是针对抗病基因所开发的 RGA 标记，2012 年，Liu 等利用 454 测序结果开发了 365 个与抗病相关基因的标记，使得普通菜豆遗传图谱的质量得到进一步提升。SNP 标记由于其具有在基因组上分布广、数量多等优点而受到研究者青睐。2013 年，Blair 等利用 illumina Golden Gate assay 方法开发了 736 个 SNP 引物，并利用这些标记研究了 236 份材料间的多样性。基于丰富的标记信息，遗传图谱的质量也进一步提升。例如，Galeano 等（2012）基于 DOR364×BAT477 群体，构建了包含 2 706 个 SNP 标记的连锁图谱，Schmutz 等（2014）基于 F_2 群体构建了包含有 7 015 个 SNP 标记的遗传图谱。特别值得一提的是，2020 年中国农业科学院作物科学研究所研究人员通过对 683 份普通菜豆种质资源进行 10 倍基因组覆盖率的全基因组重测序，构建了包含 480 万个 SNP 的高密度、高精度的单倍型图谱，为进一步开展基因组结构分析和基因定位提供了丰富的标记信息。

二、普通菜豆重要性状基因定位

大量分子标记的开发和高质量的遗传图谱的构建，促进了普通菜豆重要农艺性状的基因位点的定位研究。首先，针对炭疽病和普通细菌性疫病等非生物胁迫抗性定位了大量的 QTLs，例如，花叶病毒抗性（4 个 QTLs）、炭疽病抗性（17 个 QTLs）、普通细菌性疫病抗性（27 个 QTLs）、白霉病抗性（27 个

QTLs)、锈病抗性（12 个 QTLs)、根腐病抗性（30 个 QTLs)、角斑病抗性（24 个 QTLs) 和白粉病抗性（36 个 QTLs) 等。其中，研究较为深入的是炭疽病抗性遗传位点 Co-1，陈明丽等（2011）利用图位克隆的方法将候选基因定位在 46Kb 的区段内，包含 4 个候选基因，通过抗感亲本间候选基因表达模式分析，初步确定 Phvul.001G243700 为候选基因。此外，针对效应较大的 QTL 位点开发出可应用于分子育种的分子标记，例如，在已发现的细菌性疫病抗性 QTL 中，BC420、SU91 和 SAP6 位点的抗病基因由于抗性水平高而得到较为广泛的应用，特别是其中两个抗病基因同时存在时其抗性更强。Shi 等（2011）针对 BC420 和 SU91 两个重要位点开展了基因克隆工作，利用图位克隆并结合关联分析的方法初步明确了候选基因，并且开发了鉴定抗性候选基因的特异标记。非生物逆境抗性 QTL 的定位主要集中在抗旱、养分利用效率等方面，2012 年 Blair 等在 6 个环境中利用 RILs 群体检测抗旱相关性状的 QTLs；Asfaw（2014）检测到 15 个根部性状 QTLs 与抗旱性密切相关。还有针对缺铁、锌等微量元素耐受性位点定位的报道，例如，利用 RIL 群体在第六连锁群检测到效应比较高的遗传位点，此外，还在第 2、3 和 4 染色体定位到多个微效位点。针对株高、生长习性、开花期、粒重和产量等重要农艺性状也定位到一系列遗传位点。近年来，全基因组关联分析已经成为定位基因的重要手段之一，最先在普通菜豆中开展全基因组关联分析对细菌性疫病的定位，Shi 等（2012）利用 132 个 SNP 标记，基于 395 份种质资源的自然群体开展了 CBB 抗性基因的定位，共有 12 个 SNP 与已经报道的抗性 QTL 一致，还检测到 8 个新的抗性位点。之后，利用关联分析的方法陆续定位了开花期、生物量、产量性状和籽粒性状等性状的基因/QTLs。2020 年中国农业科学院作物科学研究所研究人员利用 480 万个 SNP 开展了 20 个农艺性状的全基因组关联分析，共定位到 500 多个遗传位点，为普通菜豆的分子育种提供了关键性状的准确标记选择依据。

三、普通菜豆基因组测序

普通菜豆有两个独立的起源中心，中美基因库和安第斯基因库。因此，美国和西班牙的科学家先后发起了对中美基因库（G19833）和安第斯基因库（BAT93）代表性材料的全基因组测序计划。2014 年由美国的科学家领衔的研究团队率先利用鸟枪法完成了 G19833 的测序，用 454 测序平台获得 24.1 Gb 的数据量，同时利用 Sanger 测序法完成了 3 个 fosmid 文库和两个 BAC 文库的末端测序，并结合包含 7 015 个 SNP 标记的基于 F2 群体和 261 个 SSR 标记的基于 RIL 群体的遗传图谱进行序列组装。最终，组装 scaffold 序列总长度为 521 Mb，而 contig 序列总长度为 472.5 Mb，占预估基因组大小 587 Mb 的

80%。G19833 基因组的重复序列约占 45.4%，其中 LTR 反转录转座子是最多的类型，占基因组的 36.7%。同时，研究团队完成了根、茎、叶等 11 个器官组织的转录组测序并用于基因的预测和分析，共鉴定出 27 191 个基因。J. Schmutz 等（2014）还证实了普通菜豆的多种驯化途径，鉴定出 1 875 个中美基因库的基因和 748 个安第斯基因库的基因在驯化过程中进行了选择，仅有 59 个基因是两个基因库所共有的；同时也说明了驯化过中的瓶颈效应，安第斯基因库的遗传变异减少了 75%。2016 年由西班牙科学家领衔的研究团队完成了 BAT93 的全基因组测序，同美国科学家的测序策略基本一致，采用多种方法相结合进行基因组的测序组装，最终，获得 549.6 Mb 的序列，与预期的基因组大小基本一致，重复序列占基因组的 35%，LTR 反转录转座子仍是重复序列的主要类型。通过对 34 个不同的组织或时期的 RNA 文库的测序，鉴定出 30 491 个编码基因。两个研究团队都发现了普通菜豆的两个基因库在豆科基因组发生复制之后再次发生了基因的复制现象。总而言之，基因组序列的公布，对于阐明普通菜豆的起源以及基因库间的进化关系提供了更加翔实的数据，也为基因的发掘和利用奠定了基础。

四、普通菜豆转录组研究

转录组测序可以在单核苷酸水平上检测物种的整体的转录，可以获得在特定组织、特定时间的转录本信息。2014 年，O'Rourke 首次在普通菜豆中开展转录组研究，构建了普通菜豆中美基因库材料 Negro jamapa 包括根、茎和叶等 7 个组织不同时期的 21 个转录组数据库，鉴定到 11 010 个组织间差异表达基因，15 752 个同一组织不同时期的差异表达基因，2 315 个组织特异表达基因，而安第斯基因库典型材料 BAT93 的转录组分析表明，40% 的基因是在根、叶和籽粒等 7 个器官组织中表达，10% 的基因可以被认为是持家基因，当然也存在小部分持家基因在大豆中的同源基因也是持家基因。通过不同材料间的转录组数据可以研究逆境胁迫下的差异表达基因，O'Rourke（2014）鉴定了 2 970 个氮胁迫响应的基因；中国农业科学院作物科学研究所食用豆研究组（2020）利用转录组测序在耐旱性强的材料和敏感材料分别检测到 4 139 个和 6 989 个旱胁迫响应基因，耐旱、敏感材料间有 2 187 个差异基因表达模式一致，仅有 9 个差异基因表达模式不一致，同时，鉴定到 24 个响应旱胁迫的 miRNAs。Gómez - Martín 等（2020）通过对不同裂荚性材料进行转录组测序，鉴定了材料间差异表达基因，筛选到一批裂荚性相关基因。此外，通过转录组分析对菜豆枯萎病、细菌性疫病、根腐病和锈病等相关基因进行研究。最后，转录组数据还可以鉴定结构变异、SSR 和 SNP 等，例如，从抗旱性不同的材料构建的转录组数据库中鉴定出 10 482 个 SNP 和 4 099 个 SSR 位点。

Xanthopoulou 等（2019）利用 2 个普通菜豆的资源的转录组数据库鉴定了 8 278 个 SSR 位点和 19 281 个 SNP，为进一步开发遗传标记开展基因定位和揭示普通菜豆的遗传结构变异提供了参考信息。

五、普通菜豆比较基因组研究

比较基因组是通过对不同的物种，甚至不同属间的基因组序列的比较分析，研究不同物种间的基因和基因组结构、基因表达量和功能差异，进而揭示物种的起源、演化等。近年来，大量作物的基因组测序的完成，极大地方便了全基因组层面研究不同生物的起源进化过程。例如，2019 年豌豆基因组草图绘制完成之后，通过与已经完成测序的豆科植物基因组比较研究，发现了豆科植物的基因组重排现象，同时与其他豆科植物相比，豌豆的基因组表现出更加强烈的基因波动，而在豌豆的进化过程中，易位和转座在不同谱系中差异明显。普通菜豆被认为是研究食用豆基因分子机制和基因的进化过程的模式作物，因此开展了较多的比较基因组学研究。有研究表明，大豆中 WRKY 等转录因子的数量是普通菜豆的 2 倍，这与之前所报道的大豆和菜豆从同一个祖先分化后，大豆经历了一次的基因组的复制相吻合。但是，也有基因家族与此相反，例如普通菜豆中鉴定到 376 个核苷酸结合位点-富亮氨酸重复（nucleotide-binding site-leucine-rich repeat）基因，而大豆中鉴定到 319 个 *NLR* 基因，NAC 转录因子在大豆（101 个）和普通菜豆（86 个）中数量也相近。那么，为什么菜豆中的抗性基因会比大豆中的多呢？可能原因是普通菜豆对生态环境的适应性比大豆强，从而进化出更多的抗性机制，导致产生更多的抗性基因。重要农艺性状的基因也是比较基因组的重点研究对象，普通菜豆光周期基因 *E1*（*Phvul. 009G204600*）是大豆 *E1* 基因的同源基因，过量表达 *Phvul. 009G204600* 表明普通菜豆和大豆中的 *E1* 基因的功能一致，都是控制开花期，同样，生长素响应因子（auxin response factor，ARF）基因家族在普通菜豆和大豆中也被认为是功能保守的转录因子。菜豆属内的普通菜豆和宽叶菜豆遗传图谱的比较分析研究表明，两个菜豆种间具有高度的共线性，在少数染色体内也发生重排。越来越多的基因定位或克隆及基因组序列的不断更新，豆科种间、种内比较基因组的研究将为豆科间的遗传进化关系研究提供更加详细且准确的信息。

第二节　蛋白质组学在菜豆上的应用

蛋白质组学作为后基因时代生命科学研究的核心内容之一，在园艺作物上得以广泛的应用。近年来，蛋白质组学也在菜豆遗传多样性、干旱胁迫、冷胁迫等方面得以应用，为了顺应全球气候的变化，研究者们应加强生物和非生物胁迫条件下菜豆的品质及产量方面的研究，加快菜豆种子的改良进程，培育出新的菜豆品种，更好地抵御当前种植中遇到的干旱和低温伤害等问题，以满足消费者对菜豆日益增长的消费需求。总之，蛋白质组学作为新时期生命科学研究的核心内容，特别是在菜豆全基因组测序完成以及基因注释日益完善的情况下，可为菜豆多方面的研究提供新的研究思路。

一、生物胁迫

虫害、病菌等生物胁迫对菜豆的栽培生产管理和商品品质的影响很大。在一些病害发生条件下，植物有两种主动防御机制，一种是广谱的、最基本的抵御机制，另一种是基于 R 基因的防御机制。Lee 等通过高通量的液相色谱-串联质谱方法，对比锈菌侵染后敏感和高抗的普通菜豆植株叶片蛋白质水平变化，发现一些基础的防御蛋白由于真菌的感染而被削弱，而 R 基因通过修复失效的防御蛋白参与到基本防御系统当中，进一步增强了普通菜豆对锈菌的防御能力。因此，这些特定蛋白的富集以及其同系物的减少表明植物细胞在病原体感染的情况下，存在着抵御、适应和恢复的动态平衡的机制。在普通菜豆与细菌早期共生方面的蛋白质组学研究中，普通菜豆根系被细菌感染后，29 个植物蛋白和 3 个细菌蛋白参与到早期的共生，在 29 个植物蛋白中，19 个上调蛋白主要涉及蛋白质合成、能量转化和蛋白质降解等，10 个下调蛋白主要和代谢相关。结果表明，在普通菜豆与细菌共生的早期阶段，其防御机制与蛋白酶所调节的伴侣蛋白和蛋白降解有关。

二、非生物胁迫

干旱、洪涝、盐碱、矿物质缺乏等非生物胁迫是影响作物产量和品质的最主要因素，因而其研究也具战略性。柴团耀等（1999）早期研究就发现普通菜豆富含脯氨酸蛋白质基因在生物和非生物胁迫下高表达，可能参与到普通菜豆的抗病防卫反应过程中。

蛋白质组学研究方面，低温胁迫条件下，普通菜豆根系蛋白发生多样性的变化，具体体现在持续低温和短暂低温处理，其蛋白变化模式不同。在持续低温发芽过程中，参与能量转化、小胞体运输、次生代谢的蛋白表现有上调趋势。在接下来的恢复过程中，钙依存性信号传导、次生代谢以及促进细胞分裂等蛋白表达量有所提高。而在短期低温处理条件下，DNA 修复、RNA 翻译转录蛋白发生变化。耐干旱和干旱敏感型普通菜豆的差异蛋白质组学研究为普通菜豆抗旱育种提供了大量的标记蛋白。其中 58 个蛋白在丰度上发生显著变化，主要涉及能量代谢、光合作用、蛋白质合成与分解等蛋白，进一步加深普通菜豆对干旱胁迫应答机制的了解。渗透胁迫方面，菜豆根尖的 22 个蛋白发生变化，其主要涉及碳水化合物和氨基酸新陈代谢方面。磷酸化蛋白质组研究进一步显示，其定位于细胞壁上的脱水蛋白加强了蛋白质的磷酸化。因此，杨忠宝等（2013）提出脱水蛋白在渗透胁迫条件下参与蛋白质磷酸化过程，减少细胞壁的物理伤害，以维持细胞壁的可塑性。Torres 等（2007）使用蛋白质组学技术初步从普通菜豆叶片中筛选出了疾病相关蛋白（A novel pathogenesis‐related protein 2）可作为臭氧胁迫的标记，表明了相关蛋白质技术可作为相应非生物胁迫育种的一种标记在普通菜豆上应用。

三、种质资源多样性

近年来，与其他作物育种一样，为调查研究菜豆遗传多样性，植物的形态学调查、种子蛋白质酶、随机扩增多态性 DNA、叶绿体 DNA 和微卫星标记等技术也在菜豆野生种质资源使用和创新及新型栽培品种培育中得以应用。随着蛋白质组学的发展，也推进了菜豆种质资源研究进展。

普通菜豆的蛋白质二次电泳表明，贮藏蛋白、碳水化合物新陈代谢、生长发育蛋白、相关通道蛋白和防御、胁迫应答反应蛋白等在菜豆种子中大量表达，特别是植物血球凝集素（phytohaemagg lutinin）、云扁豆蛋白（phaseolin）和植物（种子）血凝素相关的 α‐amylase 抑制剂。López‐Pedrouso 等（2014）研究表明了菜豆种子贮藏蛋白磷酸化及在萌发过程中的磷酸化依赖性降解，因而可用于监测菜豆种子从休眠到萌发的过程。从墨西哥野生菜豆和普通菜豆中提取蛋白质组分析结果显示，蛋白质组学技术可很好地应用在不同菜豆品种的蛋白成分分析上，为菜豆育种在蛋白质组学方面打开了思路。在此基础上，云扁豆蛋白被成功应用于 18 个普通菜豆和野生菜豆种子中，作为蛋白质养分和遗传多样性的标记物。以上研究进一步证实，基于蛋白质组学技术的标记方法可为普通菜豆种质资源筛选和遗传改良做出不可估量的贡献。Mensack 等（2020）成功结合转录组学、蛋白质组学和代谢组学进行菜豆种质资源遗传多样性分析，进一步的研究可建立对农艺性状和营养性状快速鉴定及遗传多样性分析的快速、低成本和高准确率的体系。菜豆种子贮藏蛋白缺乏的蛋白质组学结果揭示了富硫蛋白、淀粉及棉子糖代谢酶呈上调趋势，而代谢分泌相关蛋白呈下调趋势，因此，此类研究可为菜豆的营养品质的研究提供多效性的表型信息。

第三节　普通菜豆遗传多样性分析

遗传多样性是指一个种群或一个物种个体之间或群落之间遗传差异的程

度，一个位点上的等位变异组成该位点的遗传多样性，而所有位点的变异组成一个群体或一个物种的遗传多样性。遗传多样性是一个物种或种群存在的遗传基础，一个种群遗传多样性越丰富，对环境胁迫的适应能力越强，越容易扩展其分布范围和开拓新的环境，遗传变异的大小与其进化速度成正比。对遗传多样性的研究，可以揭示物种或群体的进化历史，有助于进一步分析进化潜力和方向，也为人类开发利用生物界丰富多彩的遗传资源，促进经济发展和科学进步提供重要信息和物质基础。另外，遗传多样性还是保护生物学研究的核心内容之一。

一、普通菜豆的驯化

作物驯化是一个复杂过程，从一个或多个野生植物种群开始，通过对自然环境的不断适应和自身调节，形成以人类需求和农业实践为基础的农作物。驯化过程包括形态和生理上的变化，这些变化导致遗传物质的结构和功能改变，使驯化物种更好地适应不同的环境。

在基因组水平上，驯化过程使遗传多样性降低。Bellucci 等（2014）对普通菜豆野生种和栽培种的转录组分析表明，驯化引起普通菜豆基因组的结构变异、基因表达模式改变和表型多样性降低；相比野生种，栽培种中 74% 的差异基因表达下调，因基因表达下调引起表型多样性降低约 18%，表明在驯化过程中功能丧失型突变为变异的常见类型。

普通菜豆栽培种分为 2 个基因库：中美基因库和安第斯基因库，二者分化后开始独立驯化。安第斯基因库野生种从中美洲传播到安第斯地区，经历了严重的瓶颈效应。Rossi 等（2009）通过 SSR 和 AFLP 标记，对中美和安第斯基因库的野生种多样性分析，发现安第斯基因库在驯化之前已经存在瓶颈效应，致使其群体多样性比中美基因库低。随后，Bitocchi 等（2012）也通过中美和安第斯基因库的多样性分析证明安第斯基因库存在瓶颈效应。安第斯基因库初始种群数量较少，瓶颈效应较强，时间持续约 7.6 万年，之后经历指数增长阶段延续到现在，遗传多样性获得极大丰富。驯化过程对安第斯基因库的影响小于中美基因库。Nanni 等（2011）利用 *PvSHP1* 研究驯化对 2 个基因库的影响，发现安第斯基因库中种质资源遗传多样性降低 54%，中美基因库中遗传多样性降低 65%～69%。利用 5 个基因片段分析 214 份种质资源，发现中美基因库的遗传多样性降低 72%，而安第斯基因库仅降低 27%，驯化对中美基因库的瓶颈效应是安第斯基因库的 3 倍。由于安第斯基因库在驯化之前就经历了严重的瓶颈效应，大大削弱野生种的遗传变异性，因此驯化过程对安第斯基因库影响较小。值得一提的是，非对称基因流在维持 2 个基因库的遗传多样性方面起着关键作用。研究表明，基因流从中美基因库野生资源到安第斯基因库野生资源的平均迁移率为 0.135，而安第斯基因库到中美基因库的平均迁移率为 0.087。这使中美基因库的遗传多样性得到稳定，经历严重瓶颈效应的安第斯基因库的遗传多样性得到恢复。此外，野生种和栽培种间不是生殖隔离的，它们之间也存在不对称的渐渗现象。从栽培种到野生种的基因流是反方向的 3 倍，而且在不参与驯化过程的基因区域，基因渗入的程度更高。在不对称的基因流作用下，野生环境中对驯化等位基因选择和栽培农业中对野生等位基因选择，使普通菜豆的遗传多样性得以保持。

作物驯化过程引起作物表型发生变化，产生更适宜栽培生产的性状，以满足人类需求。栽培种相较野生种出现了驯化综合特征（domestication syndrome），这些变化保证物种在栽培环境中具有更高的生产力，而却降低了对不稳定环境的适应性。驯化综合特征主要包括生长习性、光周期敏感性、种子休眠、种子或豆荚特性等（表 7 - 1）。

表 7 - 1　普通菜豆驯化特征

项目	野生资源	栽培资源
生长习性	无限蔓生	有限直立、无限直立、无限半蔓生和无限蔓生
种子	小而多，黑色、褐色或黑褐色斑点的卡其色	大，颜色和形态多样
豆荚开裂	有	无
种子休眠	有	无
光周期敏感性	敏感	敏感性降低

豆荚特性在驯化过程中变化较大，野生种在成熟时，豆荚会沿腹缝线自然开裂，种子散落，该特性与豆荚中纤维含量和分布位置有关。经过长时间的定向选择，现在栽培种豆荚开裂的特性已全部或部分丧失。Koinange 等（1996）将野生种和栽培种杂交，构建了 RIL 作图群体，在染色体 Pv02 上定位到控制豆荚纤维有无的 St 位点。Nanni 等（2011）也利用该群体在普通菜豆染色体 Pv06 上定位到 1 个拟南芥豆荚开裂相关基因的同源基因 $PvSHP1$。Gioia 等（2013）利用相同的群体在 St 位点附近定位到 $PvIND$，该基因在拟南芥中的同源基因被证明与豆荚开裂有关（表 7 - 2）。

籽粒特性因人的喜爱及习惯受到选择，栽培种与野生种相比豆荚和种子变大。豆荚大小性状一般通过其长度和重量来研究。普通菜豆染色体 Pv02、Pv07 和 Pv11 分别定位到 3 个与豆荚长度相关的 QTL，整体表型贡献率为 37%，其中 Pv11 上的 QTL 最为显著，可以解释 23% 的表型变异。利用全基因组关联分析（GWAS，genome - wide association studies）在 Pv08 上定位到

3 个豆荚重量相关 QTL，其中显著 SNP 还与生物量、产量等性状相关。种子大小性状通常通过百粒重、籽粒长、宽和高度量化研究。通过遗传群体作图，已在多条染色体上定位到一系列跟百粒重相关的 QTL。此外，与籽粒大小有关的 QTL 也分别在染色体 Pv02、Pv03、Pv06、Pv07 和 Pv10 上定位到（表 7 - 2）。

表 7 - 2　普通菜豆驯化性状定位染色体及相关位点

	驯化特征	定位染色体	位点/基因
种子传播	豆荚开裂	Pv02；Pv06	*St*，*PvIND*，*PvSHP1*
豆荚和种子大小性状	荚长	Pv01；Pv02；Pv07	*PL*
	荚宽	Pv08	*ss715639408*，*ss715649359*，*ss715647392*
	百粒重	Pv01；Pv02；Pv03；Pv04；Pv06；Pv07；Pv08；Pv09；Pv10；Pv11	*SW*，*Su2.1*，*Su2.2*，*Sw3.1*，*Sw6.1*，*Sw 7.1*，*Sw 8.1*，*Sw 8.2*，*Phvul.008 G16800*，*Sw 9.1*，*Sw10.1*，*Sw11.1*
	种子长度	Pv02；Pv03；Pv06；Pv08；Pv10	*SL2*，*SL3*，*SL6*，*SL8*，*SL10*
	种子高度	Pv06；Pv08	*SH6*，*SH8*
	种子宽度	Pv03；Pv06；Pv07	*WI3*，*WI6*，*WI7*
生产力	产量	Pv02；Pv03；Pv04；Pv05；Pv09；Pv10	*Yld2.1*，*yld3.1*，*yld3.2*，*ss715648538*，*yld4.1*，*yld4.2*，*yld4.3*，*yld4.4*，*Y*，*yld9.1*，*yld9.2*，*ss715646178*
	单株粒重	Pv03；Pv05；Pv06；Pv07；Pv08；Pv09	*Ss715639901*，*ss715650235*，*sp6.1*，*sp7.1*，*sp7.2*，*ss715639408*，*ss715649359*，*ss715647002*
	生物量	Pv02；Pv08	*Ss715647433*，*ss715639408*
	收获指数	Pv01；Pv03；Pv06；Pv08	*HI*，*ss715639243*，*ss715641141*，*H*，*HI*
	豆荚收获指数	Pv04；	*ss715648677*
生长习性	有/无限生长	Pv01；Pv04；Pv06；Pv07；Pv09；Pv11	*fin*，*PvTFL1y*，*GH*
	缠绕能力	Pv01	*fin*
	攀爬能力	Pv04；Pv05；Pv07；Pv10；Pv11	*Cabl -1*，*Cabl -2*，*Cab2 -1*，*Cabl -3*，*Cabl -4*，*Cabl -5*，*Cabl -6*
	主茎节数	Pv01；Pv08；Pv10	*NM*（*fin*），*NM*，*TN*
	分枝数	Pv04	*TB*，*Brn*

（续）

驯化特征		定位染色体	位点/基因
生长习性	单株荚数	Pv01；Pv04；Pv05；Pv07；Pv08；Pv09	*NP*（*fin*），*NP*，*PPP*，*ss715649615*，*Pp7.2*，*Pp9.2*，*Pp11.3*
	节间长度	Pv01；Pv03；Pv04	*L5*，*Int1*，*Int2*，*Int3*，*Int4*
	株高	Pv01；Pv03；Pv04；Pv06；Pv07；Pv08	*Phl.1*，*PH*，*Plh1-1*，*Plh1-2*，*Plh2-1*，*Plh2-2*，*Plh6.1*，*Plh6.2*，*PH*，*Ph7.1*，*Plh1-4*
	株宽	Pv06；Pv07	*Pw6.1*，*Pw6.2*，*Pw7.1*
光周期	开花天数	Pv01；Pv02；Pv03；Pv08；Pv9；Pv11	*DF*，*df1.1*，*ss715646578*，*df2.1*，*DF2*，*df6.1*，*df6.2*，*DF8*，*ss715646088*，*df9.1*，*df9.2*，*df11.1*
	成熟天数	Pv01；Pv02；Pv05；Pv06；Pv07；Pv08；Pv09；Pv10	*DM*（*fin*），*ss715646578*，*DM2.1*，*Dm2.2*，*Dm5.1*，*DM6.1*，*Dm6.2*，*Dm7.1*，*DM*
	春化及开花天数	Pv02；Pv03；Pv05	*Phvul.002G000500*，*Phvul.003G033400*，*Ref_259_comp19102_c0*
	开花延时	Pv01；Pv11	*Ppd*，*PD*
	光周期响应	Pv04	*Ref_25_comp11990_c0*
种子休眠	萌发	Pv02；Pv03；Pv04	*Do*
豆荚籽粒颜色	种皮颜色	Pv04；Pv06；Pv07；Pv08	*G*，*V*，*P*，*C*，*Gy*
	种皮花纹	Pv03；Pv09；Pv10	*Z*，*T*，*Bip*，*Ana*，*J*
	豆荚颜色	Pv02	*y*

生产力增加也是驯化的重要特征之一，收获指数、产量、生物量和单株粒重等通常用来描述作物的生产能力，这些性状也受到遗传控制。通过遗传连锁分析，在普通菜豆 Pv01、Pv06 和 Pv08 染色体上已定位到 3 个与收获指数相关 QTL；利用 GWAS 在染色体 Pv03 上鉴定到 1 个生产力相关 QTL。单株粒重相关位点也被报道，如 Blair 等（2013）在 Pv06 和 Pv07 上定位到 3 个单株粒重相关的 QTL，Kamfwa 等（2015）通过 GWAS 在 Pv03 和 Pv05 定位到 2 个 QTL。此外，还定位到 11 个产量相关的 QTL，包括在染色体 Pv02 上的 1 个 QTL，Pv03 上的 3 个，Pv04 上的 4 个，Pv09 上的 3 个。生物量和豆荚收获指数相关 QTL 分别被定位在 Pv02、Pv08 和 Pv04 染色体上（表 7-2）。

生长习性是豆科植物的典型性状，普通菜豆野生种生长习性是无限蔓生，而栽培种生长习性多样，分为有限直立、无限直立、无限半蔓生和无限蔓生。这些生长习性又由多种性状共同决定，包括攀爬能力、缠绕能力、主茎节数、分枝数、单株荚数、节间长度、株高和株型等。Koinange 等（1996）在染色体 Pv01 上定位到 1 个与有限生长习性相关的位点 fin。Kwak 等（2008）利用两套 RIL 群体在染色体 Pv01 定位到 *PvTLFly*，该基因是拟南芥 TLF1 的同源基因，已证明 *TLF1* 基因作为开花抑制因子影响顶生花的发育。对不同生长习性普通菜豆的 *PvTLFly* 表达水平测定发现，在有限生长种质比无限生长的 *PvTLFly* 表达量下调 32～133 倍，表明 *PvTLFly* 作为开花抑制因子阻止了顶生花的形成，因此植株一直处于营养生长状态。GWAS 也验证了 *PvTLFly* 与无限生长习性相关。此外，与攀爬、缠绕、主茎节数、分枝数、单株荚数、节间长度等驯化性状相关的位点也有报道（表 7-2）。

植物开花通常受光周期的调节，普通菜豆野生种比栽培种具有更强的光周期敏感性。普通菜豆栽培种的开花和成熟时期比野生种早。目前，普通菜豆中已在染色体 Pv01、Pv02、Pv06、Pv08、Pv09 和 Pv11 上共定位到 10 个与开花天数相关 QTL，其中 Pv01 的 1 个 QTL 的表型贡献率为 38%。通过 GWAS 和表型分析，Pv01 的 QT 又再次被验证与开花天数相关。此外，在 Pv01 上定位到 2 个成熟天数相关 QTL，Pv05、Pv07 和 Pv08 分别定位到 1 个相关 QTL（表 7-2）。Koinange 等（1996）以增加光照时间条件下的开花延迟时间为标准，以野生种和栽培种构建 RIL 群体，在 Pv01 和 Pv11 上定位到 2 个与光周期敏感性相关 QTL。Bellucci 等（2014）通过转录组分析也发现了一些与光周期相关的候选基因，其中 GIGANTEA 的拟南芥的同源基因被证明在调控开花通路中具有重要作用（表 7-2）。

野生种通过休眠使种子萌发延迟以避免幼苗在不利环境条件下生长。种子休眠特性丧失是驯化的一个主要特征，以保证栽培种快速发芽。该性状的遗传研究较少，Koinange 等（1996）在普通菜豆的染色体 Pv02、Pv03 和 Pv04 定位到 4 个种子休眠相关的 QTL，共解释 69% 的表型变异（表 7-2）。

驯化过程虽然使遗传多样性降低，但一些表型变异反而增加，普通菜豆豆荚和种子的颜色经过选择变得更加丰富。在普通菜豆 Pv07 染色体上定位到 1 个种皮颜色相关的位点 P，该位点还与百粒重相关 QTL 接近。其他与种皮颜色相关的位点 G、V、C 和 Gy 也分布于 Pv04、Pv06 或 Pv08 上。与种皮花纹相关的位点 T、Bip、Ana、J 和 Z 分别在 Pv03、Pv09 和 Pv10 染色体上被发现。此外，豆荚颜色被认为是单基因控制的质量性状，其相关位点 y 定位于 Pv02 上（表 7-2）。

二、普通菜豆遗传结构及多样性研究方法

遗传结构是指种群中遗传变异分布的时空格局。多样性是指一个种群或一个物种中个体之间或群落之间遗传差异的程度。遗传结构及多样性的研究方法

主要包括形态学标记、生化标记和分子标记。由于形态学特征不稳定，易受环境的影响，单纯地依靠形态学标记并不能全面而准确的揭示一个物种的遗传结构及多样性水平。随着分子群体遗传学理论和技术的发展，越来越多的学者利用等位酶、同工酶、种子贮藏蛋白及各种 DNA 分子标记，或者是综合其中两种或三种标记对作物进行遗传变异分析。形态学标记、生化标记和分子标记广泛应用于普通菜豆的遗传结构及多样性研究中，三种标记各有优缺点（表 7 - 3）。

表 7 - 3　三种标记的优缺点

标记类型	优缺点	主要包含类型
形态学标记	优点：简单直观、经济方便。 缺点：标记数少，多态性低，受环境影响大	生长习性、花色、粒色、苞叶形状等
生化标记	优点：表现近中性，直接反应基因产物差异，受环境影响较小。 缺点：可用标记数量少	种子贮藏蛋白、等位酶、同工酶、异构酶等
分子标记	优点：多态性高；稳定性高、重现性好；多数为共显性；可在基因组中大量且均匀分布；表现中性，不影响目标性状表达 缺点：成本高	RFLP、RAPD、AFLP、SSR、ISSR、SNP 标记

通过形态学标记、生化标记、分子标记等对普通菜豆群体遗传结构及多样性进行研究，将普通菜豆种质划分为两个基因库：中美基因库和安第斯基因库。同时，两基因库种质间存在基因渗透现象（Maras et al. ，2006；Rodiño et al. ，2006）。有研究表明基因库之间存在生殖隔离，但同时也观察到在两个基因库间存在天然杂交混杂资源，普通菜豆属于自花授粉作物，天然杂交率低于 5%，尽管天然混杂会造成资源纯度降低，不利于种质的收集与保存，但是由于两个基因库间存在地理隔离和生殖隔离，并且进行独立驯化后使得两基因库种质在形态性状、品种质量、抗病性、抗逆性等方面存在较大差异（Singh and Guterrez，1991a；Beebe et al. ，2004；Blair et al. ，2010），因此获得两基因库间杂交种可为育种者提供新的变异材料，对于普通菜豆种质的创新利用具有重要意义，这类渐渗型种质可作为两基因库种质材料杂交的桥梁种，对培育高产、优质、抗病性良好的普通菜豆具有重要意义（张晓艳等，2007）。

1. 形态学标记　利用形态学或表型性状检测遗传变异是最直接的方法。可供选取的表型性状有两种类型：第一类为单基因性状，即质量性状，此类性状遵循孟德尔的遗传规律；另一类则为多基因控制的性状，即数量性状。

普通菜豆于 8000 年前在两个独立的野生菜豆基因库中发生平行驯化，使得野生型普通菜豆形成栽培型普通菜豆后，在形态特征上发生较多的变化（表7-4），包括籽粒增大、生长习性和籽粒颜色变异类型增多、成熟荚裂荚性的变弱以及光周期敏感性的弱化等方面（Singh et al.，199le；Mcclean et al.，2004）。

表7-4　野生型菜豆与栽培型菜豆的表型差异

项目	类型	
	野生型	栽培型
生长习性	蔓生（单一）	直立有限、直立无限、匍匐无限、蔓生无限
籽粒大小	籽粒小（5~8 g/百粒）	籽粒大（20~100 g/百粒）
籽粒颜色	黑、褐、卡其色	白、黄、红、黑、斑纹色等多种颜色
裂荚性	强	弱
光敏感性	敏感	在驯化过程中弱化

另外，两个基因库发生平行驯化后，对两个基因库内的栽培型普通菜豆进行形态特征的比较，结果表明，两个基因库的普通菜豆种质在籽粒大小、苞片形状、花色和生长习性等表型上存在较大差异（表7-5）。同时研究还表明，栽培型菜豆两个基因库各种族间在形态上也存在较大差异（Singh et al.，1999；Duran et al.，2005）。

表7-5　两个基因库种质表型差异

基因库	形态差异	各种族形态差异
中美基因库	中小籽粒（<40 g） 心型或椭圆形苞片 花多为彩色 无限直立、无限匍匐为主	M类型：小粒，黑、红、白色籽粒，无限直立和无限匍匐为主，少数无限蔓生 D类型：无限匍匐或无限蔓生 J类型：种子颜色、生长习性均与D类型相似 G类型：主要是小粒种子，无限蔓生，与M类型相似
安第斯基因库	大籽（>40 g） 披针型或三角形苞片 花为白色 有限直立为主	N类型：中、大粒种子，种皮颜色主要有红色、红色斑点、卡其色斑点等，形状为长肾形和圆柱形，有限直立 P类型：主要为大粒、椭圆形、卡其色斑点，无限蔓生为主 C类型：籽粒中等、圆形或椭圆、一般为浅色或浅色斑点，无限匍匐

　　形态学标记因其简单直观而被广泛应用于普通菜豆遗传结构及多样性的研

究，通过利用形态学性状对群体结构进行细化，有助于进一步了解种质形态变异特点及亚群之间的关系。

张赤红等（2003）对324份普通菜豆种质资源的形态多样性进行了研究。结果表明，我国普通菜豆种质资源具有丰富的形态多样性，平均多样性指数为1.632，相比国外材料（1.227）提高40.5%。通过多变量的主成分分析，第一主成分和第二主成分代表了普通菜豆形态多样性的44%。基于形态性状，把我国280份普通菜豆种质聚类并划分为三大组群。第一组群生育期较短、植株较矮、籽粒较大、单株荚数和单荚粒数较少，生长习性以直立为主，主要来自东北和华北地区；第三组群表现为生育期较长、植株较高、籽粒偏小、单株荚数和单荚粒数较多，生长习性主要以蔓生为主，主要来自于西南地区；第二组群普通菜豆的特征特性介于第一和第三组群之间，分布较广。我国普通菜豆的地理分布呈现出一条从东北到西南的分布带，东南沿海各省和西藏、新疆、青海等省区的普通菜豆种质资源贫乏，普通菜豆的种植面积也很小；山西、陕西、四川、贵州、云南等省是普通菜豆资源最丰富的地区，也是我国普通菜豆的主产区。

王兰芬等（2016）对646份（国内材料512份，国外引进材料134份）普通菜豆核心种质在贵州毕节进行了表型鉴定，结果表明，普通菜豆具有丰富的形态性状多样性。总变异数为367，平均遗传丰富度为8.34，变异范围2～31；遗传多样性指数为0.63，变异范围为0.02～0.91。通过多变量的主成分分析，前3个主成分的贡献率较大，分别为17.73%、15.35%和11.33%，累计达44.41%。对第1主成分贡献最大的是粒长，其次为百粒重，再次是单株荚数和结荚习性，其特征向量分别为0.888、0.821、-0.792和-0.705，基本代表与产量相关的性状。对第2主成分贡献较大的有茎形、荚形、荚宽和生长习性，其特征向量分别为0.721、-0.713、-0.708和0.701，基本代表与形状有关的性状。对第3组主成分贡献较大的分别为幼茎色、出土子叶色和鲜茎色，特征向量分别为0.706、0.647和0.519，基本代表与色彩有关的性状。依据表型鉴定数据信息，将供试种质聚类并划分为4组。Ⅰ组的遗传多样性较高，主要为有限直立的大粒资源，大多资源属于安第斯基因库；Ⅱ组的遗传多样性最低，为无限直立生长习性的小粒资源，属于中美基因库；Ⅲ组的遗传多样性最高，主要以无限蔓生为主，包括小部分无限直立和无限匍匐的资源；Ⅳ组的遗传多样性较低，为无限蔓生生长习性、株高最高、分枝数最少的资源。

2. 蛋白质标记　用于普通菜豆遗传多样性研究的生化标记主要包括朊蛋白（种子贮藏蛋白）、同工酶及等位酶标记。其中朊蛋白标记是普通型菜豆遗传结构及多样性研究中应用最广泛的生化标记（Igrejas et al.，2009；Toro et al.，2010；Negahi et al.，2014；Carović‑Stanko et al.，2017）。

菜豆朊（phaseolin），又称朊蛋白，分子质量为 43～54 kD，是普通菜豆种子中主要的贮藏蛋白，占比达 50% 左右，为普通菜豆种子中含量最多的蛋白（表 7‑6）。朊蛋白由 46%～81% 的球蛋白组成，为盐溶性球蛋白，由第 7 染色体多个紧密连锁的基因组成的基因家族翻译获得，常用于追踪普通菜豆的传播及驯化途径（Brown et al.，1981；Talbot et al.，1984；Nodari et al.，1993；Chagas and Santoro，1997）。朊蛋白标记的优点主要表现在两个方面：①变异类型丰富，多态性高；②稳定，不受环境影响（Salmanowicz，2001；Santalla et al.，2002；Montya et al.，2008）。

表 7‑6 菜豆种子主要蛋白类型比较

主要种类	分子质量	占比	类型	作用
菜豆朊蛋白	43～54 kD	50% 左右	主要有 S‑H_2 十八种	追踪传播与驯化途径
APA 蛋白	35～42 kD	6% 左右	K‑Po 九种	与抗虫性有关
α‑淀粉酶蛋白	29～36.5 kD	6%～12%	A1‑A7 七种	与抗虫性有关

（引张晓艳，2007）

朊蛋白变异丰富，主要类型有 S、Sb、Sd、B、M、M_2、M_5、M_{13}、T、To、Ko、H、C、CA、CH、PA、H_1、H_2 共 18 种。其中，"S" 至 "M_{13}" 8 种朊蛋白为中美基因库的特有类型，"T" 至 "H_2" 10 种朊蛋白为安第斯基因库特有类型（Gepts et al.，1990；张晓艳，2007）。因其具有基因库特异性，常用其追踪普通菜豆种质的基因（Gepts and Bliss，1986，1988；Gepts，1988）。

一维的聚丙烯酰胺凝胶电泳（SDS‑PAGE）已经被广泛应用于研究普通菜豆群体遗传多样性。通过一维蛋白电泳试验探究朊蛋白变异特点发现，栽培型普通菜豆两个基因库（中美基因库和安第斯基因库）是由两个野生普通菜豆群体驯化形成的（Gepts，1988；Koening et al.，1990；Emani and Hall，2008；Kwak and Gepts，2009）。通过一维的 SDS‑PAGE 电泳在栽培型和野生型普通菜豆种中共发现 40 余种不同的朊蛋白类型，差异表现在条带的缺失、带型的强弱及迁移速率的快慢。但是一维蛋白电泳图谱只能显示朊蛋白中分子质量范围为 40～54 kD 的 2～6 条带，无法获得更多有效信息（Salmanowicz，2001；Montoya et al.，2008）。

随着生物技术的不断发展，采用高分辨率的二维蛋白电泳则可获取更多朊蛋白的有效参考信息。应用高分辨率的二维蛋白电泳图谱可为普通菜豆每个群体提供特异的且重复性强的蛋白图谱，每一份种质的图谱均由大量的蛋白斑点组成，而这些斑点通过扫描可以显示出各朊蛋白类型在 a、β 亚基的数量以及亚基糖基化和磷酸化的程度等方面差异。因此，可通过二维蛋白电泳获得朊蛋白变异的大量信息，以确保获得每个群体更多有效信息并定量判断其遗传多样性程度。同时应用二维蛋白电泳 IEF - SDS/PAGE 精准判别一维朊蛋白图谱中各朊蛋白类型的具体差异及其进化关系（Koenig et al.，1990；Biron et al.，2006；Fuente et al.，2012；López - Pedrouso et al.，2014）。

朊蛋白标记在鉴定遗传多样的同时还提供了普通菜豆栽培种重要的农艺性状和生化特性等有用信息。大量研究结果表明，朊蛋白类型与种子粒重、籽粒大小、耐低土壤 pH、生长习性、早熟以及抗寄生虫等性状之间存在相关性（Hartana et al.，1984；Gepts et al.，1986；Koening et al.，1990；Johnson et al.，1996）。Koenig 等（1990）对中、南美洲的 41 份普通菜豆野生种和 41 份普通菜豆栽培种进行 SDS - PAGE 电泳条带分析，结果表明，携带"Sb"型朊蛋白的栽培种籽粒小，百粒重＜25 g，早熟，耐土壤酸度；携带"Sd"型朊蛋白的栽培种为中粒种子（百粒重为 25～40 g）；携带"Sb"和"Sd"型朊蛋白的栽培种生长习性均为无限匍匐型，具有良好的配合力，其栽培种籽粒大小和产量呈正相关，具有抗旱性和抗花叶病毒的能力。携带"B"型朊蛋白的栽培种生长习性也为无限匍匐型，小粒种子，早熟，一些品种表现出抗炭疽病、白叶枯病和豆荚蛀虫。

另外还发现朊蛋白类型与籽粒总蛋白中甲硫氨酸的含量存在相关性（Gepts and Bliss，1984），因此可通过使用不同朊蛋白类型预测籽粒甲硫氨酸残基含量，为选育高甲硫氨酸品种提供理论参考，提高普通菜豆品种的种子质量（Kami and Gepts，1994）。

朊蛋白标记已被广泛应用于研究普通菜豆的传播、驯化、遗传多样性。如 Igrejas 等（2009）对来自葡萄牙北部 18 份普通菜豆地方种质进行朊蛋白标记检测，共鉴定出 C、T、B、H 四种朊蛋白类型，其中 C 与 T 类型所占比例大。Raggi 等（2013）利用朊蛋白标记对 146 份意大利地方种质进行鉴定，共检测出 S、T、C 三种朊蛋白类型。Negahi 等（2014）利用朊蛋白标记对伊朗地区 45 份普通菜豆种质进行遗传多样性研究，共鉴定出 S、T、C 三种朊蛋白类型，分别占比 37.77%、22.22%、4.44%。

3. 分子标记　随着分子生物学的发展，分子标记类型不断更新，依据其技术原理不同可大致分为三类：一类是以 Southern 杂交技术为核心的分子标记，如 RFLP，这类分子标记被称为第一代分子标记；另一类是以 PCR 技术为核心的分子标记，主要有 STS、RAPD、AFLP、SSR 等类型；单核苷酸多态性（SNP）标记被称为第三代分子标记。不同分子标记类型各具优缺点（表 7 - 7）。

表 7-7 分子标记类型优缺点

类别	主要类型及优缺点
第一代分子标记 （以 Southern 杂交技术为核心）	RFLP：普遍存在，不受环境条件和发育阶段影响，共显性标记，可区分纯合子和杂合子；对 DNA 质量要求高，多态性偏低，试验过程涉及放射性，对人体和环境有害
第二代分子标记 （以 PCR 技术为核心）	RAPD：不需 DNA 探针，引物无种族特异性；显性遗传，不能鉴别纯合子和杂合子 AFLP：兼具 RFLP 和 RAPD 的优点；但对模板反应迟钝，谱带可能发生错配 SSR：呈共显性的孟德尔遗传，多态性强，均匀分布；但对于克隆的基因来说，密度不够大，目前应用最为广泛 ISSR：多态性高，稳定性好；显性标记，引物可能在特定基因组 DNA 中没有配对区域而无扩增产物
第三代分子标记 （以单个核甘酸的变异为核心）	SNP：数量大，可检测单个碱基的变异，是目前应用前景最好的标记；但它改变了基因原来的结构和连锁率，表现为生物对外界反应的不适应，且成本高

  常用于研究普通菜豆遗传结构及多样性的分子标记有 RFLP、AFLP、RAPD、SSR、ISSR、SNP（Velasque et al.，1994；Rosalesserna et al.，2005；Blair et al.，2009；Barelli et al.，2011；Blair et al.，2013；杨晶等，2014；Müller et al.，2015）。目前，SSR 标记在普通菜豆遗传结构及多样性研究中应用最为广泛（Burle et al.，2010；Hegay et al.，2012；Shabib et al.，2013；Yang et al.，2017）。Asfaw 等（2009）利用 SSR 标记对东非高地 192 份普通菜豆地方种质进行遗传结构及多样性研究，结果表明，192 份地方种质来自两个基因库，其中中美基因库种质群体内分化为 2 个亚群。Burle 等（2010）利用分布在 11 个连锁群上的 67 个 SSR 标记对巴西 279 份普通菜豆地方种质进行遗传多样性研究，结果表明，巴西种质遗传多样性水平低于初级驯化中心。Raggi 等（2013）利用 SSR 标记对意大利 142 份普通菜豆地方种质进行遗传结构及多样性研究表明，意大利地方种质包含了两个基因库的种质，全部种质划分为三个亚群，其中安第斯基因库包含两个亚群。张赤红等（2005）利用 36 对 SSR 引物对 332 份国内普通菜豆、16 份国外普通菜豆和 29 份野生菜豆的遗传多样性进行了分析，等位变异数和多样性指数的计算结果显示，3 种生态型普通菜豆遗传多样性由大到小的顺序为国内普通菜豆、野生菜豆和国外普通菜豆；我国贵州、云南、黑龙江等省普通菜豆的遗传多样性较为丰富，基于 SSR 数据，对 377 份普通菜豆种质资源进行聚类分析，结果聚为

6 组，其中 29 份野生菜豆聚类到第 1 组群，与其他样品无任何交叉；国外 16 份材料中的 11 份与我国 25 份材料聚类在第 6 组群，表明国内外普通菜豆的遗传关系要比两者同野生菜豆的遗传关系近。

第四节 攀西地区芸豆种质资源形态多样性分析

攀西地区地势地貌复杂，气候多样，同时该区聚集了多个少数民族，各民族的传统文化以及农耕习俗不尽相同。丰富的气候资源和多样的农耕制度孕育了该区域丰富的农作物种类，并且各种农作物的物种多样性和遗传多样性都非常丰富，其中食用豆类作物在该地区占有较大比例，该区域的食用豆类主要以籽粒蛋白含量较高（20%～30%）、淀粉含量中等（55%～70%）、脂肪含量小于 5% 的豆类作物为主，如蚕豆、豌豆、芸豆、绿豆、小豆、小扁豆、饭豆等。其中芸豆，性喜冷凉湿润环境，是冷凉山区栽培的豆科作物，栽培历史悠久。为了进一步保护和利用攀西生态区的芸豆品种资源，华劲松等（2008）对攀西地区芸豆种质资源进行了搜集，并对其中部分芸豆品种的主要农艺性状遗传特性进行了研究。

一、材料与方法

（一）品种资源及试验地概况

品种资源 28 份（表 7-8）。试验地设在西昌学院农业科学试验农场，试验地海拔 1 555 m，年均降水量为 1 013.1 mm，年均温度 17.2 ℃，≥10 ℃的年活动积温为 6 000～6 400 ℃，无霜期 273 d，年均日照数 2 431.4 h。试验地土壤类型为壤土，肥力中等，前作荞麦。

表 7-8 品种名称及试验编号

编号	品种名称	编号	品种名称
px0601	白花四季豆 3164	px0615	鸡腰豆 3071
px0602	白四季豆 3046	px0616	建英黑花四季豆 4350
px0603	白四季豆 4030	px0617	六月四季豆 4032
px0604	白腰豆 1357	px0618	目宗四季豆 5322
px0605	褐菜豆 2433	px0619	七月豆 4027
px0606	黑豆 3048	px0620	日堆白四季豆 4339
px0607	红花四季豆 3087	px0621	日堆猪腰豆 4340

（续）

编号	品种名称	编号	品种名称
px0608	红花四季豆 3120	px0622	四季豆（紫）2145
px0609	红四季豆 3045	px0623	四季豆 5303
px0610	红四季豆 3072	px0624	四季豆 4010
px0611	红四季豆 3086	px0625	四季豆 4021
px0612	红腰豆 1358	px0626	四季豆 4029
px0613	花菜豆 12445	px0627	四季豆 4110
px0614	花四季豆 3044	px0628	小白云豆 3117

（二）试验方法

试验采取随机区组设计，3 行区，行长 3 m，行距 40 cm，株距 30 cm，田间管理按常规进行。成熟后每个品种随机选取 10 株进行室内考种，测量品种的株高、茎粗、主茎节数、分枝数、单株荚数、单株粒数、百粒重、单株粒重等农艺性状和产量性状，并结合原产地品种特性调查进行综合评价。

参照莫惠栋（1987）的方法，依据芸豆种质资源描述规范和数据标准，选取株高、茎粗、主茎节数、分枝数、单株荚数、单株粒数、百粒重和单株粒重 8 个性状指标进行相关性分析，然后进行聚类分析。聚类分析先按不同性状组合聚类，然后对所有性状进行综合聚类。聚类时先对数据进行标准化处理，再定义欧氏平方距离为遗传距离，采用离差平方和法对品种资源进行聚类分析，绘出聚类分析图，形成品种资源的分类。

二、结果与分析

（一）主要农艺性状的简单相关性分析

28 个芸豆品种 8 个主要农艺性状的相关性分析结果如表 7-9 所示，可以看出，芸豆茎粗与高度、分枝数极显著相关；高度与分枝数极显著相关，与主茎节数显著相关；主茎节数与单株结荚数、单株粒数、单株粒重极显著相关；单株结荚数与单株粒数、单株粒重之间以及单株粒数与单株粒重之间极显著相关。从单株粒重与其他性状之间的关系可以看出，对单株产量影响最显著的是主茎节数、单株结荚数和单株粒数。除此之外，其他几个性状也和单株产量存在正相关，育种过程中通过对这些性状的直接选择，从而增加单株产量。

表7-9 不同芸豆品种性状间简单相关分析

农艺性状	相关系数							
	茎粗	高度	分枝数	主茎节数	单株结荚数	单株粒数	百粒重	单株粒重
茎粗	1							
高度	0.681**	1						
分枝数	0.653**	0.716**	1					
主茎节数	0.373	0.437*	0.334	1				
单株结荚数	0.323	0.339	0.336	0.651**	1			
单株粒数	0.209	0.310	0.365	0.576**	0.911**	1		
百粒重	0.018	0.011	0.281	0.191	0.183	0.123	1	
单株粒重	0.191	0.315	0.315	0.599**	0.902**	0.985**	0.278	1

注：**表示 $p < 0.01$；*表示 $p < 0.05$。

（二）主要农艺性状的聚类分析

1. 不同性状组合的聚类分析 以8个主要农艺性状为指标，对株高与茎粗、主茎节数与分枝数、单株荚数与单株粒数、百粒重及单株粒重四种组合分别进行少数性状聚类，结果如表7-10所示。从中可以看出，所有品种中，15、7、9性状相似，属于植株高、分枝和主茎节数多的类型；12、22、16、24、26、21、1、13属于植株较矮，分枝较多类型；1、26、12、13、16、19属于分枝较多，但结荚较少、产量不高的类型。由此可见，芸豆产量不是某一因素单一决定的，而是由多个因素综合决定的，因此在选育品种时，要选育综合性状良好的品种进行繁育。对个别性状组合的聚类是为了从某些性状上更加直观准确地分类，但芸豆的性状优异与否不能只关注某一两个指标，因此必须对综合性状再进行聚类分析。

表7-10 不同性状组合的聚类分析结果

类群	I	II	III	IV
株高和茎粗	25	11、20、10、18、3、27、4、17、5、2	15、7、9	8、12、13、24、19、26、21、16、23、1、6、14、22、28
主茎分枝与主茎节数	28、14	15、6、20、7	9、3、2、18、5、25、17、11、27、4、10、8	1、19、13、23、21、24、22、12、26、16

（续）

类群	I	II	III	IV
分枝数与单株荚数	6	3、5、7	2、20、9、25、15、11、18、27、24、28、17	26、16、23、13、1、21、4、10、19、12、14、22、8
百粒重和单株粒重	6	5、7	28、3、15、2、20、9	21、23、19、12、8、22、14、10、4、13、1、26、16、24、11、27、25、18、17

2. 综合性状的聚类分析 对 28 个品种的 8 个主要农艺性状进行聚类分析（图 7-1），根据同一类群内芸豆品种间距离接近且综合性状相似的原则，在

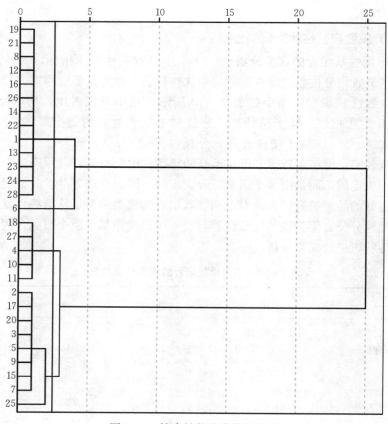

图 7-1 综合性状聚类分析结果

聚类水平 $D^2=2.5$ 时将其分为四个类群,第一类群(Ⅰ):25、7、15、9、5、3、20、17、2;第二类群(Ⅱ):11、10、4、27、18;第三类群(Ⅲ):6;第四类群(Ⅳ):19、21、8、12、16、26、14、22、1、13、23、24、28。综合性状聚类与个别性状聚类结果不尽相同,综合性状聚类分析反映芸豆的综合性状,对芸豆的评判更具说服力。

3. 品种群的数量特点分析 通过对各个类群植株性状的平均值分析,结果如表 7-11 所示,第一类群(Ⅰ)为植株较高、节数较多、分枝较少、结荚和结粒数多、单株产量较高的类型;第二类群(Ⅱ)为植株中等较高、分枝少、节数多、结荚和粒数较多但单株产量较低的类型;第三类群(Ⅲ)只有一个品种,这个类群为植株矮、单株分枝少、节数较多、结荚和结粒数很多、单株产量高的类型;第四类群(Ⅳ)为植株较矮、分枝和节数中等、结荚和粒数少、单株产量差的类型。四个类群植株的茎粗并没有明显区别,可见茎粗并不是直接影响单株产量的关键因素。在进行品种选择时,第一类群和第三类群具有较好的商品性状,尤以第三类群的品种各项性状明显优于其他品种。

表 7-11 各类群主要农艺性状的平均值

类群	茎粗 (cm)	高度 (cm)	分枝数 (个)	主茎节数 (茎)	单株结荚 (荚)	单株粒数 (粒)	百粒重 (g)	单株粒重 (g)
Ⅰ	0.62	248.36	2.48	7.72	30.88	70.32	22.79	15.94
Ⅱ	0.59	180.73	2.36	5.71	20.09	47.02	19.53	9.10
Ⅲ	0.52	50.00	3.20	8.20	84.20	166.40	21.20	34.74
Ⅳ	0.47	49.49	5.52	5.37	10.54	27.75	21.38	5.87

三、结论

分析结果表明,攀西地区 28 个芸豆品种的主要农艺性状对产量影响最明显的是主茎节数、单株结荚数和粒数。各试验材料都有有利性状,但这些优良性状分布在不同类群的不同品种中,反映了育种目标的多样性和遗传基础的广泛性。在现代育种目标中,应该考虑各个性状的相关性和协调性,在注重某一性状的时候兼顾其他农艺性状。试验材料中,综合性状最为优异的是第一类群和第三类群,这 2 个类群都是值得推广的优良品种。

通过相关分析可以了解各个性状之间的相关程度,便于通过直接选择选育优良品种,通过聚类分析即可了解类群间的相互关系,又可了解类群品系间的亲疏远近,参与聚类的性状越多越能综合反映品系的客观实际,特别是一些主要性状。但不论是个别性状聚类还是综合性状聚类,都不能作为决定某一品种取舍的唯一参考,必须深入了解,多重比较分析,综合评价,再进行取舍。优良品种选育方面,除了通过直观的数据加以分析外,对于该地区市场及环境的调研必不可少,选育出最适宜当地环境和市场需要的品种,才是育种工作者的工作重点。

第八章 攀西地区芸豆可持续生产的思考

第一节 攀西地区农业区划及农业发展对策

一、攀西地区农业区划类型

由于纬度和地势的影响，攀西地区气候的水平分布和垂直分布显著不同。从东南向西北，从低海拔到高海拔，呈现南亚热带到山地凉温带（相当于北温带）的变化趋势（表8-1）。

表8-1 攀西地区气候垂直分带（以南部为例）

分带	海拔（m）	年均温（℃）	>10℃积温（℃）	无霜期（d）	年降雨量（mm）
干热河谷	600～1 000	19～21	6 800～8 000	290～330	600～1 100
宽谷盆地	1 200～1 800	15～19	4 800～6 800	240～290	900～1 200
半山区	1 200～2 400	13～19	3 600～6 800	210～290	900～1 200
高寒山区	>2 400	<13	<3 600	<210	<900

多样的气候类型和地理环境使攀西地区农业类型齐全、作物多种多样。其中种植业占重要地位，林业、牧业占较重要的地位。粮食作物以水稻、玉米为主，高寒山区种植有马铃薯、荞麦、燕麦、芸豆、青稞等。经济作物有甘蔗、烟草、油菜等。在南部干热河谷区还有四川少有的热带作物，如芒果、番木瓜、紫胶、剑麻、橡胶、咖啡、荔枝、龙眼等。地貌类型和海拔高度不同，引起水热条件显著变化，与其相适应的农业生产也表现出垂直差异，呈现4种完全不同的农业类型（表8-2）。在栽培作物中，有许多优稀品种，不仅具有较高的产量，还具有较高的经济价值，如德昌香米、西昌香糯、西昌大白蚕豆、奶花芸豆等，因其优良品质和地方特色而享誉全国。

表8-2 攀西地区农业的垂直差异

分带	土地利用	田地比例	熟制	主要作物	主要牲畜	森林类型
干热河谷	以耕地为主	水田多，旱地少	三熟	双季稻 热作 甘蔗	猪 水牛 山羊	稀树灌丛 热带树种

（续）

分带	土地利用	田地比例	熟制	主要作物	主要牲畜	森林类型
宽谷盆地	以耕地为主	水田为主，旱地较少	两熟	稻麦 油菜 烤烟 甘蔗	水牛 猪	常绿阔叶林 云南松
半山区	以林地为主，耕地次之	旱地多，水田少	一熟 两熟	玉米 水稻 马铃薯	山羊 黄牛	落叶阔叶林 云南松
高寒山区	以林草地为主，耕地少	旱地为主	一熟	马铃薯 荞麦 燕麦	绵羊 牦牛	针阔混交林 针叶林

（一）干热河谷

本区包括安宁河下游（德昌以南）谷地、雅砻江下游（盐边仁和以下）谷地和金沙江河谷。本区年平均气温≥18 ℃，最热月平均气温 24～27 ℃，最冷月平均气温 8～15 ℃，≥10 ℃积温＞6 800～8 000 ℃，全年太阳总辐射 504～650 kJ/cm²，无霜期 290～330 d 以上。本区热量丰富，光热充足，为攀西地区甘蔗和双季稻主产区，区内小麦、水稻或玉米、水稻可以一年三熟。本区豆类作物早熟，被作为早市蔬菜运往重庆、成都等地。干旱缺水是本区农业生产发展的最大障碍因子，尤其是 3～5 月水热严重失调，农业用水紧张，干旱突出，从而限制了光热资源的利用（图 8-1）。

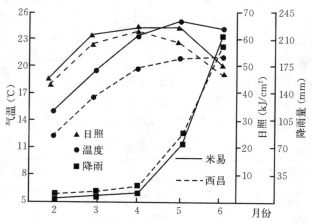

图 8-1　西昌和米易 2～6 月光照、温度和水分的配置图

（二）宽谷盆地

本区农业气候生态条件与我国水平气候带中亚热带气候区相似，热量条件可以满足喜凉喜温作物一年两熟有剩余，但三熟又不足。一年两熟，以稻麦为主，是攀西地区粮食主产区，包括安宁河宽谷、会理会东盆地、宁南盆地和盐源盆地等。海拔多在 1 200～1 800 m，年平均气温 15～19 ℃，≥10 ℃积温 4 800～6 800 ℃，最热月平均气温 20～25 ℃，最冷月平均气温 5～10 ℃，无霜期 240～290 d。本区的降水比干热河谷多，空气较为湿润。但灾害较多，尤其是低温冷害，往往受灾面积较大，灾情也比较严重。水热时空分布也不均匀，水利设施不足，影响复种指数的提高。耕地水土冲刷流失严重。

（三）半山区

本区农业气候生态与我国秦岭、淮河一线以南，长江以北的北亚热带气候区相似。喜凉喜温作物能一年两熟，小麦玉米一年两熟种植热量略有剩余，水稻多以粳型为主。海拔 1 200～2 400 m，土地多为山地红壤或黄壤，是彝族等少数民族聚居区。年平均气温 13～19 ℃，最热月平均气温 19～24 ℃，最冷月平均气温 1～8 ℃，≥10 ℃积温 3 600～6 800 ℃，无霜期 210～290 d，年降水量 900～1 200 mm。为马铃薯、苹果的最适宜区，玉米的次适宜区。本区热量不足，耕地以旱坡地为主，山高坡陡，冲刷严重，土壤瘠薄。推广良种、采用地膜覆盖栽培等技术可大大提高作物产量。

（四）高寒山区

本区海拔多在 2 400 m 以上，也是少数民族聚居区。≥10 ℃积温<3 600 ℃，年平均气温低于 13 ℃，最热月平均气温低于 22 ℃，最冷月平均气温低于 5.5 ℃。全年无夏，热量贫乏。本区包括小凉山 1 200 m 以上，大凉山 1 600 m 以上；牛日河流域 1 640 m 以上；安宁河流域 1 870 m 以上；会理、会东地区 2 170 m 以上，雅砻江西部 2 000 m 以上区域。

本区面积广大，气候温凉湿润，是攀西地区的林牧业、多种经营、中药材生产发展的集中产区。粮食作物主要有马铃薯、玉米、荞麦、大豆、芸豆、元根和高原粳稻。由于热量条件差，灾害频繁，产量低而不稳，生产发展缓慢。

二、攀西地区农业生产的制约因素及对策

（一）攀西地区农业生产的制约因素

1. 生态脆弱性　攀西地区高山河谷南北相间排列，地处青藏高原和云贵高原向四川盆地过渡的地带，经分析计算，生态脆弱度达 56.4%，属中等脆弱。区内山高、坡陡、谷深，坡度大于 200 的斜坡面积占土地面积的 61.3%，坡耕地面积占 44.6%。加上人为盲目毁林开荒、过度放牧等造成的生态破坏，

水土流失十分严重（表8-3）。同时，由于降雨的时空分布不均，夏半年暴雨季节极易出现洪灾、泥石流、山体滑坡等自然灾害，而冬季又严重缺水干旱，制约了这一地区农业生产的发展。

表8-3　凉山州水土流失情况

年流失量 （×10³ t/km²）	剧烈流失 （＞13.5）	极强度流失 （8.0～13.5）	强度流失 （5.0～8.0）	中度流失 （2.5～5.0）	轻度流失 （0.5～2.5）	合计
面积（km²）	270.91	1 533.60	6 073.38	13 174.94	8 059.77	29 481.37
占比（%）	0.92	5.20	20.60	44.69	27.34	100.00

2. 文化素质和科技水平低　攀西地区为多民族地区，特别是凉山州，包括汉族、彝族、藏族、回族等30多个民族，是我国最大的彝族聚居区，由于历史、社会、自然等各方面原因，文化教育和科技水平低。攀西地区农用机械总动力、耕地的有效灌溉面积率、良种覆盖率均低于四川全省平均水平，这些都制约了农业生产水平的提高，主要粮食作物的实际产量只占其光温潜力的20%～50%，与其优越的自然资源和巨大的生产潜力极不匹配。

3. 农业结构不合理，产业化水平低　在攀西地区的农（种植）、林、牧、副、渔五业结构中，种植业的比例偏大，牧业的比例偏小。在种植业内部，粮食作物的比例较大，2021年全区粮食作物的播种面积占全年农作物总播种面积的70.3%，良种率低，品种退化严重。攀西地区市场与商品意识较差，一些地方还属于自给自足的小农经济，采取的是传统的、分散的生产方式，市场化和产业化水平很低，许多名特优产品未能形成知名品牌打入更远的市场，制约了其优势的发挥。

（二）攀西地区农业发展对策

1. 加强基础建设，改善生态环境　攀西地区的农业基础条件较差，应进一步加大农业投入，加强农田基本建设，切实改善生态环境与农业生产条件，走可持续发展道路。按照"十四五"现代农业发展规划，力争在8年内，建设"光伏＋提灌"示范工程和小微型水利设施，强化半山区及以上区域供水保障能力，新增和改善有效灌面15万hm²；开发耕地潜力，新增耕地6 000 hm²；提升耕地质量，新建和改造提升高标准农田10万hm²；耕、播、收、脱粒和灌溉等田间作业综合机械化水平达到50%以上。

2. 加大科技投入，实施科教兴区战略　科技文化水平低是制约攀西地区农业生产和经济发展的重要因素之一，为此应加大科技投入，实施科教兴区战略。第一，大力培养农业科技人员，着力提高农民的素质；第二，大力开展科学研究和引进先进实用技术成果，建立农业高科技示范园区，搞好科技示范建设，起好示范带动作用，推进整个区域科技水平的提高。

3. 打"特色牌",树"绿色旗",走"特色路"　充分发挥本地区资源丰富,把握特色产品多的特点,进一步更新品种,改进生产技术,扩大生产规模,大力发展产业化生产,提高产量和品质,打出自己的特色品牌。攀西地区地处边远,工业污染小,生态环境较好,宜大力发展绿色无公害产品,加强优质无公害农产品生产技术规程的研究与示范推广,建立农田环境监测与农产品质量检测中心,树好"绿色旗"。同时发挥区内民族产品和民族风情的资源优势,走"特色路"。

4. 调整和优化农业结构,优化生产布局　进一步加大攀西地区农业结构调整力度。坚持以市场需求为导向,资源合理配置为基础,科技创新为手段,规模化、专业化生产为主体,最终达到"结构调优、规模调大、效益调高、农民调富"的目的。根据区内地域差异显著的特点,因地制宜,优化布局,建立特色产品生产基地。大力发展名特优新产品。在农田中因地制宜发展饲料作物,变"粮经"二元结构为"粮经饲"三元结构,促进畜牧业的发展。大力推广旱地粮经复合、粮经作物生态立体种植等模式,建设粮食集中发展示范基地。在品种布局上要走优质化道路,以优质作基础,以优质求生存。

5. 推进农业产业化进程,培育壮大新型农业经营主体　首先,要采取多种形式大力培植农业产业化经营主体——龙头企业,打破所有制、行业和地域界线,制定土地使用、税收等优惠政策,制订市场准入标准,积极引进外资,大力扶持龙头企业和业主,促进农业的产业化经营。

其次,不断改进和完善经营模式,根据区域情况,有两种模式可采用:一是龙头企业带动型,即"公司＋基地＋农户"模式,建立起企业与农户之间的有效约束机制和信任度,规范各方的经济行为,形成风险共担、利益共享的经济共同体;二是"五专"带动型,即"专业协会、专业大户、专业市场、专业场(园)站和专业村社"带动农户模式。

第二节　攀西地区芸豆可持续生产
面临的挑战和机遇

一、攀西地区芸豆生产的意义

(一)有利于农业结构合理化和农业多样化

芸豆适应范围广,耐旱耐瘠,栽培管理简便易行,既能净作,又能与大宗作物间作套种。调查表明,无论是在粮食主产区,还是在农业生产条件较差的地区,芸豆种植有利于农业结构合理化,有利于养护耕地和农业多样化,促进农业可持续发展。一是芸豆在改善种植结构、发展间套作高效农业和旱作农业等方面一直发挥着重要作用,是重要的间、套、轮作和养地作物,可有效提高单位土地面积的载能；同时产品具有蛋白质含量高、纤维含量高，粮、菜、饲兼用的诸多特点，是城乡居民营养膳食结构改善中的重要食品，一直在我国可持续农业发展和我国居民食物结构中起到重要作用。二是芸豆是很重要的前茬作物和灾害补种改种作物，在提高农业抵抗自然灾害能力、培肥地力、保护农业生物多样性等方面具有重要作用。

（二）有利于保障山区食物安全和农民增收

攀西部分地区农业生产条件较差，不适宜水稻、小米、玉米、大豆等主流作物的规模化生产，芸豆由于经过了长期的自然选择，具有耐寒、耐旱、耐瘠、生育期短、适应性强、适应范围广等特点，成为这些地区难以替代的农作物。从攀西地区芸豆种植分布来看，粮（饲）用芸豆也主要分布于经济欠发达、少数民族聚居的冷凉高寒山地和湿润中高山北亚热带区。实践证明，大力发展芸豆产业，对于确保这些地区的粮食安全具有十分重要的意义。

在粮食交易市场中，芸豆的价格一直高于大宗粮食类的价格，同时在国际贸易上，我国芸豆一直是重要的出口创汇农产品。芸豆主要种植在边远山区，是这些地区的传统作物，成为这些地区农牧民的主要经济来源。从对凉山州布拖县几个村的实地调研数据来看，种植芸豆的农户户均种植业净收入要高出25％左右，种植芸豆每公顷净收益从 2018 年的 5 400 元上升到目前的 12 000 元左右。近些年发展起来的早春蔬菜产业为当地带来了更大的收益，攀枝花市米易县种植早春蔬菜芸豆每公斤均价达到了 6 元以上，菜农每公顷纯收入平均达到了 1.5 万元，鲜食芸豆生产成为当地农民增收和农业结构调整的重要农作物。

（三）有利于促进特色农产品出口和吸纳利用农村劳动力

芸豆是攀西地区传统的出口产品。根据有关研究显示，出口 1 万美元农产品可以直接或间接创造 20 个就业岗位。近年来，我国芸豆出口稳步发展，出口数量及金额总体保持上升趋势，创造了超过 200 万个就业岗位。攀枝花市发展早春蔬菜，米易县撒莲镇四季豆销售旺期，日销售量达 500～1 000 t，需要大量劳动力，每天可为当地农民带来 10 万元的收入。攀西地区芸豆产区气候独特，大气、水体、土壤污染少，是无公害、绿色和有机农产品的理想生产区。凉山州甘洛县生产的大白芸豆颗粒饱满、色泽乳白、无虫蚀，深受国内外市场的欢迎，在非价格竞争中处于有利地位。同时，芸豆的栽培技术轻简实用，省工又省力，农村大多数青壮年外出务工，年龄较大的农民成为当地芸豆种植的主要劳动力，芸豆产业有利于对农村现有劳动力的利用。

（四）有利于农民抵御和平抑市场风险

在攀西部分地区马铃薯和芸豆都是重要的作物，马铃薯一方面是被作为农民口粮消费进行生产，另一方面剩余的马铃薯则被作为经济作物流入市场而使农民获得经济收入。从生产实践看，芸豆价格上升会引起马铃薯的种植面积的减少，但是马铃薯价格上升却会带来芸豆种植面积的增加。相关分析表明，芸豆价格波动对于芸豆种植面积的影响不显著，但是对马铃薯种植面积的影响显著，这说明芸豆在该区域农户的种植规划中起到了稳定收入、平抑马铃薯市场风险的作用。在没有类似于期货、农业保险、远期交易等工具来分担市场风险的条件下，在经济欠发达地区的小农经济的经营环境中，芸豆成为当地农民规避市场风险的工具的替代品，这样通过种植能够带来稳定收入的芸豆、搭配种植具有较大市场风险但可能带来较大收益的马铃薯，既保证了农户农业收入的稳定性，又可以通过承担一定的马铃薯价格风险而获得相应的效益。

（五）有利于发展现代畜牧业

攀西地区生态环境得天独厚，是发展畜牧养殖业的理想区域，凉山州是四川省三大牧区之一，畜牧业是当地各族人民赖以生存和增收致富的传统产业，尤其是在高山地区，畜牧业现金收入占农村家庭收入的 70% 以上。现代畜牧业发展倡导"种、养、加"循环经济模式，随着标准化适度养殖的推进，种植小宗粮豆是解决当地畜牧养殖饲料供应不足的重要措施，包括芸豆在内的食用豆类的籽粒、秕碎粒、荚壳、茎叶蛋白质含量较高，粗脂肪丰富，茎叶柔软，易消化，饲料单位高，且比其他作物耐瘠、耐阴和耐旱，生长快，生育期短，山岗薄地、林果隙地、田边地角等均可种植，也可进行大田补缺、套种、复播，能在较短的时间内获得较多的青体和干草，可用来发展畜牧业，增加肉、奶、蛋，提高食物构成中动物性食物的占比。

二、攀西地区芸豆可持续生产存在的主要问题

（一）芸豆生产上存在的主要问题

1. 芸豆生产规模较小，组织化程度较低　攀西地区的芸豆主要是一家一户分散种植，生产比较分散，组织化程度较低，抵御自然灾害和市场风险的能力较低。而且在许多地区的农户家庭经营结构中，芸豆往往处于次要经营地位或者"辅助性的"可有可无的地位，规模化程度很低。成本效益是决定农户种植决策行为的根本性因素，农户为追求收入最大化和风险最小化，在芸豆实际生产中，普遍存在随意性、多样化、兼业化种植，而非单一的专业化种植经营方式，专业化程度很低。

2. 芸豆生产区基础设施薄弱，种植成本提高　近些年攀西地区的芸豆生产区域由原来主要分布于农业生产条件相对较好的粮豆混作地区逐步向边远地区、农业生产条件较差的地区、经济相对落后的地区等变迁，有不断被边缘化

的趋势。这些地区大多自然条件和经济条件较差，基础设施比较薄弱，不利于提升产业竞争力。生产成本不断上升，生产收益日益下降。影响农民种植芸豆的因素较多，其中耕地面积、灌溉条件、技术培训、加入农业合作社等因素是提高农户种植芸豆意愿的积极因素；而化肥农药等生产资料成本、劳动力成本、土地租赁成本等因素的上升是影响农户种植芸豆意愿的消极因素，化肥、农药、土地、劳动力等价格迅速上升，导致芸豆生产成本不断攀升、芸豆种植效益不断下降。

3. 芸豆种植比较效益低，农民种植积极性不高　政府对大宗粮食作物实行了一系列财政补贴等支持政策，如良种补贴、生产资料补贴、种粮直补、农机具购置补贴等，以及作物品种培育创新扶持政策、农产品托市收购政策等，而芸豆基本没有享受多少扶持政策，造成粮豆的不平等竞争，加之芸豆本身产量较低，综合经济效益不占优势，因此粮豆之间经济效益差距不断扩大，导致大宗粮食作物不断挤压芸豆生产区域。同时，由于种豆效益差，在条件许可的情况下，农民更加愿意种植效益较好的其他经济作物。

4. 芸豆科研力量薄弱，科技创新缺乏　芸豆科技支撑能力弱，新品种研究、选育、开发较慢，远落后于大宗粮食作物育种水平，即使是对于目前生产上使用的品种，也很少有人进行提纯复壮或筛选，以致生产用种群体混杂、种性退化严重。近几十年来，各级政府对芸豆科研给予的经费支持很少，由于长期科研经费短缺，致使新品种选育、规范化栽培管理技术研究等工作都不能正常进行，尤其是在生产栽培技术、病虫害防治、有机生产标准化等方面缺乏必要的技术储备，很难适应当前生产发展的需要。有些地方政府虽然号召农民多种些杂粮，但给予的实际支持并不多，据调查，攀西地区芸豆地方品种不乏一些品质很好的种质资源，有些农家品种只要稍加改良或提纯复壮即可用于生产，但相关科研和良种繁育工作极少组织开展。目前攀西地区种植的许多芸豆品种是 20 世纪 80 年代以后由国内外贸公司引进并逐步发展起来的，生产者对引进品种的生态驯化背景不完全了解，再加上缺乏对配套技术的研究，因此适宜区域的选择和生产潜力的挖掘都不能完全到位，种植几年后群体就开始走向衰退，特别是许多品种的粒形、粒色、花纹及生育期都发生了不同程度的变化，使芸豆产品质量大打折扣。

（二）产品销售上存在的主要问题

1. 产品商品质量不稳定　芸豆商品质量是影响产品销售的主要问题。评定芸豆质量的主要指标是籽粒大小、整齐程度、饱满程度、粒形、粒色、花纹、含水量、不完整粒等。芸豆品种开花时间不同，籽粒成熟期不一致，一般早期开花结实的籽粒饱满、千粒重高、颜色鲜艳、光泽度好，晚开花结实的粒形不整齐、粒色不一致。此外，生育期间的气候因素、栽培管理措施也影响籽粒大小和整齐度。粒色除受品种本身的遗传因素决定外，也受成熟期天气、栽培技术、晾晒时间和方式、生产的隔离条件等的影响。由于农民缺乏商品意识，往往造成产品质量时好时坏，影响产品的销售。

2. 市场销售不规范　芸豆市场是我国最有生机、最有活力的粮食市场，因为它与国际市场紧密相连，参与市场竞争的有国内企业，也有国外企业，有国有企业，也有民营企业，有出口企业，也有生产企业，这对推动我国芸豆产业发展起到了积极作用，但由于缺乏行业制度、行业协调组织，各种不规范的行为，如哄抬市价、以次充好、不讲信誉、不遵守合同等现象时有发生，还有公司委托农民生产芸豆产品，在市场瞬息万变的情况下，若芸豆走俏，则有农民不遵守合同而把产品卖给出价更高的公司。此外，在芸豆流通过程中，生产者与销售商之间缺乏有效对接，产品销售经过许多中间环节，增加了商品成本，商品质量还得不到保证。

3. 产品加工技术落后　攀西地区芸豆产品单一，加工技术滞后、不精细，很多芸豆食品仅仅停留在宣传、试销或展销上。一些地方芸豆收获后，由于缺乏必要的加工、整理设备和技术，产品在当地无法筛选、整理、分级加工，大部分芸豆产品被以初级农产品的形式进行销售，降低了农民和企业的经济效益。不仅如此，目前攀西地区从事芸豆食品加工的科研单位和企业很少，这种情况使该地区芸豆生产很难应对国际市场的变化，一旦出口数量减少，必然影响农民生产的积极性。同时，虽然芸豆营养价值高，但直接消费口感差，且耐火不易熟烂，烹煮比较困难，因此，让消费者主动接受并作为日常必需的饮食有一定困难。

三、攀西地区扩大芸豆生产的机遇与风险

纵观国内外农业发展形势和食用豆产业发展情况，攀西地区芸豆产业正面临着良好的发展机遇。

一是近 20 年来世界芸豆生产、消费持续增长，产业规模不断发展壮大。芸豆在世界上已被 90 多个国家和地区广泛种植，是世界上种植面积仅次于大豆的食用豆类作物，已成为许多国家农业生产和居民饮食结构的重要组成部分，国际消费市场潜力巨大，同时国内消费也呈不断增长趋势，随着我国社会经济不断发展，健康饮食理念日渐盛行，膳食结构不断优化，许多人希望通过增加杂豆食物来提高蛋白质的摄入量，我国芸豆消费需求稳步增长，增速不断加快，国内市场前景光明。

二是芸豆国际贸易呈现持续性高速增长态势。芸豆国际贸易量占世界总产量之比远高于大宗粮食。国际芸豆贸易快速增长，年均增速高达 23%，远高于产量的增长速度。同时，我国芸豆出口量不仅在我国杂豆出口中占比较大，

在我国粮食出口中的占比也很大，据统计，2020 年我国出口芸豆 51.3 万 t，占全国粮食出口总量的 4.83%，占全国杂豆出口量的 58%；创汇 1.8 亿美元，占全国粮食出口创汇总额的 12.15%，仅次于玉米、大米、小麦，居第四位。目前从我国进口芸豆超过 1 万 t 的国家有古巴、印度、日本、比利时、南非、土耳其、巴基斯坦、意大利、阿尔及利亚、伊拉克、埃及、安哥拉、保加利亚、也门。出口的普通产品主要为圆奶花、长奶花、白芸豆、红芸豆（英国红）、小红芸豆、黑芸豆等，多花产品主要有大白芸豆、大紫花芸豆。攀西地区粮用芸豆常年种植面积 0.67 万 hm²，总产为 5 000 t，年出口量近 4 000 t，约占四川全省芸豆出口量的一半，攀西地区芸豆出口市场前景广阔。

三是国家高度重视粮食安全和营养健康。一方面，国家高度重视"三农"工作，不断完善强农、惠农、富农支持政策，为芸豆产业发展创造了良好条件。另一方面，国家提出了谷物基本自给、口粮绝对安全的粮食安全战略，而芸豆仍然是一部分经济落后地区和偏远地区农民的重要口粮，国家将积极鼓励和支持这些地方通过发展特色产业解决区域性粮食安全问题。此外，国家还出台了新的国家食物营养发展纲要，鼓励居民改善营养结构，进行平衡饮食，多吃五谷杂粮。

四是国家高度重视农村产业开发和特色产业发展。为巩固脱贫成果，加快脱贫地区乡村振兴步伐，要求大力培育壮大脱贫地区特色优势产业，加强脱贫地区生态建设和环境保护，而脱贫地区正是我国芸豆生产的主要区域，国家加大脱贫地区产业开发将为攀西地区芸豆产业发展创造良好条件。

五是国家加快实施农业可持续发展战略和农业生态环境保护战略。芸豆是耕作制度改革和种植业调整过程中极好的茬口作物，具有良好的固氮功能，种植芸豆能够起到很好地养护耕地、保护环境和改善农业结构的重要作用，符合国家可持续发展战略要求和保护农业生态环境的需要，容易获得政府的支持和保护。

当然，攀西地区芸豆产业也面临着巨大挑战，存在着一些亟须克服和规避的风险。一是芸豆产业竞争更加激烈。世界芸豆产业发展较快，种植面积还是总产量都呈较快发展势头，特别是一些发达国家芸豆单产水平较高，竞争力较强。国内黑龙江、内蒙古、云南、贵州等地芸豆产业也发展较快，对攀西地区芸豆的传统生产优势和市场份额影响较大。二是国家对大宗粮食作物实行了各种财政补贴的支持保护政策，使大宗粮食作物具有更强的竞争优势，而针对芸豆产业的有效支持保护政策较少，芸豆产业发展处于不利地位，大宗粮食作物发展不断挤压芸豆生产空间。三是价格剧烈波动的风险。芸豆市场化程度很高，投机性、炒作性强，价格容易剧烈波动，2010 年前后出现的"豆你玩"现象既不利于生产稳定发展，也不利于居民消费。因此，若不及时采取积极有效措施，攀西地区的芸豆生产优势将受到影响。

四、攀西地区芸豆可持续生产对策

（一）研究制定芸豆产业发展战略，构建现代芸豆产业体系

综合分析芸豆国内外生产、贸易、消费情况及其变动趋势，考虑芸豆在当地悠久的种植历史、丰富的品种资源、独特的营养价值和养护耕地的功能，以及芸豆在改善人民群众营养结构和满足人民群众多样化需求、促进种植结构调整和保护农业多样性、养护耕地和促进农业可持续发展、解决农民口粮和增收致富问题等方面不可替代的重要作用，制定和采取主动、积极、扩张性的产业发展战略，即在未来较长一段时期内，采取"优化结构、合理布局、科技支撑、产业升级"的发展战略。要实现这一战略目标，必须努力构建一个具有生产主体组织化、生产装备现代化、生产手段科技化、生产经营规模化特征的产前、产中、产后协调发展的有机产业体系。制定鼓励芸豆产业化经营的发展政策，推进芸豆产业向"产加销"一条龙和"贸工农"一体化发展，大力推进芸豆产业化经营；完善产品质量标准和规范，推进芸豆规模化、专业化、标准化生产，提升芸豆产业规模效益和产品质量水平；实施品牌战略，鼓励品牌发展，打造具有影响力的优质芸豆品牌，大力发展无公害产品、绿色产品、有机产品。

（二）进一步完善芸豆产业财政支持政策

芸豆单产水平较低，加之芸豆种植多处于偏远地区和农业条件较差地区，农民收入水平相对较低。因此必须加大对芸豆产业的财政支持力度，制定相较于大宗粮食作物更加优惠的支持和保护性政策。完善财政支持芸豆产业发展长效机制，加大财政支持芸豆产业基础设施建设力度，既要支持加强农田水利等基础设施建设，又要支持加强芸豆主产区流通仓储、道路等公共基础设施建设，在有条件的地方集中支持建设一批芸豆生产基地降低芸豆综合生产成本、提高芸豆综合生产能力。积极落实中央财政对地方优势特色农产品保险以奖代补政策，鼓励脱贫地区增加优势特色产业保险品类，增加补贴资金规模，完善补贴办法，提高补贴精准性、指向性，使农民种植芸豆获得比种植大宗粮食作物更优厚的粮食直补、农资综合直补、良种补贴和农机具购置补贴，以抵消由于芸豆产量相对较低而低于大宗粮食作物的收入，确保种豆农民和种粮农民总体收益相当，促进两类作物协调发展。

（三）加快当地农民专业合作社建设，提高农民的组织化程度

针对芸豆种植组织化程度较低、参与市场程度不高的问题，相关部门要帮助豆农建立健全农民专业合作社的运行机制，为农民专业合作社的发展提供资

金保障和智力支持，在提高豆农参与市场竞争的能力、协助其完善内部治理机制等方面为其提供实质性的帮助。通过引导广大豆农自愿结合，真正建立起代表豆农利益、发挥实际作用的农民专业合作社。培育一批豆农经纪人和芸豆种植大户，努力提高豆农的组织化程度和规模化经营水平，充分发挥农民专业合作社在芸豆产业结构调整中的积极作用。具体来说应做到以下几点：一是引导和鼓励芸豆种植大户、芸豆加工龙头企业等主体利用自身优势牵头兴办合作社。支持合作社从芸豆原粮的生产销售向芸豆营养品等的精深加工方向发展，在实现合作社基本功能的基础上积极延伸其他服务功能，实现合作社功能的最大化。二是优化金融服务环境。进一步降低合作社的贷款门槛，采取产品和销售合同抵押、贷款额度授信等多种形式拓宽合作社的资金支持渠道。三是采取税收优惠、优先安排非农建设用地计划等形式对合作社的发展进行政策倾斜。四是加大对合作社人力资本投入的支持。鼓励和选拔优秀的人才进入合作社工作，充分发挥其主动性和创造性，帮助合作社进行市场化经营和规范化建设。同时聘请农技推广人员担任合作社的技术专家，解决合作社成员共同的技术难题。

（四）加大科技投入，提高芸豆产品质量

目前攀西地区芸豆产业存在着芸豆品质退化、老品种病害多等现象，芸豆品种的更新换代已经成为制约攀西地区芸豆产业发展的瓶颈。因此，应尽快开展芸豆品种适应性鉴定工作，明确名优芸豆产品基地生产区域、生产条件和主推品种。对芸豆地方名优品种及时进行提纯复壮，提高商品质量。积极引进国外优良品种资源，加强芸豆品种改良研究，尤其是对国际市场走俏的品种要积极组织力量进行多点试验示范，以扩大种植面积、形成规模。同时，借鉴其他作物的研究成果，在分子标记、基因克隆、功能因子提取等研究领域开展探索。另外，加强芸豆产品质量监管，对农户进行优质栽培技术培训，让农民了解商品质量对生产效益的影响、掌握提高产品质量的生产技术。

（五）积极推进芸豆食品营养和加工研究，提高芸豆生产效益

芸豆可持续发展，一方面要努力扩大芸豆出口量，进一步抢占国际市场份额，另一方面应积极扩大国内市场消费需求。受消费习惯的影响，目前国内芸豆市场的疲软甚至空白是芸豆产业发展的最大障碍，但同样也是最大的潜力和机遇，当地有关部门应积极与食品营养研究高校或科研机构合作，开展芸豆食品的营养研究，提高消费者对芸豆营养价值的了解，特别是对其保健功效的了解，同时积极介绍一些芸豆的食品加工制作方法及食用方法，进一步引导消费，填补国内市场的空白。同时，大力扶持有基础的食品加工企业积极研发有特色风味的芸豆加工食品，以满足消费者的需求，为攀西地区这一传统作物注入"营养、保健、益智、延衰"内容，使其成为新时尚方便食品。

参 考 文 献

柴团耀，张玉秀，1999. 菜豆富含脯氨酸蛋白质基因在生物和非生物胁迫下的表达 [J]. 植物学报，41（1）：111 - 113.

柴岩，冯佰利，2003. 中国小杂粮产业发展现状及对策 [J]. 干旱地区农业研究，9（3）：145 - 151.

常玉洁，王兰芬，王述民，等，2020. 菜豆属野生资源概述 [J]. 植物遗传资源学报，21（6）：1424 - 1434.

陈泓宇，徐新新，段灿星，等，2012. 菜豆普通细菌性疫病病原菌鉴定 [J]. 中国农业科学，45（13）：2618 - 2627.

陈明丽，2011. 普通菜豆 SSR 标记开发及抗炭疽病基因的分子标记定位 [D]. 北京：中国农业科学院.

陈珊珊，周明芹，2010. 浅析遗传多样性的研究方法 [J]. 长江大学学报（自然科学版），7（3）：54 - 57.

段兴恒，孔庆全，王述民，等，1997. 多花菜豆开花特性与杂交技术 [J]. 内蒙古农业科技（2）：16 - 18.

方荣，陈学军，缪南生，等，2008. 我国蔬菜诱变育种研究进展 [J]. 江西农业学报，20（1）：56 - 60.

冯东昕，谢丙炎，杨宇红，等，2004. 菜豆锈病菌侵染对寄主生理代谢的影响 [J]. 石河子大学学报（自然科学版），22（7）增刊：113 - 117.

冯东昕，朱国仁，李宝栋，2001. 菜豆锈病菌侵染对寄主超微结构的作用及菜豆抗锈病的细胞学表现 [J]. 植物病理学报，31（3）：246 - 270.

耿智德，杨雄，保丽萍，等，2006. 多花菜豆异交率的测定及育种策略 [J]. 江苏农业科学（6）：237 - 238.

郭永田，2014. 中国食用豆产业的经济分析 [D]. 武汉：华中农业大学.

胡家篷，程须珍，王佩芝，1995. 中国食用豆类品种资源目录（第三集）[M]. 北京：中国农业出版社：142 - 209，398 - 437.

华劲松，2004. 凉山州豆类作物生产现状及发展对策 [J]. 西昌学院学报（人文社会科学版）（4）：121 - 123.

华劲松，2012. 玉米/芸豆间作模式下种植密度对芸豆产量及品质的影响 [J]. 江苏农业科学，40（11）：89 - 91.

华劲松，2012. 种植密度对间作芸豆群体冠层结构及产量的影响 [J]. 作物杂志（5）：131 - 135.

华劲松，2013. 花荚期土壤水分胁迫对芸豆光合生理及产量性状的影响 [J]. 作物杂志

（2）：111-114.

华劲松，2013.开花、结荚期水分胁迫对芸豆光合特性及产量的影响［J］.西北农业学报，22（9）：82-87.

华劲松，2013.遮光对芸豆籽粒生长及品质的影响［J］.西北农业学报，22（2）：101-105.

华劲松，戴红燕，2013.凉山州菜豆多点试验品种产量性能及稳定性分析［J］.江苏农业科学，41（1）：144-145.

华劲松，戴红燕，曲继鹏，2014.芸豆新品种西黑芸4号的选育及栽培技术［J］.种子，33（6）：96-97.

华劲松，戴红燕，夏明忠.不同光照强度对芸豆光合特性及产量性状的影响［J］.西北农业学报，2009，18（2）：136-140.

华劲松，罗飞，2008.遮光率与芸豆叶片气孔密度及单株产量相关性初探［J］.耕作与栽培（4）：7-8.

华劲松，罗中魏，阿力里呷，等，2018.西南高原生态区28个芸豆品种主要农艺性状的相关性及聚类分析［J］.现代农业科技（24）：83-84.

华劲松，夏明忠，2005.凉山州芸豆优良地方品种特性研究［J］.种子（11）：51-52.

华劲松，夏明忠，戴红燕，2006.芸豆花荚期不同层次叶片对产量的贡献［J］.西北农业学报（5）：69-71.

华劲松，夏明忠，戴红燕，2008.对凉山州杂豆生产现状及科研工作的思考［J］.现代农业科技（18）：120-121.

雷蕾，2008.普通菜豆核心种质遗传结构及多样性研究［D］.北京：中国农业科学院.

李长松，朱汉城，1995.菜豆病毒病研究进展及存在的问题［C］.中国科学技术协会第二届青年学术年会园艺学论文集：541-547.

李金堂，默书霞，傅海滨，等，2009.菜豆炭疽病的识别及防治［J］.长江蔬菜（23）：29.

李永镐，王人元，刘淑静，1995.菜豆炭疽病菌（*Colletotrichum lindemuthianum*）生物学特性及室内药剂筛选［J］.东北农业大学学报，26（2）：140-144.

廖琴，2003.抓住机遇把小杂粮做成大产业——浅析我国芸豆产业发展现状及对策［J］.种子世界（7）：1-4.

林汝法，柴岩，廖琴，等，2002.中国小杂粮［M］.北京：中国农业科学技术出版社.

刘春燕，王勇，郝永娟，等，2007.保护地菜豆菌核病病原鉴定及其生物学特性［J］.中国农学通报，23（12）：136-139.

龙静宜，林黎奋，侯修身，等，1989.食用豆类作物［M］.北京：科学出版社：209-244.

卢永根，1975.栽培植物的起源和农作物品种资源［J］.植物学杂志，2（3）：24-26.

陆帼一主编，2003.豆类蔬菜周年生产技术［M］.北京：金盾出版社.

尼·伊·瓦维洛夫，1987.育种的植物地理基础//育种的理论基础［M］.莫斯科：科学出版社：124-126.

聂楚楚，韩玉珠，2011.中国菜豆育种研究进展［J］.长江蔬菜（2）：1-5.

阮松林，马华升，王世恒，等，2006.植物蛋白质组学研究进展 Ⅰ.蛋白质组关键技术

［J］. 遗传，28 （11）：1472 - 1486.

申为民，2007. 我国小宗粮豆作物生产现状及发展策略研究 ［D］. 郑州：河南大学.

申智慧，刘春，杨洪，等，2014. 菜豆象发生规律与防治措施 ［J］. 耕作与栽培 （3）：47 - 48.

王秉绅，2009. 菜豆根蚜的发生与防治 ［J］. 农技服务，26 （2）：67 - 68.

王坤，王晓鸣，朱振东，等，2008. 菜豆炭疽菌生理小种鉴定及菜豆种质的抗性评价 ［J］. 植物遗传资源学报，9 （2）：168 - 172.

王坤，王晓鸣，朱振东，等，2009. 普通菜豆抗炭疽病地方品种的朊蛋白标记分析 ［J］. 植物遗传资源学报，10 （2）：169 - 174.

王坤，王晓鸣，朱振东，等，2009. 以 SSR 标记对普通菜豆抗炭疽病基因定位 ［J］. 作物学报，35 （3）：432 - 437.

王兰芬，武晶，王昭礼，等，2016. 普通菜豆种质资源表型鉴定及多样性分析 ［J］. 植物遗传资源学报，17 （6）：976 - 983.

王世耆主编，1991. 作物产量与天气气候 ［M］. 北京：科学出版社：117 - 131.

王述民，段醒男，丁国庆，等，1999. 普通菜豆种质资源的收集与评价 ［J］. 作物品种资源 （3）：50 - 51.

王述民，李立会，黎裕，等，2011. 中国粮食和农业植物遗传资源状况报告 （Ⅱ）［J］. 植物遗传资源学报，12 （1）：1 - 12.

王述民，张亚芝，刘绍文，等，1997. 普通菜豆优异种质联合鉴定与评价 ［J］. 作物品种资源 （2）：5 - 7.

王述民，张亚芝，王石宝，等，1996. 普通菜豆优异种质联合鉴定研究 ［J］. 作物品种资源 （3）：12 - 14.

王述民，张亚芝，魏淑红，2006. 普通菜豆种质资源描述规范和数据标准 ［M］. 北京：中国农业出版社：15.

王述民，张宗文，2011.《粮食和农业植物遗传资源国际条约》实施进展 ［J］. 植物遗传资源学报，12 （4）：493 - 496.

王晓鸣，1998. 菜豆病害和菜豆资源的抗病性概述 ［C］. 中国植物病理学会代表大会暨学术年会论文集：18.

王晓鸣，李怡琳，李淑英，1989. 菜豆种质资源对菜豆炭疽病抗性鉴定研究 ［J］. 作物品种资源 （2）：18 - 19.

武晶，2021. 普通菜豆基因组研究进展 ［J］. 四川农业大学学报，39 （1）：4 - 9.

夏明忠，1989. 浅淡作物的最大生产力与实际生产力 ［J］. 植物生理学通讯 （6）：65 - 68.

夏明忠，1989. 作物高产生产规律及栽培技术研究 ［J］. 四川作物 （2）：17 - 23.

夏明忠，1991. 安宁河流域的光温水资源及生产潜力分析 ［J］. 资源开发与保护，7 （1）：28 - 32.

夏明忠，华劲松主编，2010. 攀西豆类研究 ［M］. 成都：四川科学技术出版社.

夏明忠主编，1991. 作物高产高效种植原理与技术 ［M］. 成都：四川科学技术出版社，78 - 81.

夏明忠主编，1993. 攀西优势作物种植 [M]. 成都：四川科学技术出版社.

肖靖，李斌，石晓华，等，2016. 普通菜豆种质资源研究现状及进展 [J]. 北方园艺（15）：194-198.

徐新新，2012. 菜豆普通细菌性疫病菌病原学研究及抗病种质资源鉴定 [D]. 北京：中国农业科学院.

严小龙，卢永根，1994. 普通菜豆的起源、进化和遗传资源 [J]. 华南农业大学学报，15（4）：110-115.

杨晶，张金鹏，张晓旭，等，2014. 菜豆种质资源的 ISSR 分析及特异性标记的筛选 [J]. 东北农业科学，39（2）：28-32.

俞大绂，方中达，1956. 中国植物病原细菌的初步名录 [J]. 农业学报，7（3）：359-368.

袁继超主编，2007. 攀西地区增粮增收可持续发展关键技术研究 [M]. 成都：四川科学技术出版社.

张赤红，2004. 普通菜豆种质资源遗传多样性与分类研究 [D]. 北京：中国农业科学院.

张赤红，王述民，2005. 利用 SSR 标记评价普通菜豆种质资源遗传多样性 [J]. 作物学报，31（5）：619-627.

张箭，2014. 菜豆-四季豆发展传播史研究 [J]. 农业考古（4）：218-222.

张鹏，朱育强，陈新娟，等，2011. 差异蛋白质组学技术及其在园艺植物中的应用 [J]. 中国农学通报，27（4）：212-218.

张晓艳，2007. 中国普通菜豆种质资源基因源分析与遗传多样性研究 [D]. 北京：中国农业科学院.

张晓艳，王坤，Blair M W，等，2007. 中国普通菜豆形态性状分析及分类 [J]. 植物遗传资源学报，8（4）：406-410.

张晓艳，王坤，王述民，2007. 普通菜豆种质资源遗传多样性研究进展 [J]. 植物遗传资源学报，8（3）：359-365.

张研，2010. 我国小杂粮生产现状与发展策略 [J]. 河北农业大学学报（农林教育版），12（3）：432-440.

赵贞祥，杨永岗，卢子明，2009. 菜豆根腐病的发生和防治 [J]. 长江蔬菜（17）：31-32.

郑爱泉，张宝林，2015. DNA 分子标记技术及其在小麦遗传多样性研究中的应用 [J]. 安徽农业科学，43（17）：40-42.

郑卓杰，1995. 中国食用豆类学 [M]. 北京：中国农业出版社.

郑卓杰，胡家篷，1990. 中国食用豆类品种资源目录（第二集）[M]. 北京：中国农业出版社：258-269.

朱吉风，2015. 菜豆普通细菌性疫病抗病基因发掘与定位 [D]. 北京：中国农业科学院.

朱吉风，武晶，王兰芬，等，2015. 菜豆种质资源抗普通细菌性疫病鉴定 [J]. 植物遗传资源学报，16（3）：467-471.

Asfaw A，Blair M W，Almekinders C，2009. Genetic diversity and population structure of common bean (*Phaseolus vulgaris* L.) landraces from the East African highlands [J]. Theoretical and Applied Genetics，120（1）：1-12.

Asfaw A, Blair M M, 2012. Quantitative trait loci for rooting pattern traits of common beans grown under drought stress versus non stress conditions [J]. Molecular Breeding, 30 (2): 681 – 695.

Barelli M A A, Poletine J P, Thomazella C, et al., 2011. Evaluation of genetic divergence among traditional accessions of common bean by using RAPD molecular markers [J]. Journal of Food Agriculture & Environment, 9 (2): 195 – 199.

Beebe S, Rengifo J, Gaitan E, et al., 2001. Diversity and origin of Andean landraces of common bean [J]. Crop Science, 41 (3): 854 – 862.

Biron D G, Loxdale H D, Ponton F, et al., 2006. Population proteomics: An emerging discipline to study metapopulation ecollgy [J]. Proteomics, 6 (6): 1712 – 1715.

Bitocchi E, Bellucci E, Giardini A, et al., 2013. Molecular analysis of the parallel domestication of the common bean (*Phaseolus vulgaris*) in Mesoamerica and the Andes [J]. New Phytologist, 197 (1): 300 – 313.

Bitocchi E, Papa R, 2012. Mesoamerican origin of the common bean (*Phaseolus vulgaris* L.) is revealed by sequence data [J]. Proceedings of the National Academy of Sciences of the United States of America, 109 (14): 788 – 796.

Bitocchi E, Rau D, Bellucci E, et al., 2017. Beans (*Phaseolus ssp.*) as a model for understanding crop evolution [J]. Frontiers in Plant Science, 8: 722.

Blair M W, 2013. Mineral biofortification strategies for food staples: the example of common bean [J]. Journal of Agricultural and Food Chemistry, 61 (35): 8287 – 8294.

Blair M W, Brondani R V P, Díaz L M, et al., 2013. Diversity and population structure of common bean from Brazil [J]. Crop Science, 53 (5): 1983 – 1993.

Blair M W, Cortés A J, Penmetsa R V, et al., 2013. A high throughput SNP marker system for parental polymorphism screening, and diversity analysis in common bean (*Phaseolus vulgaris* L.) [J]. Theoretical and Applied Genetics, 2 (1): 535 – 548.

Blair M W, Cortés A J, Penmetsa R V, et al., 2013. A highthroughput SNP marker system for parental polymorphism screening, and diversity analysis in common bean (*Phaseolus vulgaris* L.) [J]. Theoretical & Applied Genetics, 126 (2): 535 – 548.

Blair M W, Díaz L M, Buendía H F, et al., 2009. Genetic diversity, seed size associations and population structure of a core collection of common beans (*Phaseolus vulgaris* L.) [J]. Theoretical & Applied Genetics, 119 (6): 955 – 972.

Blair M W, Galeano C, Tovar E, et al., 2012. Development of a Mesoamerican intra – gene-pool genetic map for quantitative trait loci detection in a drought tolerant [J]. Molecular Breeding, 29 (1): 71 – 88.

Blair M W, Gonzalez L F, Kimani P M, et al., 2010. Genetic diversity, inter – gene pool introgression and nutritional quality of common beans (*Phaseolus vulgaris* L.) from Central Africa [J]. Theoretical & Applied Genetics, 121 (2): 237 – 248.

Blair M W, Iriarte G, Beebe S, 2006. QTL analysis of yield traits in an advanced back cross population derived from a cultivated Andean x wild common bean (*Phaseolus vulgaris* L.) cross [J]. Theoretical and Applied Geneties, 112 (6): 1149 – 1163.

Blair M W, Izquierdo P, 2012. Use of the advanced backcross QTL method to transfer seed mineral accumulation nutrition traits from wild to Andean cultivated common beans [J]. Theoretical and Applied Genetics, 125 (5): 1015 – 1031.

Blair M W, Medina J, Astudillo C, et al., 2011. QTL for seed iron and zinc concentrations in a recombinant inbred line population of Mesoamerican common beans (*Phaseolus vulgaris* L.) [J]. Theoretical and Applied Genetics, 122 (3): 511 – 521.

Blair M W, Pantoja W, Carmenza Mu oz L, 2012. First use of microsatellite markers in a large ollection of cultivated and wild accessions of tepary bean (*Phaseolus acutifolius* A. Gray) [J]. Theoretical and Applied Genetics, 125 (6): 1137 – 1147.

Blair M W, Pedraza F, Buendia H F, et al., 2003. Development of a genome – wide anchored microsatellite map for common bean (*Phaseolus vulgaris* L.) [J]. Theoretical and Applied Genetics, 107 (8): 1362 – 1374.

Blair M W, Soler A, Cortés A J, 2012. Diversification and population structure in common beans (*Phaseolus vulgaris* L.) [J]. Plos one, 7 (11): e49488.

Brown J W S, Bliss F A, Hall T C, 1981. Linkage relationships between genes controlling seed proteins in French bean [J]. Theoretical & Applied Genetics, 60 (4): 251 – 259.

Chagas E P, Santoro L G, 1997. Globulin and albumin proteins in dehulled seeds of three *Phaseolus vulgaris* cultivars [J]. Plant Foods for Human Nutrition, 51 (1): 17 – 26.

Chen L, Wu Q, HE T, et al., 2020. Transcriptomic and metabolomic changes triggered by Fusarium solani in common bean (*Phaseolus vulgaris* L.) [J]. Genes (Basel), 11 (2): 177.

Chen M L, Wu J, Wang L F, et al., 2014. Development of mapped simple sequence repeat markers from common bean (*Phaseolus vulgaris* L.) based on genome sequences of a Chinese landrace and diversity evaluation [J]. Molecular Breeding, 33 (2): 489 – 496.

Chen M L, Wu J, Wang L F, et al., 2017. Mapping and genetic structure analysis of the anthracnose resistance locus $Co-1^{HY}$ in the common bean (*Phaseolus vulgaris* L.) [J]. PLoS One, 12 (1): e0169954.

Debouck D G, Toro O, Paredes O M, Johnson W C, Gepts P, 1993. Genetic diversity and ecological distribution of *Phaseolus vulgaris* (Fabaceae) in northwestern South America [J]. Economic Botany, 47 (4): 408 – 423.

Debouck D, 1991. Systematics and morphology [M]. In: Schoonhoven A, Voysest O, eds. Common Beans Research for Crop Improvement. Wiltshire: Redwood Press Ltd.

Emani C, Hall T C, 2008. Phaseolin: structure and evolution [J]. Open Evolution Journal, 1 (1): 66 – 74.

Freyre R, Skroch P, Geffroy V, et al., 1998. Towards an integrated linkage map of common bean. 4. Development of a core map and alignment of RFLP maps [J]. Theoretical and Applied Genetics, 97 (3): 847 – 856.

Fuente M D L, Borrajo A, Bermúdez J, et al., 2010. 2 – DE – based proteomic analysis of common bean (*Phaseolus vulgaris* L.) seeds [J]. Journal of Proteomics, 74 (2): 262 – 267.

Fuente M D L, Lópezpedrouso M, Alonso J, et al., 2012. In – depth characterization of the phaseolin protein diversity of common bean (*Phaseolus vulgaris* L.) based on two – dimensional electrophoresis and mass spectrometry [J]. Food Technology and Biotechnology, 50 (3): 315 – 325.

Galeano C H, Cortes A, Fernandz A, et al., 2012. Gene – based single nucleotide polymorphism markers for genetic and association mapping in common bean [J]. BMC Genetics, 13: 48.

Galeano C H, Fernández A C, Franco – herrera N, et al., 2011. Saturation of an intra – gene pool linkage map: towards a unified consensus linkage map for fine mapping and synteny analysis in common bean [J]. PLoS One, 6 (12): e28135.

Gepts P, 1990. Biochemical evidence bearing on the domestication of Phaseolus (Fabaceae) beans [J]. Economic Botany, 44 (3): 22 – 38.

Gepts P, Bliss F A, 1984. Enhanced available methionine concentration associated with higher phaseolin levels in common bean seeds [J]. Theoretical &. Applied Genetics, 69 (1): 47 – 53.

Gepts P, Bliss F A, 1986. Phaseolin variability among wild and cultivated common beans (*Phaseolus vulgaris*) from colombia [J]. Economic botany, 40 (4): 469 – 478.

Gepts P, Bliss F A, 1988. Dissemination pathways of common bean (*Phaseolus vulgaris*, Fabaceae) deduced from phaseolin electrophoretic variability. II. Europe and Africa [J]. Economic Botany, 42 (1): 86 – 104.

Gepts P, Debouck D, 1991. Origin, Domestication, and Evolution of the Common Bean (*Phaseolus vulgaris* L.) [M], In: Schoonhoven A, Voysest O, eds. Common Beans Research for Crop Improvement. Wiltshire: Redwood Press Ltd.

Gepts P, Kmicik K, Pereira P, et al., 1988b. Dissemination pathways of common bean (*Phaseolus vulgaris* Fabaceae) deduced from phaseolin electrophoretic variability: I. The Americas [J]. Econ Bot, 42 (1): 73 – 85.

Gepts P, Nodari R, Tsai S M, et al., 1993. Linkage mapping in common bean [J]. Annual Report of the Bean Improvement Cooperative, 36: 24 – 38.

Gepts P, Osborn T C, Rashka K, et al., 1986. Phaseolin – protein variability in wild forms and landraces of the common bean (*Phaseolus vulgaris*): evidence for multiple centers of domestication [J]. Economic Botany, 40 (4): 451 – 468.

Gioia T, Logozzo G, Kami J, et al., 2013. Identification and characterization of a homologue to the *Arabidopsis indehiscent* gene in common bean [J]. Joumal of Heredity, 104 (2): 273 – 286.

González A M, Fuente M D L, Ron A M D, et al., 2010. Protein markers and seed size variation in common bean segregating populations [J]. Molecular Breeding, 25 (4): 723 - 740.

Grahič J, Gaši F, Kurtovič M, et al., 2013. Morphological evaluation of common bean diversity in Bosnia and Herzegovina using the discriminant analysis of principal component (DAPC) multivariate method [J]. Genetika, 45 (3): 963 - 977.

Hartana A, Bliss F A, 1984. Genetic variability in seed protein levels associated with two phaseolin protein types in common bean (*Phaseolus vulgaris* L.) [R]. Annual Report of the Bean Improvement Cooperative.

Hegay S, Geleta M, Bryngelsson T, et al., 2012. Comparing genetic diversity and population structure of common beans grown in Kyrgyzstan using microsatellites [J]. Scientific Journal of Crop Science, 1 (4): 63 - 75.

Igrejas G, Carnide V, Pereira P, et al., 2009. Genetic diversity and phaseolin variation in Portuguese common bean landraces [J]. Plant Genetic Resources, 7 (3): 230 - 236.

Johnson W C, Gepts P, 2002. The role of epistasis in controlling seed yield and other agronomic traits in an Andean Mesoamerican cross of common bean (*Phaseolus vulgaris* L.) [J]. Euphytica, 125: 69 - 79.

Johnson W C, Menéndez C, Nodari R, et al., 1996. Association of a seed weight factor with the phaseolin seed storage protein locus across genotypes [J]. Journal of Agricultural Genomics, 2 (5): 1 - 19.

Kamfwa K, Cichy K A, Kelly J D, 2015. Genome - wide association study of agronomic traits in common bean [J]. Plant Genome, 8 (2): 1 - 12.

Kami J A, Gepts P, 1994. Phaseolin nucleotide sequence diversity in Phaseolus I. Intraspecific diversity in *Phaseolus vulgaris* [J]. Genome, 37 (37): 751 - 757.

Kami J, Velásquez V B, Debouck D G, et al., 1995. Identification of presumed ancestral DNA sequences of phaseolin in Phaseolus vulgaris [J]. Proceedings of the National Academy of Sciences of the United States of America, 92 (4): 1101 - 1104.

Koenig R L, Singh S P, Gepts P, 1990. Novel Phaseolin types in wild and cultivated common bean (*Phaseolus vulgaris*, Fabaceae) [J]. Economic Botany, 44 (1): 50 - 60.

Koinange E, Singh S, Gepts P, 1996. Genetic control of the domestication syndrome in common bean [J]. Crop Science, 36 (4): 1037 - 1045.

Kwak M, Gepts P, 2009. Structure of genetic diversity in the two major gene pools of common bean (*Phaseolus vulgaris*) [J]. Theoretical & Applied Genetics, 118 (5): 979 - 992.

Kwak M, Velasco D, Gepts P, 2008. Mapping homologous sequences for determinacy and photoperiod sensitivity in common bean (*Phaseolus vulgaris*) [J]. Journal of Heredity, 99 (3): 283 - 291.

Leakey C L A, 1988. Genotypic and Phenotypic Markers in Common Bean [M]. In: Gepts P. ed. Geactic Resources of *Phaseolus* Beans: Their Maintenance, Domestication, Evolution, and Utilization. Dordrecht: Kluwer Press: 245 - 327.

Maras M, Sušnik S, Šuštar - Vozlič J, et al., 2006. Temporal changes in genetic diversity of common bean (*Phaseolus vulgaris* L.) accessions cultivated between 1800 and 2000 [J]. Russian Journal of Genetic, 42, (7): 775 - 782, 947 - 954.

Michaels T E, Smith T H, Beattie A D, et al., 2006. OAC Rex common bean [J]. Canadian Journal of Plant Science, 86: 733 - 736.

Miklas P N, DelormeE R, Stone V, et al., 2000. Bacterial, fungal, virus disease loci mapped in a recombinant inbred common bean population ('Dorado/XAN176') [J]. Journal of the American Society for Horticultural Science, 125: 476 - 481.

Miklas P N, Johnson E, Stone V, et al., 1996. Selective mapping of QTL conditioning disease resistance in common bean [J]. Crop Science, 36 (5): 1344 - 1351.

Miklas P N, Kelly J D, Beebe S E, et al., 2006. Common bean breeding for resistance against biotic and abiotic stresses: from classical to MAS breeding [J]. Euphytica, 147: 105 - 131.

Miklas P N, Singh S P, Teran H, et al., 2011. Registration of common bacterial blight resistant cranberry dry bean germplasm line USCR - CBB - 20 [J]. Journal of Plant Registrations, 5: 98 - 102.

Miklas P N, Smith J R, Hang A N, et al., 2001. Release of navy and black bean germplasm lines USNA - CBB - 1to 4 and USBK CBB - 5 with resistance to common bacterial blight [J]. Annual Report of the Bean Improvement Cooperative, 44: 181 - 182.

Miklas P N, Stone V, Urrea C A, et al., 1998. Inheritance and QTL analysis of field resistance to ashy stem blight [J]. Crop Science, 38 (2): 916 - 921.

Montoya C A, Lallès J P, Beebe S, et al., 2010. Phaseolin diversity as a possible strategy to improve the nutritional value of common beans (*Phaseolus vulgaris*) [J]. Food Research International, 43 (2): 443 - 449.

Montoya C A, Leterme P, Victoria N F, et al., 2008. Susceptibility of phaseolin to in vitro proteolysis is highly variable across common bean varieties (*Phaseolus vulgaris*) [J]. Journal of Agricultural & Food Chemistry, 56 (6): 2183 - 2191.

Motto M, Soressi G P, Salamini F, 1978. Seed size inheritance in a cross between wild and cultivated common beans (*Phaseolus vulgaris* L.) [J]. Genetica, 49: 31 - 36.

Muller B S, Sakamoto T, De Menezes I P, et al., 2014. Analysis of BAC - end sequences in common bean (*Phaseolus vulgaris* L.) towards the development and characterization of long motifs SSRs [J]. Plant Molecular Biology, 86 (4/5): 455 - 470.

Murgia M L, Giovanna A, Monica R, et al., 2017. A comprehensive phenotypic investigation of the "pod - shattering syndrome" in common bean [J]. Frontiers in Plant Science, 8: 251.

Mutlu N, Miklas P N, Steadman J R, et al., 2005b. Registration of pinto bean germplasm line ABCP - 8 with resistance to common bacterial blight [J]. Crop Science, 45: 806 - 807.

Mutlu N, Miklas P, Reiser J, et al., 2005a. Backcross breeding for improved resistance to common bacterial blight in pinto bean (*Phaseolus vulgaris* L.) [J]. Plant Breeding, 124: 282 - 287.

Nanni L, Bitocchi E, Bellucci E, et al., 2011. Nucleotide diversity of a genomic sequence similar to SHATTERPROOF (*PvSHP*1) in domesticated and wild common bean (*Phaseolus vulgaris* L.) [J]. Theoretical and Applied Genetics, 123 (8): 1341 - 1357.

Negahi A, Bihamta M R, Negahi Z, 2014. Diversity in Iranian and exotic common bean (*Phaseolus vulgaris* L.) using seed storage protein (phaseolin) [J]. Agricultural Communications, 2 (4): 34 - 40.

Nodari R O, Tsai S M, Gilbertson R L, et al., 1993. Towards an integrated linkage map of common bean. II. Development of an RFLP - based linkage map [J]. Theoretical and Applied Genetics, 85 (5): 186 - 192, 513 - 520.

O'Rourke J A, Iniguez L P, Fu F, et al., 2014. An RNA - Seq based gene expression atlas of the common bean [J]. BMC Genomics, 15: 866.

Park S J, Dhanvantari B N, 1994. Registration of common bean blight - resistant germplasm, HR45 [J]. Crop Science, 34: 548.

Pastor - Corrales M. A, eds, 1989. Anthracnose [M]. Centro Internacional de Agricultura Tropical, Cali, Colombia: 77 - 104.

Raggi L, Tiranti B, Negri V, 2013. Italian common bean landraces: diversity and population structure [J]. Genetic Resources & Crop Evolution, 60 (4): 1515 - 1530.

Rosalesserna R, Hernándezdelgado S, Gonzálezpaz M, et al., 2005. Genetic relationships and diversity revealed by AFLP markers in Mexican common bean bred cultivars [J]. Crop Science, 45 (5): 1951 - 1957.

Rossi M, Bitocchi E, Bellucci E, et al., 2009. Linkage disequilibrium and population structure in wild and domesticated populations of *Phaseolus vulgaris* L. [J]. Evolutionary Applications, 2 (4): 504 - 522.

Salmanowicz B P, 2001. Phaseolin seed variability in common bean (*Phaseolus vulgaris* L.) by capillary gel electrophoresis [J]. Journal of Applied Genetics, 42 (3): 269 - 281.

Santalla M, Rodi O A, Ron A D, 2002. Allozyme evidence supporting southwestern Europe as a secondary center of genetic diversity for the common bean [J]. Theoretical & Applied Genetics, 104 (6 - 7): 934 - 944.

Schmutz J, Cannon S B, Schlueter J, et al., 2010. Genomese - quence of the palaeopolyploid soybean [J]. Nature, 463: 178 - 183.

Schmutz J, Mcclean P, Mamidi S, et al., 2014. A reference genome for common bean and genome - wide analysis of dual domestications [J]. Nature Genetics, 46 (7): 707 - 713.

Shabib J M, Shehata A I, Alndash A A, et al., 2013. Assessment the genetic diversity of common bean *Phaseolus vulgaris* collection by microsatellite SSR markers [J]. African Journal of Agricultural Research, 8 (40): 5032 - 5046.

Shi C, Navabi A, Yu K, 2011. Association mapping of common bacterial blight resistance

QTL in Ontario bean breeding populations [J]. BMC Plant Biology, 11: 52.

Shi C, Yu K, Xie W, et al., 2012. Development of candidate gene markers associated to common bacterial blight resistance in common bean [J]. Theoretical and Applied Genetics, 125 (3): 1525 – 1537.

Sicard D, Michalakis Y, Dron M, et al., 1997. Genetic diversity and pathogenic variation of *colletotrichum lindemuthianum* in the three centers of diversity of its host, *Phaseolus vulgaris* [J]. Phytopathology, 87: 808 – 813.

Singh S P and Muñoz C G, 1999. Resistance to common bacterial blight among *Phaseolus* species and common bean improvement [J]. Crop Science, 39: 80 – 89.

Singh S P, 1999. Common bean improvement in the twenty – first century [J]. Developments in Plant Breeding, 7: 1 – 24.

Singh S P, Gepts P, Debouck D G, 1991b. Races of common bean (*Phaseolus vulgaris*, Fabaceae) [J]. Economic Botany, 45 (3): 379 – 396.

Singh S P, Gutierrez J A, Molina A, et al., 1991a. Genetic diversity in cultivated common bean: II. Marker – based analysis of morphological and agronomic traits [J]. Crop Science, 31 (1): 23 – 29.

Singh S P, Gutiérrez J A, 1984. Geographical distribution of the DL 1, and DL 2, genes causing hybrid dwarfism in *Phaseolus vulgaris* L. their association with seed size, and their significance to breeding [J]. Euphytica, 33 (2): 337 – 345.

Singh S P, Nodari R, Gepts P, 1991c. Genetic diversity in cultivated common bean: I. Allozymes [J]. Crop Science, 31 (1): 19 – 23.

Talbot D R, Adang M J, Slightom J L, et al., 1984. Size and organization of a multigene family encoding phaseolin, the major seed storage protein of *Phaseolus vulgaris* L. [J]. Molecular and General Genetics, 198 (1): 42 – 49.

Thomas C V, Waines J G, 1984. Fertile backcross and allotetraploid plants from crosses between tepary beans and common beans [J]. Journal of Heredity, 75: 93 – 98.

Toro O, Ocampo C H, Beebe S, 2010. Phaseolin diversity in Colombian common bean germplasm [R]. Annual Report.

Valilov N I, 1926. Studies on the origins of cultivated plants [J]. Bulletin of Applied Botany and Plant Breeding, 16: 211 – 245.

Valilov N I, 1951. The origin, variation, immunity and breeding of cultivated plans [J]. Chronica Botanica, 13: 1 – 366.

Vallejos C E, 1994. *Phaseolus vulgaris*: The common bean [M]. In: Phillips R, Vasil I (eds) DNA – based markers in plants. Kluwer, Dordrecht: 261 – 270.

Vallejos C E, Sakiyama N S, Chase C D, 1992. A molecular marker based linkage map of *Phaseolus vulgaris* [J]. Genetics, 131: 733 – 740.

Vallejos C E, Skroch P, Nienhuis J, 2001. DNA – Based Markers in Plants [M]. Kluwer, Dordrecht: 301 – 317.

Velasquez V L，Gepts P，1994. RFLP diversity of common bean（*Phaseolus vulgaris*）in its centers of origin ［J］. Genome，37（2）：256 - 263.

Yang K，Tian Z X，Chen C H，et al. ，2015. Genome sequencing of adzuki bean（*Vigna angularis*）provides insight into high starch and low fat accumulation and domestication ［J］. Proceedings of the National Academy of Sciences of the United States of America，112（43）：13213 - 13218.

Yang X，Liu D，Tschaplinski T J，et al. ，2019. Comparative genomics can provide new insights into the evolutionary mechanisms and gene function in CAM plants ［J］. Journal of Experimental Botany，70（22）：6539 - 6547.

Yang Z B，Eticha D，Führs H，et al. ，2013. Proteomic and phosphoproteomic analysis of polyethyleneglycol - induced osmotic stress in root tips of common bean（*Phaseolus vulgaris* L.）［J］. Journal of Experimental Botany，64（18）：5569 - 5586.